Physica-Lehrbuch

Physica-Lehrbuch

Basler, Herbert
Aufgabensammlung zur statistischen Methodenlehre und Wahrscheinlichkeitsrechnung
4. Aufl. 1991. 190 S.

Basler, Herbert
Grundbegriffe der Wahrscheinlichkeitsrechnung und Statistischen Methodenlehre
11. Aufl. 1994. X, 292 S.

Bloech, Jürgen u.a.
Einführung in die Produktion
3. Aufl. 1998. XX, 410 S.

Bossert, Rainer und Manz, Ulrich L.
Externe Unternehmensrechnung
Grundlagen der Einzelrechnungslegung, Konzernrechnungslegung und internationalen Rechnungslegung
1997. XVIII, 407 S.

Dillmann, Roland
Statistik II
1990. XIII, 253 S.

Endres, Alfred
Ökonomische Grundlagen des Haftungsrechts
1991. XIX, 216 S.

Farmer, Karl und Wendner, Ronald
Wachstum und Außenhandel
Eine Einführung in die Gleichgewichtstheorie der Wachstums- und Außenhandelsdynamik
2. Aufl. 1999. XVIII, 423 S.

Ferschl, Franz
Deskriptive Statistik
3. Aufl. 1985. 308 S.

Gaube, Thomas u. a.
Arbeitsbuch Finanzwissenschaft
1996. X, 282 S.

Gemper, Bodo B.
Wirtschaftspolitik
1994. XVIII, 196 S.

Graf, Gerhard
Grundlagen der Volkswirtschaftslehre
1997. VIII, 324 S.

Graf, Gerhard
Grundlagen der Finanzwissenschaft
1999. X, 319 S.

Hax, Herbert
Investitionstheorie
5. Aufl. korrigierter Nachdruck 1993. 208 S.

Heno, Rudolf
Jahresabschluß nach Handels- und Steuerrecht
2. Auflage 1998. XVI, 408 S.

Huch, Burkhard u.a.
Rechnungswesen-orientiertes Controlling
Ein Leitfaden für Studium und Praxis
3. Aufl. 1998. III, 504 S.

Kistner, Klaus-Peter
Produktions- und Kostentheorie
2. Aufl. 1993. XII, 293 S.

Kistner, Klaus-Peter
Optimierungsmethoden
Einführung in die Unternehmensforschung für Wirtschaftswissenschaftler
2. Aufl. 1993. XII, 222 S.

Kistner, Klaus-Peter und Steven, Marion
Produktionsplanung
2. Aufl. 1993. XII, 361 S.

Kistner, Klaus-Peter und Steven, Marion
Betriebswirtschaftslehre im Grundstudium
Band 1: Produktion, Absatz, Finanzierung
3. Aufl. 1999. XVI, 514 S.
Band 2: Buchführung, Kostenrechnung, Bilanzen
1997. XVI, 451 S.

Kortmann, Walter
Mikroökonomik
Anwendungsbezogene Grundlagen
2. Auflage 1999. XVIII, 674 S.

Kraft, Manfred und Landes, Thomas
Statistische Methoden
3. Aufl. 1996. X, 236 S.

Michaelis, Peter
Ökonomische Instrumente in der Umweltpolitik
Eine anwendungsorientierte Einführung
1996. XII, 190 S.

Nissen, Hans-Peter
Makroökonomie I
3. Aufl. 1995. XXII, 331 S.

Nissen, Hans-Peter
Einführung in die makroökonomische Theorie
1999. XVI, 341 S.

Schäfer, Henry
Unternehmensfinanzen
Grundzüge in Theorie und Management
1998. XVI, 404 S.

Schäfer, Henry
Unternehmensinvestitionen
Grundzüge in Theorie und Management
1999. XVI, 434 S.

Sesselmeier, Werner
Blauermel, Gregor
Arbeitsmarkttheorien
2. Auflage 1998. XIV, 308 S.

Steven, Marion
Hierarchische Produktionsplanung
2. Aufl. 1994. X, 262 S.

Steven, Marion und Kistner, Klaus-Peter
Übungsbuch zur Betriebswirtschaftslehre im Grundstudium
2000. XV, 358 S.

Swoboda, Peter
Betriebliche Finanzierung
3. Aufl. 1994. 305 S.

Weise, Peter u.a.
Neue Mikroökonomie
3. Aufl. 1993. X, 506 S.

Zweifel, Peter und Heller, Robert H.
Internationaler Handel
Theorie und Empirie
3. Aufl. 1997. XXII, 418 S.

Kurt Marti · Detlef Gröger

Einführung in die lineare und nichtlineare Optimierung

Springer-Verlag Berlin Heidelberg GmbH

Univ. Prof. Dr. Kurt Marti
Dr. habil. Detlef Gröger
Fakultät für Luft- und Raumfahrttechnik
Universität der Bundeswehr München
D-85577 Neubiberg/München

ISBN 978-3-7908-1297-8

Die Deutsche Bibliothek – CIP-Einheitsaufnahme
Marti, Kurt: Einführung in die lineare und nichtlineare Optimierung / Kurt Marti und Detlef Gröger. – Heidelberg; New York: Physica-Verl., 2000
(Physica-Lehrbuch)
ISBN 978-3-7908-1297-8 ISBN 978-3-642-57687-4 (eBook)
DOI 10.1007/978-3-642-57687-4

SPIN 10764868 88/2202-5 4 3 2 1 0

Vorwort

Das vorliegende Buch stellt eine Einführung in die mathematische Theorie der Optimierung dar. Es ist erwachsen aus Vorlesungen, die der erstgenannte Verfasser an der Universität der Bundeswehr München seit zehn Jahren regelmäßig hält.

Behandelt werden, nach einem kurzen einführenden Kapitel, im zweiten Kapitel die linearen Optimierungsprobleme, für die ein vollständiges Lösungsverfahren, der Simplexalgorithmus, zur Verfügung steht; und im dritten Kapitel Optimierungsprobleme, bei denen nicht mehr die Linearität, sondern allgemeiner Differenzierbarkeit und/oder Konvexität der beteiligten Funtionen vorausgesetzt werden, und für deren Lösung die Methode der Lagrangeschen Multiplikatoren bzw. das Theorem von Kuhn-Tucker von grundlegender Bedeutung sind.

Bei der Darstellung des Stoffes haben wir großen Wert auf eine behutsame und durch viele Beispiele veranschaulichte Art der Einführung neuer Begriffe und Methoden gelegt. Vorausgesetzt werden einige Grundkenntnisse in Linearer Algebra (lineare Unabhängigkeit von Vektoren im $\mathbb{R}^n$, Rang von Matrizen, Gauß-Algorithmus zur Lösung linearer Gleichungssysteme, etc.) sowie aus der Differentialrechnung von Funktionen mehrerer Veränderlicher (Stetigkeit, (partielle) Differenzierbarkeit, Gradient, Hessematrix, Extremwertaufgaben (mit Nebenbedingungen), etc.) wie sie in jeder einführenden Vorlesung in die Höhere Mathematik vermittelt werden. Die wichtigsten der benutzten mathematischen Grundlagen werden im Text ausdrücklich formuliert.

Jeder der dreizehn Abschnitte schließt mit einer Reihe von Übungsaufgaben, in denen der Stoff des jeweiligen Abschnittes behandelt wird. Die meisten dieser Aufgaben lassen sich routinemäßig mit einem der im Textteil bereitgestellten Verfahren lösen, jedoch finden sich darunter auch manche Illustrationen oder Ergänzungen zum Text. Für alle Aufgaben werden ausführliche Lösungen am Ende des Buches gegeben.

Die mathematische Substanz der hier erörterten Verfahren gehört seit geraumer Zeit zum wissenschaftlichen Allgemeingut. Wie in einer einführenden Darstellung üblich, haben wir davon abgesehen, den Ursprüngen im einzelnen nachzugehen, und nur wenige Dinge mit dem Namen eines Mathematikers verknüpft. Im Quellenverzeichnis sind alle Werke aufgeführt, die uns bei der Abfassung des Textes hilfreich waren. Unter diesen sind wir besonders dem angegebenen Lehrbuch von L. Collatz und W. Wetterling verpflichtet, welches zugleich als weiterführende Lektüre zu empfehlen ist.

Ganz besonders danken möchten wir an dieser Stelle den Herren cand.phys. Nikolaus Gmeinwieser und cand.math. Arndt Wills, die das Manuskript in LaTeX setzten. Ihrem Einsatz und ihrer Kompetenz bei dieser mühevollen Arbeit ist die mustergültige äußere Erscheinung des Buches zu verdanken.

München, im Januar 2000 Kurt Marti, Detlef Gröger

Inhaltsverzeichnis

Kapitel I

Optimierungsprobleme

1 Problemstellung und Überblick

Viele konkrete Probleme aus Technik und Ökonomie führen auf *Optimierungsaufgaben* folgender Art:

$$\text{minimiere (maximiere)} \quad F(\mathbf{x}) \quad \text{bezüglich } \mathbf{x} \in \mathcal{M}. \tag{1}$$

Dabei ist

$$F: \quad \mathcal{D}_F \subset \mathbb{R}^n \longrightarrow \mathbb{R}$$

die sog. *Zielfunktion* (objective function) von (1) und

$$\mathcal{M} \subset \mathbb{R}^n \quad (\text{genauer: } \mathcal{M} \subset \mathcal{D}_F)$$

der sog. *zulässige Bereich* oder auch die Menge aller *zulässigen Punkte* (feasible points) $\mathbf{x} = (x_1, x_2, \ldots, x_n)'$ von (1).
Bemerkung: Indem man $F(\mathbf{x})$ durch $-F(\mathbf{x})$ ersetzt, kann man eine Maximierungsaufgabe in eine Minimierungsaufgabe verwandeln und umgekehrt.

Definition 1.1: Ein *optimaler Punkt* (optimal point) oder eine *Lösung* (solution) (auch *Minimal-* bzw. *Maximalpunkt*) von (1) ist ein Punkt $\mathbf{x}^*$, so daß

i) $\mathbf{x}^* \in \mathcal{M}$, d.h. $\mathbf{x}^*$ ist ein zulässiger Punkt

ii) $F(\mathbf{x}^*) \leq F(\mathbf{x})$ (bzw. $F(\mathbf{x}^*) \geq F(\mathbf{x})$) für alle $\mathbf{x} \in \mathcal{M}$.

Man spricht von einem *lokalen Minimal-* bzw. *Maximalpunkt* von (1), wenn eine Umgebung $\mathcal{U}_r(\mathbf{x}^*) := \{\mathbf{x} \in \mathbb{R}^n : ||\mathbf{x} - \mathbf{x}^*|| < r\}$, $r > 0$, existiert, so daß anstelle von (ii) gilt

ii') $F(\mathbf{x}^*) \leq F(\mathbf{x})$ (bzw. $F(\mathbf{x}^*) \geq F(\mathbf{x})$) für alle $\mathbf{x} \in \mathcal{M} \cap \mathcal{U}_r(\mathbf{x}^*)$.

In vielen Fällen muß man sich mit lokalen Extrempunkten begnügen.
In der Praxis ist die Zielfunktion F ein Güte-, Qualitäts-,..., Kostenkriterium einer technischen Anlage, eines technischen oder ökonomischen Prozesses, das durch die Einstellung von n Parametern $x_1, x_2, \ldots, x_n$ von außen beeinflußt werden kann. Dabei sind i.a. nicht alle Parametervarianten $\mathbf{x} \in \mathbb{R}^n$ zugelassen, sondern nur die aus dem zulässigen Bereich $\mathcal{M} \subset \mathbb{R}^n$. In vielen Fällen läßt sich $\mathcal{M}$ explizit durch Funktionen beschreiben. Man spricht dann von einem *Optimierungsproblem mit expliziten Restriktionen.* Es hat folgende Gestalt:

$$\text{minimiere (maximiere) } F(\mathbf{x}) \tag{1'a}$$

bezüglich

$$\left.\begin{array}{c} f_1(\mathbf{x}) \leq b_1 \\ f_2(\mathbf{x}) \leq b_2 \\ \vdots \\ f_{m_0}(\mathbf{x}) \leq b_{m_0} \end{array}\right\} \tag{1'b}$$

$$\left.\begin{array}{c} g_1(\mathbf{x}) = b'_1 \\ g_2(\mathbf{x}) = b'_2 \\ \vdots \\ g_{m_1}(\mathbf{x}) = b'_{m_1} \end{array}\right\} \qquad (1'c)$$

$$\left.\begin{array}{c} h_1(\mathbf{x}) \geq b''_1 \\ h_2(\mathbf{x}) \geq b''_2 \\ \vdots \\ h_{m_2}(\mathbf{x}) \geq b''_{m_2} \end{array}\right\} \qquad (1'd)$$

Dabei sind $f_i = f_i(\mathbf{x})$, $g_i = g_i(\mathbf{x})$ und $h_i = h_i(\mathbf{x})$ gegebene reellwertige Funktionen in n Variablen und ${b_i}^{(j)}$ Konstanten. Die Bedingungen (1′b,c,d) sind die *Restriktionen* (constraints) von (1′). Genauer heißen die Bedingungen (1′b,d) *Ungleichungsrestriktionen*, die Bedingungen (1′c) *Gleichungsrestriktionen.*

Bemerkungen:

a) Nichtnegativitätsbedingungen

$$x_k \geq 0, \qquad k \in \mathcal{J} \subset \{1, 2, \ldots, n\}$$

für gewisse Parameter x_k lassen sich natürlich unter (1′d) aufführen, werden aber meistens separat am Ende der Restriktionen notiert.

b) Die Ungleichungsrestriktionen des Typs (1′d) lassen sich durch Multiplikation mit -1 in Bedingungen des Typs (1′b) überführen und umgekehrt. Ferner kann auch eine Gleichungsrestriktion in Bedingungen des Typs (1′b) verwandelt werden, denn $g(\mathbf{x}) = b'$ ist äquivalent zu

$$g(\mathbf{x}) \leq b' \quad \text{und} \quad -g(\mathbf{x}) \leq -b'.$$

Wir werden hiervon nur im Falle linearer Gleichungsrestriktionen Gebrauch machen.

Verschiedene Typen von Optimierungsaufgaben

I) *Lineare Optimierungsaufgaben oder Lineare Programme*

Die Optimierungsaufgabe (1′) heißt *linear* oder *lineares Programm* (LP), falls alle Funktionen F, f_i, g_i, h_i Linearformen sind, d.h.

$$F(\mathbf{x}) = \sum_{k=1}^{n} c_k x_k$$

$$f_i(\mathbf{x}) = \sum_{k=1}^{n} a_{ik} x_k, \qquad i = 1, 2, \ldots, m_0$$
$$g_i(\mathbf{x}) = \sum_{k=1}^{n} a'_{ik} x_k, \qquad i = 1, 2, \ldots, m_1$$
$$h_i(\mathbf{x}) = \sum_{k=1}^{n} a''_{ik} x_k, \qquad i = 1, 2, \ldots, m_2$$

mit konstanten Koeffizienten $c_k, a_{ik}^{(j)}$. LP werden in Kap.II behandelt.

II) *Nichtlineare Optimierungsaufgaben (Programme)*

Ist eine der Funktionen F, f_i, g_i oder h_i keine Linearform, so heißt (1′) eine *nichtlineare Optimierungsaufgabe* oder ein *nichtlineares Programm.*
Die nichtlineare Optimierung gehört zu den nicht vollständig gelösten Problemen der Mathematik. Man muß sich heute noch mit Spezialfällen begnügen. Bei diesen ist der Begriff der Konvexität von großer Bedeutung.

II.1) *Konvexe Optimierungsaufgaben (Programme)*

Im folgenden sei (1) bzw. (1′) als Minimierungsaufgabe zugrunde gelegt.

Definition 1.2: Eine Teilmenge $\mathcal{K}$ des $\mathbb{R}^n$ heißt *konvex*, falls für alle $\mathbf{x}, \mathbf{y} \in \mathcal{K}$ gilt:

$$\lambda\mathbf{x} + (1-\lambda)\mathbf{y} \in \mathcal{K} \quad \text{für alle} \quad 0 < \lambda < 1.$$

Eine konvexe Menge enthält also mit zwei Punkten auch jeden Punkt ihrer Verbindungsstrecke.

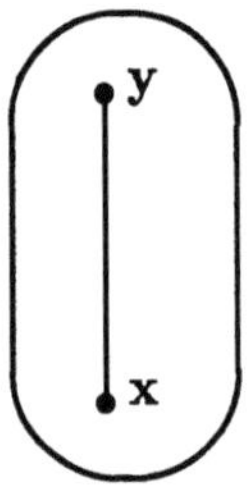

konvex

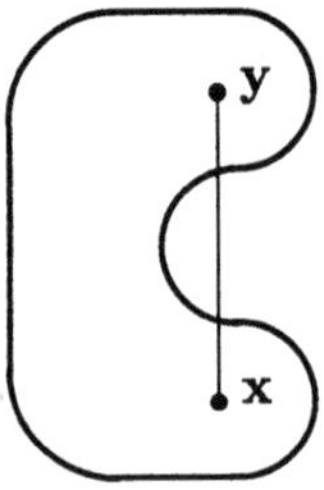

nicht konvex

Definition 1.3: Eine reellwertige Funktion $f = f(\mathbf{x})$ mit einem konvexen Definitionsbereich $\mathcal{D}_f$ heißt *konvex*, falls für alle $\mathbf{x}, \mathbf{y} \in \mathcal{D}_f$ gilt:

$$f(\lambda\mathbf{x} + (1-\lambda)\mathbf{y}) \leq \lambda f(\mathbf{x}) + (1-\lambda) f(\mathbf{y}) \quad \text{für alle} \quad 0 < \lambda < 1.$$

f heißt *konkav*, wenn die Funktion $-f$ konvex ist.

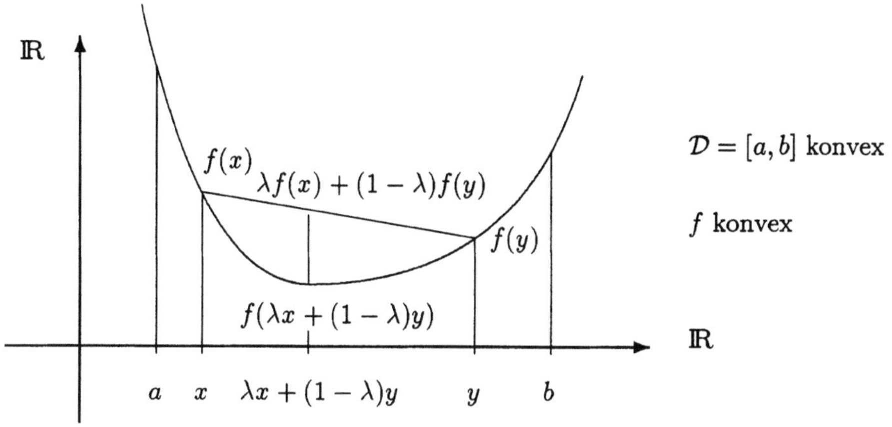

Lemma 1.1: *Jede affin-lineare Funktion*

$$f(\mathbf{x}) = \mathbf{a}'\mathbf{x} + b \ (\mathbf{a} \text{ festes } n\text{-Tupel}, b \text{ feste Zahl})$$

ist konvex auf $\mathbb{R}^n$. *Ist C eine positiv semidefinite (n,n)-Matrix, dann ist die quadratische Funktion*

$$f(\mathbf{x}) = \mathbf{x}'C\mathbf{x} + \mathbf{a}'\mathbf{x} + b$$

konvex auf $\mathbb{R}^n$.

Beweis: Da die Summenfunktion zweier konvexer Funktionen wieder konvex ist, genügt es, die Konvexität der Funktionen

$$\begin{aligned} f_1(\mathbf{x}) &= \mathbf{a}'\mathbf{x} \\ f_2(\mathbf{x}) &= b \\ f_3(\mathbf{x}) &= \mathbf{x}'C\mathbf{x} \end{aligned}$$

nachzuweisen:

$f_1(\mathbf{x})$ ist sogar linear und für $f_2(\mathbf{x})$ ist es klar. Seien nun $\mathbf{x}, \mathbf{y} \in \mathbb{R}^n$ und $0 < \lambda < 1$. Wegen $\lambda > \lambda^2$ und $(\mathbf{x}-\mathbf{y})'\,C\,(\mathbf{x}-\mathbf{y}) \geq 0$ gilt dann:

$$\begin{aligned} & \lambda f_3(\mathbf{x}) + (1-\lambda)\, f_3(\mathbf{y}) = \lambda\mathbf{x}'C\mathbf{x} + (1-\lambda)\mathbf{y}'C\mathbf{y} \\ = \ & \lambda(\mathbf{x}-\mathbf{y})'C(\mathbf{x}-\mathbf{y}) + \lambda\mathbf{y}'C(\mathbf{x}-\mathbf{y}) + \lambda(\mathbf{x}-\mathbf{y})'C\mathbf{y} + \mathbf{y}'C\mathbf{y} \\ \geq \ & \lambda^2(\mathbf{x}-\mathbf{y})'C(\mathbf{x}-\mathbf{y}) + \lambda\mathbf{y}'C(\mathbf{x}-\mathbf{y}) + \lambda(\mathbf{x}-\mathbf{y})'C\mathbf{y} + \mathbf{y}'C\mathbf{y} \\ = \ & (\lambda(\mathbf{x}-\mathbf{y}) + \mathbf{y})'C(\lambda(\mathbf{x}-\mathbf{y}) + \mathbf{y}) = f_3(\lambda\mathbf{x} + (1-\lambda)\mathbf{y}). \end{aligned}$$

Definition 1.4: Das Minimierungsproblem (1) heißt *konvex*, wenn der zulässige Bereich $\mathcal{M}$ von (1) eine konvexe Teilmenge des $\mathbb{R}^n$ und die Zielfunktion F von (1) konvex ist.

Satz 1.1: *Das Problem mit expliziten Restriktionen*

$$\begin{array}{lll} \text{minimiere} & F(\mathbf{x}) & \\ \text{bez.} & f_i(\mathbf{x}) \leq b_i, & i = 1, 2, \ldots, m \\ & x_k \geq 0, & k = 1, 2, \ldots, n, \end{array}$$

ist ein konvexe Minimierungsaufgabe, wenn alle Funktionen F, f_i konvex sind.

Beweis: Es sei $\mathcal{M}_0 := \{\mathbf{x} \in \mathbb{R}^n : f_i(\mathbf{x}) \leq b_i, i = 1, \ldots, m\}$. Da $\mathbb{R}^n_+ := \{\mathbf{x} \in \mathbb{R}^n : x_k \geq 0, k = 1, \ldots, n\}$ konvex ist und $\mathcal{M} = \mathcal{M}_0 \cap \mathbb{R}^n_+$, genügt es, die Konvexität von $\mathcal{M}_0$ zu zeigen. Es seien also $\mathbf{x}, \mathbf{y} \in \mathcal{M}_0$ und $0 < \lambda < 1$. Wegen der Konvexität von f_i gilt

$$f_i(\lambda\mathbf{x} + (1-\lambda)\mathbf{y}) \leq \lambda f_i(\mathbf{x}) + (1-\lambda) f_i(\mathbf{y}) \leq \lambda b_i + (1-\lambda) b_i = b_i$$

für $i = 1, \ldots, m$. Folglich ist auch $\lambda\mathbf{x} + (1-\lambda)\mathbf{y} \in \mathcal{M}_0$.

Man beachte, daß konvexe Minimierungsaufgaben wegen Lemma 1.1 und obiger Bemerkung (b) auch lineare Gleichungsrestriktionen enthalten können.
Die Bedeutung der Konvexität liegt im folgenden

Satz 1.2: *Das Minimierungsproblem* (1) *sei konvex. Dann ist ein lokaler Minimalpunkt* $\mathbf{x}^*$ *von* (1)*auch ein (globaler) Minimalpunkt von* (1).

Beweis:

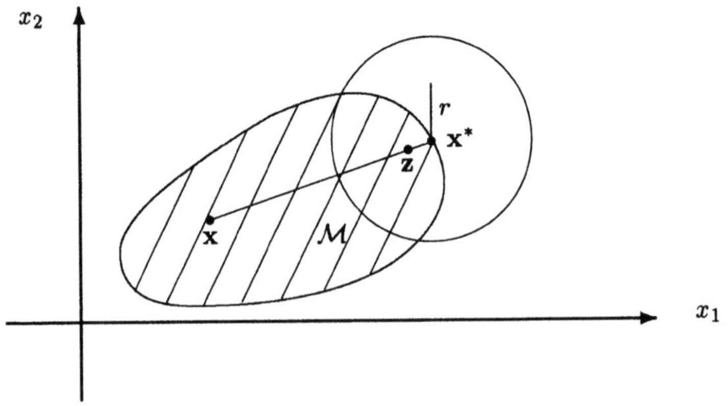

Sei $\mathbf{x}^*$ ein lokaler Minimalpunkt von (1). Es gibt dann ein $r > 0$, so daß $F(\mathbf{x}) \geq F(\mathbf{x}^*)$ für alle $\mathbf{x} \in \mathcal{M}$ mit $\|\mathbf{x} - \mathbf{x}^*\| < r$. Für ein beliebiges $\mathbf{x} \in \mathcal{M}$, $\mathbf{x} \neq \mathbf{x}^*$, wählen wir nun einen inneren Punkt $\mathbf{z}$ der Verbindungsstrecke von $\mathbf{x}$ und $\mathbf{x}^*$, der in $\mathcal{U}_r(\mathbf{x}^*)$ liegt. Ein solcher existiert, denn setzt man

$$\mathbf{z} := \varepsilon\mathbf{x} + (1-\varepsilon)\mathbf{x}^* \quad \text{mit einem} \quad 0 < \varepsilon < 1,$$

so gilt

$$\|\mathbf{z} - \mathbf{x}^*\| = \|\varepsilon\mathbf{x} + (1-\varepsilon)\mathbf{x}^* - \mathbf{x}^*\| = \|\varepsilon(\mathbf{x} - \mathbf{x}^*)\| = \varepsilon\|(\mathbf{x} - \mathbf{x}^*)\|,$$

und $\|\mathbf{z} - \mathbf{x}^*\| < r$ ist erfüllt, wenn $\varepsilon < \frac{r}{\|\mathbf{x}-\mathbf{x}^*\|}$. Mit der Wahl $0 < \varepsilon < \min\{1, \frac{r}{\|\mathbf{x}-\mathbf{x}^*\|}\}$ gilt dann

$$F(\mathbf{x}^*) \leq F(\mathbf{z}) = F(\varepsilon\mathbf{x} + (1-\varepsilon)\mathbf{x}^*) \leq \varepsilon F(\mathbf{x}) + (1-\varepsilon)F(\mathbf{x}^*),$$

also $0 \leq \varepsilon(F(\mathbf{x}) - F(\mathbf{x}^*))$ und damit $F(\mathbf{x}^*) \leq F(\mathbf{x})$.

Die Suche nach einer Lösung reduziert sich in diesem Fall somit auf die Suche nach einem lokalen Minimalpunkt, welche mit den Mitteln der Differentialrechnung in Angriff genommen werden kann. Dies wird in Kap.III behandelt.

Übungsaufgaben

1. Ein Landwirt kann höchstens 100 ha Land bepflanzen, und zwar mit Kartoffeln und/oder Getreide. Vor der Ernte fallen Anbaukosten an, und zwar 10 DM pro ha für Kartoffeln und 20 DM pro ha für Getreide. Die notwendige Feldarbeit beträgt 1 Arbeitstag pro ha bei Kartoffeln und 4 Arbeitstage pro ha bei Getreide. Der Reingewinn pro ha beläuft sich auf 40 DM pro ha Kartoffeln und 120 DM pro ha Getreide. Der Landwirt kann 160 Arbeitstage einsetzen und verfügt über ein Kapital von 1100 DM. Er will Kartoffeln und Getreide in einem solchen Umfang anbauen, daß der Gewinn möglichst groß wird. Wie lautet die mathematische Formulierung dieses Problems?

2. Vier Zementfabriken $Z_1, \ldots, Z_4$, die alle Zement von gleicher Qualität herstellen, haben pro Woche folgende Produktionskapazitäten:

Fabrik	Z_1	Z_2	Z_3	Z_4
Kapazität in Tonnen	12	25	18	25

Die Fabriken beliefern vier Betonwerke B_1, B_2, B_3, B_4, die folgenden Wochenbedarf anmelden:

Betonwerk	B_1	B_2	B_3	B_4
Bedarf in Tonnen	15	17	21	27

Die Entfernungen von den Zementfabriken zu den Betonwerken, die proportionel zu den jeweiligen Transportkosten angenommen werden, sind in nachstehender Tabelle angegeben:

	B_1	B_2	B_3	B_4
Z_1	14	16	12	4
Z_2	13	12	10	5
Z_3	12	18	10	7
Z_4	14	15	14	9

Man formuliere ein Optimierungsproblem zur Minmierung der gesamten Transportkosten.

3. Es sei $\mathcal{J}$ eine beliebige Indexmenge und $\mathcal{K}_j$, $j \in \mathcal{J}$, eine Familie konvexer Teilmengen des $\mathbb{R}^n$. Man zeige, daß der Durchschnitt $\bigcap_{j\in\mathcal{J}} \mathcal{K}_j$ dieser Mengen konvex ist. Gilt das auch für die Vereinigung $\bigcup_{j\in\mathcal{J}} \mathcal{K}_j$?

4. Man zeige: $\mathbb{R}^n_+ = \{\mathbf{x} \in \mathbb{R}^n : x_k \geq 0, \ k = 1, \ldots, n\}$ ist konvex.

5. Man entscheide, ob das Minimierungsproblem

$$\begin{array}{ll} \min & 2x_1^2 + 2x_1x_2 + x_2^2 - 10x_1 - 10x_2 \\ \text{bez.} & x_1^2 + x_2^2 \leq 5 \\ & 3x_1 + x_2 \leq 6 \\ & x_1 \geq 0, \ x_2 \geq 0 \end{array}$$

   konvex ist.

6. Es seien f, g zwei konvexe Funkionen und $c \geq 0$. Man zeige, daß auch die Funktionen $f + g$ und cf konvex sind.

7. Es seien f eine konvexe Funktion mit $\mathcal{D}_f \subset \mathbb{R}^{n+1}$ und $c \in \mathbb{R}$. Man beweise, daß die Funktion

$$f_c(\mathbf{x}) := f\begin{pmatrix} c \\ \mathbf{x} \end{pmatrix}, \quad x \in \mathbb{R}^n \text{ mit } \begin{pmatrix} c \\ \mathbf{x} \end{pmatrix} \in \mathcal{D}_f$$

   konvex ist.

8. Beweise: Die Lösungsmenge eines konvexen Minimierungsproblems (1) ist konvex.

Kapitel II

Lineare Programme

2 Lineare Programme in Grundform

2.1 Definitionen, graphisches Lösungsverfahren

Definition 2.1: Unter einem *linearen Programm* (LP) *in Grundform (Standardform)* versteht man die Aufgabe: Bestimme $\mathbf{x} \in \mathbb{R}^n$, so daß die Linearform

$$G(\mathbf{x}) = c_1x_1 + c_2x_2 + \ldots + c_nx_n \tag{2a}$$

maximal wird unter den *Nebenbedingungen*

$$\left.\begin{array}{l} a_{11}x_1 + a_{12}x_2 + \cdots + a_{1n}x_n \le b_1 \\ a_{21}x_1 + a_{22}x_2 + \cdots + a_{2n}x_n \le b_2 \\ \cdots\cdots\cdots\cdots\cdots\cdots\cdots\cdots \\ a_{m1}x_1 + a_{m2}x_2 + \cdots + a_{mn}x_n \le b_m \end{array}\right\} \tag{2b}$$

und den *Vorzeichenbedingungen*

$$x_1 \ge 0, \quad x_2 \ge 0, \quad \ldots, \quad x_n \ge 0. \tag{2c}$$

Dabei sind c_k, a_{ik}, b_i konstante reelle Koeffizienten. $G = G(\mathbf{x})$ heißt die *Zielfunktion* des LP (2), und für Nebenbedingungen und Vorzeichenbedingungen wird der Sammelbegriff *Restriktionen* gebraucht.

Zur Darstellung des LP (2) in Matrix-Vektor-Schreibweise:

Definition 2.2: Für zwei Vektoren $\mathbf{u} = (u_1, u_2, \ldots, u_r)'$ und $\mathbf{v} = (v_1, v_2, \ldots, v_r)'$ des $\mathbb{R}^r$ sei definiert

$$\mathbf{u} \le \mathbf{v} \quad :\Longleftrightarrow \quad u_j \le v_j \qquad \text{für alle} \quad j = 1, 2, \ldots, r$$

sowie

$$\mathbf{u} < \mathbf{v} \quad :\Longleftrightarrow \quad u_j < v_j \qquad \text{für alle} \quad j = 1, 2, \ldots, r.$$

Setzt man nun

$$A = (a_{ik})_{\substack{i=1,2,\ldots,m \\ k=1,2,\ldots,n}}, \quad \mathbf{b} = \begin{pmatrix} b_1 \\ b_2 \\ \vdots \\ b_m \end{pmatrix}, \quad \mathbf{c} = \begin{pmatrix} c_1 \\ c_2 \\ \vdots \\ c_n \end{pmatrix}, \quad \mathbf{x} = \begin{pmatrix} x_1 \\ x_2 \\ \vdots \\ x_n \end{pmatrix}$$

so schreiben sich die

a) Zielfunktion $G(\mathbf{x}) = \sum_{k=1}^{n} c_k x_k$ als

$$G(\mathbf{x}) = \mathbf{c}'\mathbf{x}$$

b) Nebenbedingungen $\sum_{k=1}^{n} a_{ik} x_k \leq b_i, \quad i = 1, 2, \ldots, m$, als

$$A\mathbf{x} \leq \mathbf{b}$$

c) Vorzeichenbedingungen $x_1 \geq 0, \ldots, x_n \geq 0$ als

$$\mathbf{x} \geq \mathbf{0},$$

und das LP (2) nimmt die Gestalt an:

$$\left.\begin{array}{lll} \max & \mathbf{c}'\mathbf{x} & \\ \text{bez.} & A\mathbf{x} & \leq \mathbf{b} \\ & \mathbf{x} & \geq \mathbf{0} \end{array}\right\} \qquad (2)$$

Man spricht A als *Koeffizientenmatrix* und **b** als *rechte Seite* des LP (2) an.

Definition 2.3: Die Menge $\mathcal{M} = \{\mathbf{x} \in \mathbb{R}^n : \quad A\mathbf{x} \leq \mathbf{b}, \quad \mathbf{x} \geq 0\}$ heißt der *zulässige Bereich* und jedes $\mathbf{x} \in \mathcal{M}$ ein *zulässiger Punkt* des LP (2). Ist $\mathbf{x}^*$ zulässig und $\mathbf{c}'\mathbf{x}^* \geq \mathbf{c}'\mathbf{x}$ für alle $\mathbf{x} \in \mathcal{M}$, so heißt $\mathbf{x}^*$ eine *Lösung (Optimallösung, Maximalpunkt)* von (2).

Bemerkung: Ist $\mathcal{M} = \emptyset$ oder $\sup\{\mathbf{c}'\mathbf{x} : \mathbf{x} \in \mathcal{M}\} = +\infty$, so ist das LP unlösbar. Es gilt nämlich bei

- $\mathcal{M} = \emptyset$: die Restriktionen sind unverträglich;

- $\sup\{\mathbf{c}'\mathbf{x} : \mathbf{x} \in \mathcal{M}\} = +\infty$: die Zielfunktion ist auf $\mathcal{M}$ nicht nach oben beschränkt.

Für den Fall $n = 2$ gibt es eine *geometrische Lösungsmethode*, bei der man folgendermaßen vorgeht:

I. Skizze des zulässigen Bereiches

II. Skizze der Niveaulinien der Zielfunktion

III. Verschiebung der Niveaulinien ins Optimum.

Beispiel 2.1:

$$\begin{array}{ll} \max & 2x_1 + 3x_2 \\ \text{bezüglich} & x_1 + x_2 \leq 8 \\ & x_1 + 2x_2 \leq 10 \\ & x_1 \geq 0, \quad x_2 \geq 0. \end{array}$$

Hier ist $\mathbf{c} = \binom{2}{3}$, $A = \begin{pmatrix} 1 & 1 \\ 1 & 2 \end{pmatrix}$ und $\mathbf{b} = \binom{8}{10}$.

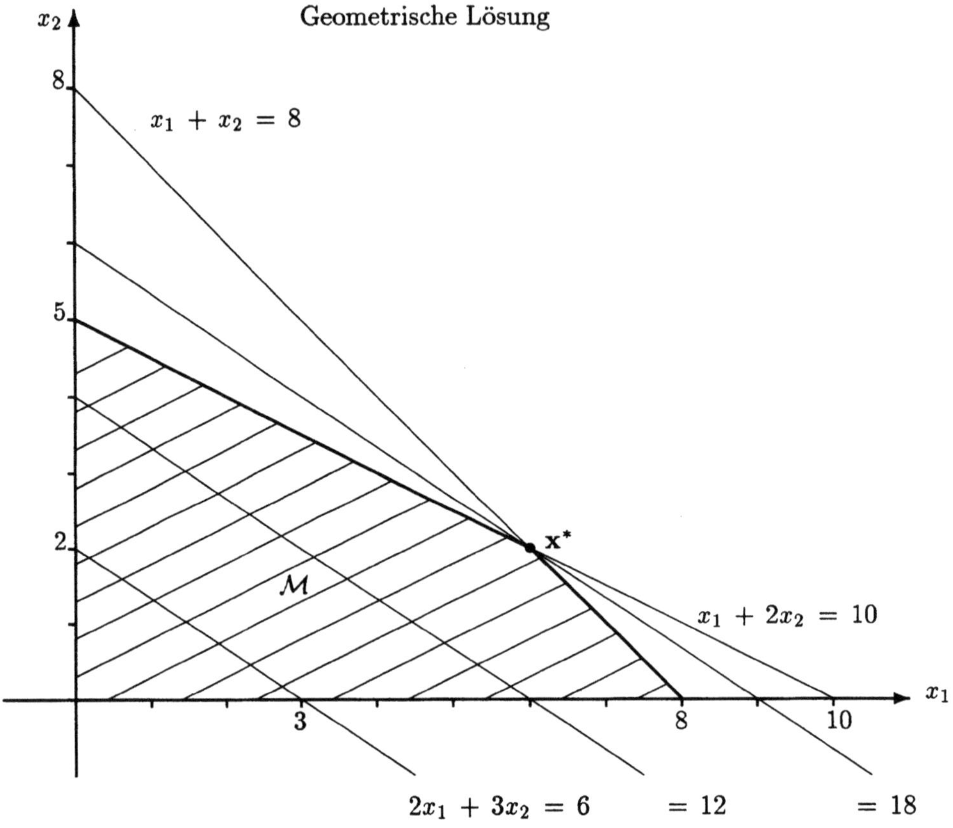

Aus der Skizze liest man ab, daß $\mathbf{x}^* = (6,2)'$ Maximalpunkt ist mit $G(\mathbf{x}^*) = 18$.

Beispiel 2.2:

$$\begin{array}{ll} \max & 2x_1 + 3x_2 \\ \text{bez.} & -x_1 + x_2 \leq 2 \\ & -x_1 + 2x_2 \leq 6 \\ & x_1 - 3x_2 \leq 3 \\ & x_1, x_2 \geq 0 \end{array}$$

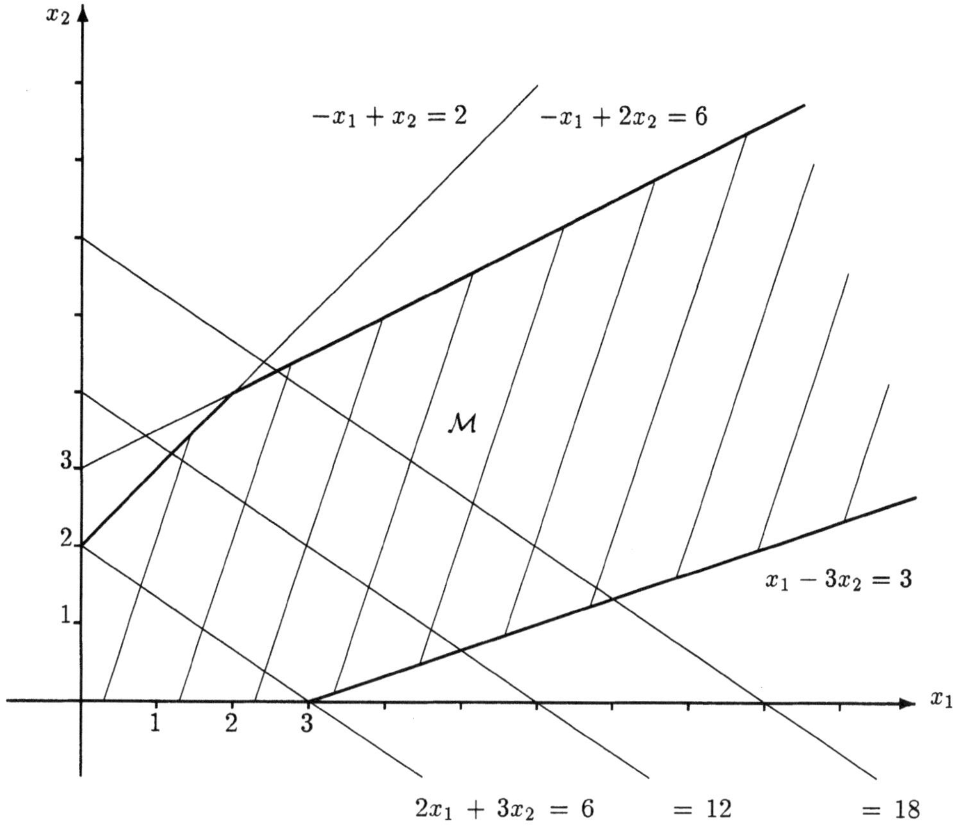

Man entnimmt der Skizze, daß G auf $\mathcal{M}$ nicht nach oben beschränkt ist: das LP unlösbar.

Höherdimensionale LP ($n > 2$) lassen sich nicht mehr auf diese Weise graphisch lösen; vielmehr ist zu ihrer Bearbeitung ein numerisches Verfahren nötig.

2.2 Einführung von Schlupfvariablen

Führt man m neue Variablen $y_1, \ldots, y_m$ ein und setzt $\mathbf{y} = \begin{pmatrix} y_1 \\ \vdots \\ y_m \end{pmatrix}$, so lassen sich (2b) und (2c) äquivalent durch

$$A\mathbf{x} + \mathbf{y} = \mathbf{b} \quad \text{und} \quad \mathbf{x} \geq \mathbf{0},\ \mathbf{y} \geq \mathbf{0}$$

beschreiben.

Definition 2.4: $x_1, \ldots, x_n$ heißen die *Entscheidungsvariablen*, $y_1, \ldots, y_m$ die *Schlupfvariablen* zum LP (2).

Vereinbarung: $\tilde{\mathbf{x}}$ bzw. $\tilde{\mathbf{x}}^0$ o.ä. bezeichne im folgenden einen variablen oder festen Vektor des $\mathbb{R}^{n+m}$. Dabei soll stets seine

- k-te Komponente (dem Wert) der Entscheidungsvariablen x_k, $1 \leq k \leq n$
- $(n+i)$-te Komponente (dem Wert) der Schlupfvariablen y_i, $1 \leq i \leq m$

gleich sein:

$$\tilde{\mathbf{x}} = \begin{pmatrix} x_1 \\ \vdots \\ x_n \\ y_1 \\ \vdots \\ y_m \end{pmatrix}$$

Wir schreiben dafür kurz

$$\tilde{\mathbf{x}} = \begin{pmatrix} \mathbf{x} \\ \mathbf{y} \end{pmatrix} \qquad (\text{bzw. } \tilde{\mathbf{x}}^0 = \begin{pmatrix} \mathbf{x}^0 \\ \mathbf{y}^0 \end{pmatrix}, \ldots)$$

mit den n-Vektoren $\mathbf{x}, \mathbf{x}^0, \ldots$ und m-Vektoren $\mathbf{y}, \mathbf{y}^0, \ldots$.
Mit $\tilde{\mathbf{x}} := \binom{\mathbf{x}}{\mathbf{y}}$, $\tilde{\mathbf{c}} := \binom{\mathbf{c}}{\mathbf{0}}$ und $\tilde{A} := (A, I_m)$, wobei I_m die (m,m)- Einheitsmatrix ist, gilt

$$\tilde{\mathbf{c}}'\tilde{\mathbf{x}} = \mathbf{c}'\mathbf{x} \quad \text{und} \quad \tilde{A}\tilde{\mathbf{x}} = A\mathbf{x} + \mathbf{y}.$$

Damit ist (2) äquivalent zu

$$\left.\begin{array}{lrcl} \max & \tilde{\mathbf{c}}'\tilde{\mathbf{x}} & & \\ \text{bez.} & \tilde{A}\tilde{\mathbf{x}} & = & \mathbf{b} \\ & \tilde{\mathbf{x}} & \geq & \mathbf{0} \end{array}\right\} \qquad (\tilde{2})$$

Setzt man noch $\tilde{G} = \tilde{G}(\tilde{\mathbf{x}}) := \tilde{\mathbf{c}}'\tilde{\mathbf{x}}$, so gilt ferner

$$\tilde{G}(\tilde{\mathbf{x}}) = G(\mathbf{x}) \quad \text{für} \quad \tilde{\mathbf{x}} = \begin{pmatrix} \mathbf{x} \\ \mathbf{y} \end{pmatrix}. \qquad (3)$$

$\tilde{\mathcal{M}} = \{\tilde{\mathbf{x}} \in \mathbb{R}^{n+m} : \tilde{A}\tilde{\mathbf{x}} = \mathbf{b}, \; \tilde{\mathbf{x}} \geq \mathbf{0}\}$ heißt wieder der *zulässige Bereich* und jedes $\tilde{\mathbf{x}} \in \tilde{\mathcal{M}}$ ein *zulässiger Punkt* von $(\tilde{2})$.

2.3 Tableau-Darstellung von $(\tilde{2})$

Die Nebenbedingungen (2b) sind in $(\tilde{2}\text{b})$ in Gleichungen überführt, die sich einfacher behandeln lassen (Theorie der linearen Gleichungssysteme (LGS)). Auf das

LGS ($\widetilde{2}$b) sind nämlich elementare Umformungen anwendbar, ohne daß sich seine Lösungsmenge ändert.
Wir stellen also das LGS $\widetilde{A}\widetilde{\mathbf{x}} = \mathbf{b}$ in Form eines Tableaus dar, erweitern dieses aber wie folgt um eine Spalte und eine Zeile für die Zielfunktion:

x_1	x_2	$\cdots$	x_k	$\cdots$	x_n	y_1	y_2	$\cdots$	y_i	$\cdots$	y_m	$\widetilde{G}$	1	
a_{11}	a_{12}	$\cdots$	a_{1k}	$\cdots$	a_{1n}	1	0	$\cdots$	0	$\cdots$	0	0	b_1	
a_{21}	a_{22}	$\cdots$	a_{2k}	$\cdots$	a_{2n}	0	1	$\cdots$	0	$\cdots$	0	0	b_2	
$\vdots$	$\vdots$		$\vdots$		$\vdots$	$\vdots$	$\vdots$		$\vdots$		$\vdots$	$\vdots$	$\vdots$	
a_{i1}	a_{i2}	$\cdots$	a_{ik}	$\cdots$	a_{in}	0	0	$\cdots$	1	$\cdots$	0	0	b_i	(T_{ν_0})
$\vdots$	$\vdots$		$\vdots$		$\vdots$	$\vdots$	$\vdots$		$\vdots$		$\vdots$	$\vdots$	$\vdots$	
a_{m1}	a_{m2}	$\cdots$	a_{mk}	$\cdots$	a_{mn}	0	0	$\cdots$	0	$\cdots$	1	0	b_m	
$-c_1$	$-c_2$	$\cdots$	$-c_k$	$\cdots$	$-c_n$	0	0	$\cdots$	0	$\cdots$	0	1	0	

Dieses Tableau erhält als Index eine gewisse ganze Zahl ν_0, worauf wir später eingehen werden. Im Fall $\mathbf{b} \geq \mathbf{0}$ ist $\nu_0 = 0$.

Die letzte Zeile bedeutet einfach $-\widetilde{\mathbf{c}}'\widetilde{\mathbf{x}} + \widetilde{G} = 0$, also $\widetilde{G} = \widetilde{\mathbf{c}}'\widetilde{\mathbf{x}}$. Wendet man die elementaren Umformungen auch auf diese Zeile an, so erhält man $\widetilde{G} = \widetilde{G}(\widetilde{\mathbf{x}}) = \widetilde{\mathbf{p}}'\widetilde{\mathbf{x}} + q$ (mit bestimmten $\widetilde{\mathbf{p}} \in \mathbb{R}^{n+m}, q \in \mathbb{R}$) in Abhängigkeit auch von $y_1, \ldots, y_m$. In diese Darstellung von $\widetilde{G}$ dürfen die Komponenten jedes *zulässigen Punktes* $\widetilde{\mathbf{x}}^0 = \binom{\mathbf{x}^0}{\mathbf{y}^0}$ von ($\widetilde{2}$) eingesetzt werden. Mit (3) folgt dann

$$G(\mathbf{x}^0) = \widetilde{G}(\widetilde{\mathbf{x}}^0) = \widetilde{\mathbf{p}}'\widetilde{\mathbf{x}}^0 + q \quad \text{für } \widetilde{\mathbf{x}}^0 = \begin{pmatrix} \mathbf{x}^0 \\ \mathbf{y}^0 \end{pmatrix} \in \widetilde{\mathcal{M}}. \tag{4}$$

Wie später im einzelnen beschrieben wird, werden die folgenden elementaren Umformungen angewendet:

I. Multiplikation einer Zeile mit einer Zahl $\lambda \neq 0$

II. Addition des λ-fachen einer Zeile zu irgend einer anderen Zeile

III. Tausch zweier Spalten (=Tausch zweier Variablen)
Ausgenommen sind die $\widetilde{G}$- und die "1 "- Spalte

Äquivalente Umformungen von (T_{ν_0}) durch eine Folge elementarer Umformungen

Wie in Abschnitt 3 noch ausführlich beschrieben wird, unterwirft man — analog zum GAUSS–Algorithmus — das Tableau (T_{ν_0}) einer Folge elementarer Umformungen des Typs (I) – (III). Ziel ist dabei die Auflösung des gegebenen Gleichungssystems $\widetilde{A}\widetilde{\mathbf{x}} = \mathbf{b}$ nach gewissen Variablen. Dabei geht man prinzipiell wie folgt vor:

i) *Auflösung einer Gleichung, etwa der i-ten Gleichung, nach einer bestimmten Variablen, etwa x_k*, d. h.

$$x_k = \sum_{j \neq k} (-\frac{a_{ij}}{a_{ik}} x_j) - \frac{y_i}{a_{ik}} + \frac{b_i}{a_{ik}}$$

(Dabei ist $a_{ik} \neq 0$ vorausgesetzt.)

ii) *Elimination von x_k in allen anderen Gleichungen*, einschließlich der Gleichung für die Zielfunktion. Damit ergibt sich das *äquivalente Tableau $(\widetilde{T}_{\nu_0+1})$*:

x_1	x_2	$\cdots$	x_k	$\cdots$	x_n	y_1	y_2	$\cdots$	y_i	$\cdots$	y_m	$\widetilde{G}$	1
α_{11}	α_{12}	$\cdots$	0	$\cdots$	α_{1n}	1	0	$\cdots$	α_{1k}	$\cdots$	0	0	β_1
α_{21}	α_{22}	$\cdots$	0	$\cdots$	α_{2n}	0	1	$\cdots$	α_{2k}	$\cdots$	0	0	β_2
$\vdots$	$\vdots$		$\vdots$		$\vdots$	$\vdots$	$\vdots$		$\vdots$		$\vdots$	$\vdots$	$\vdots$
α_{i1}	α_{i2}	$\cdots$	1	$\cdots$	α_{in}	0	0	$\cdots$	α_{ik}	$\cdots$	0	0	β_i
$\vdots$	$\vdots$		$\vdots$		$\vdots$	$\vdots$	$\vdots$		$\vdots$		$\vdots$	$\vdots$	$\vdots$
α_{m1}	α_{m2}	$\cdots$	0	$\cdots$	α_{mn}	0	0	$\cdots$	α_{mk}	$\cdots$	1	0	β_m
γ_1	γ_2	$\cdots$	0	$\cdots$	γ_n	0	0	$\cdots$	γ_k	$\cdots$	0	1	β_0

$(\widetilde{T}_{\nu_0+1})$

iii) *Vertauscht man jetzt die Variablen x_k und y_i*, so ergibt sich ein äquivalentes Tableau (T_{ν_0+1}) gleicher Struktur wie das Anfangstableau (T_{ν_0}):

x_1	x_2	$\cdots$	y_i	$\cdots$	x_n	y_1	y_2	$\cdots$	x_k	$\cdots$	y_m	$\widetilde{G}$	1
α_{11}	α_{12}	$\cdots$	α_{1k}	$\cdots$	α_{1n}	1	0	$\cdots$	0	$\cdots$	0	0	β_1
α_{21}	α_{22}	$\cdots$	α_{2k}	$\cdots$	α_{2n}	0	1	$\cdots$	0	$\cdots$	0	0	β_2
$\vdots$	$\vdots$		$\vdots$		$\vdots$	$\vdots$	$\vdots$		$\vdots$		$\vdots$	$\vdots$	$\vdots$
α_{i1}	α_{i2}	$\cdots$	α_{ik}	$\cdots$	α_{in}	0	0	$\cdots$	1	$\cdots$	0	0	β_i
$\vdots$	$\vdots$		$\vdots$		$\vdots$	$\vdots$	$\vdots$		$\vdots$		$\vdots$	$\vdots$	$\vdots$
α_{m1}	α_{m2}	$\cdots$	α_{mk}	$\cdots$	α_{mn}	0	0	$\cdots$	0	$\cdots$	1	0	β_m
γ_1	γ_2	$\cdots$	γ_k	$\cdots$	γ_n	0	0	$\cdots$	0	$\cdots$	0	1	β_0

(T_{ν_0+1})

Nach (T_{ν_0+1}) hat man nun für die Zielfunktion die neue Darstellung

$$\sum_{\substack{1 \leq j \leq n \\ j \neq k}} \gamma_j x_j + \gamma_k y_i + \widetilde{G} = \beta_0,$$

also

$$\widetilde{G} = \widetilde{G}(\widetilde{\mathbf{x}}) = \beta_0 - \sum_{j \neq k} \gamma_j x_j - \gamma_k y_i.$$

Mit (4) folgt dann auch

$$\mathbf{c}'\mathbf{x} = G(\mathbf{x}) = \widetilde{G}(\widetilde{\mathbf{x}}) = \beta_0 - \sum_{j \neq k} \gamma_j x_j - \gamma_k y_i, \quad \widetilde{\mathbf{x}} \in \widetilde{\mathcal{M}}.$$

Beispiel 2.3:

$$\left.\begin{array}{lllll} \max & x_1 + 2x_2 + 4x_3 & & & \\ \text{bez.} & x_1 & & \leq & 2 \\ & x_1 + \quad x_2 + 2x_3 & & \leq & 4 \\ & \qquad 3x_2 + 4x_3 & & \leq & 6 \\ & x_1 \geq 0,\ x_2 \geq 0,\ x_3 & & \geq & 0 \end{array}\right\} \tag{5}$$

Tableauform von $(\widetilde{5})$:

(T_0)

x_1	x_2	x_3	y_1	y_2	y_3	$\widetilde{G}$	1	
1	0	0	1	0	0	0	2	
1	1	2	0	1	0	0	4	←┐+
0	3	4	0	0	1	0	6	$\lvert\cdot\frac{1}{4}$ $\lvert\cdot(-\frac{1}{2})$ $\lvert\cdot 1$
−1	−2	−4	0	0	0	1	0	←┘+

Es sei $i = 3$, $k = 3$ gewählt. Durch die angedeuteten Umformungen erhlt man

$(\widetilde{T}_1)$

x_1	x_2	$\boxed{x_3}$	y_1	y_2	$\boxed{y_3}$	$\widetilde{G}$	1
1	0	0	1	0	0	0	2
1	$-\frac{1}{2}$	0	0	1	$-\frac{1}{2}$	0	1
0	$\frac{3}{4}$	1	0	0	$\frac{1}{4}$	0	$\frac{3}{2}$
−1	1	0	0	0	1	1	6

und Tausch von x_3 mit y_3 ergibt

(T_1)

x_1	x_2	y_3	y_1	y_2	x_3	$\widetilde{G}$	1
1	0	0	1	0	0	0	2
1	$-\frac{1}{2}$	$-\frac{1}{2}$	0	1	0	0	1
0	$\frac{3}{4}$	$\frac{1}{4}$	0	0	1	0	$\frac{3}{2}$
−1	1	1	0	0	0	1	6

Die letzte Zeile lautet:

$$-1x_1 + 1x_2 + 1y_3 + 0y_1 + 0y_2 + 0x_3 + 1\widetilde{G} = 6$$

also $\widetilde{G} = \widetilde{G}(\widetilde{\mathbf{x}}) = 6+x_1-x_2-y_3$. Um Gleichung (4) an einem Beispiel zu bestätigen, wählen wir den zulässigen Punkt $\widetilde{\mathbf{x}}^0 = (2,0,0,0,2,6)'$ von $(\widetilde{5})$, wo $\mathbf{x}^0 = (2,0,0)'$. Dann gilt einerseits

$$\widetilde{G}(\widetilde{\mathbf{x}}^0) = 6 + 2 - 0 - 6 = 2$$

und andererseits

$$G(\mathbf{x}^0) = 2 + 2 \cdot 0 + 4 \cdot 0 = 2.$$

2.4 Allgemeine Grundlagen für die Lösung von $(\widetilde{2})$

2.4.1 Die zulässigen Bereiche $\mathcal{M}$,$\widetilde{\mathcal{M}}$ und ihre Eckpunkte

Zwischen den Punkten von $\mathcal{M}$ und $\widetilde{\mathcal{M}}$ besteht eine umkehrbar eindeutige Zuordnung, indem

$$\mathbf{x} \in \mathcal{M} \text{ auf } \begin{pmatrix} \mathbf{x} \\ \mathbf{b} - A\mathbf{x} \end{pmatrix} \in \widetilde{\mathcal{M}}$$

und umgekehrt

$$\widetilde{\mathbf{x}} = \begin{pmatrix} \mathbf{x} \\ \mathbf{y} \end{pmatrix} \in \widetilde{\mathcal{M}} \text{ auf } x \in \mathcal{M}$$

abgebildet wird. Sie erlaubt den Übergang von $\mathcal{M}$ auf $\widetilde{\mathcal{M}}$ oder umgekehrt.

Eine grundlegende Eigenschaft der LP (2) und $(\widetilde{2})$ zeigt

Satz 2.1: *Der zulässige Bereich $\mathcal{M}$, $\widetilde{\mathcal{M}}$ von* (2) *bzw.* $(\widetilde{2})$ *ist konvex.*

Beweis: Es seien $\widetilde{\mathbf{x}}, \widetilde{\mathbf{y}} \in \widetilde{\mathcal{M}}$ und $0 < \lambda < 1$. Dann gilt $\widetilde{\mathbf{x}} \geq \mathbf{0}$, $\widetilde{\mathbf{y}} \geq \mathbf{0}$ und $\widetilde{A}\widetilde{\mathbf{x}} = \mathbf{b}, \widetilde{A}\widetilde{\mathbf{y}} = \mathbf{b}$, und es folgt

$$\lambda\widetilde{\mathbf{x}} + (1-\lambda)\widetilde{\mathbf{y}} \geq \mathbf{0}$$

$$\widetilde{A}(\lambda\widetilde{\mathbf{x}} + (1-\lambda)\widetilde{\mathbf{y}}) = \lambda\widetilde{A}\widetilde{\mathbf{x}} + (1-\lambda)\widetilde{A}\widetilde{\mathbf{y}} = \lambda\mathbf{b} + (1-\lambda)\mathbf{b} = \mathbf{b}.$$

Also ist $\lambda\widetilde{\mathbf{x}} + (1-\lambda)\widetilde{\mathbf{y}} \in \widetilde{\mathcal{M}}$ für jedes $0 < \lambda < 1$ und damit $\widetilde{\mathcal{M}}$ konvex. Ganz ähnlich zeigt man die Konvexität von $\mathcal{M}$ (vgl. auch Satz 1.1).

Entscheidend ist nun der Begriff des *Eckpunktes* oder der *Ecke* einer konvexen Menge:

Definition 2.5: Ein Punkt $\mathbf{u} \in \mathcal{K}$ einer konvexen Menge $\mathcal{K} \subset \mathcal{R}^\nu$ heißt *Eckpunkt (Ecke)* von $\mathcal{K}$, wenn sich $\mathbf{u}$ nicht als echte Konvexkombination

$$\mathbf{u} = \lambda\mathbf{x} + (1-\lambda)\mathbf{y} \text{ mit } 0 < \lambda < 1 \text{ und } \mathbf{x}, \mathbf{y} \in \mathcal{K}, \mathbf{x} \neq \mathbf{y}$$

zweier verschiedener Punkte von $\mathcal{K}$ darstellen läßt.

Ein Eckpunkt von $\mathcal{K}$ kann also nicht innerer Punkt der Verbindungsstrecke irgend zweier Punkte von $\mathcal{K}$ sein.

Beispiel 2.4:

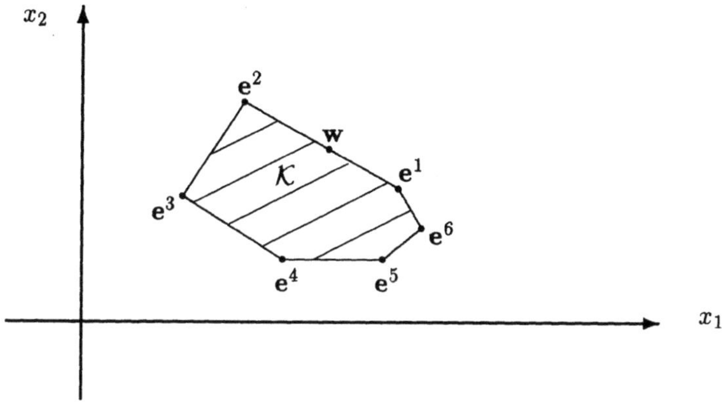

$\mathbf{e}^i$, $1 \leq i \leq 6$, sind sämtliche Eckpunkte von $\mathcal{K}$; $\mathbf{w}$ ist ein Randpunkt, aber kein Eckpunkt

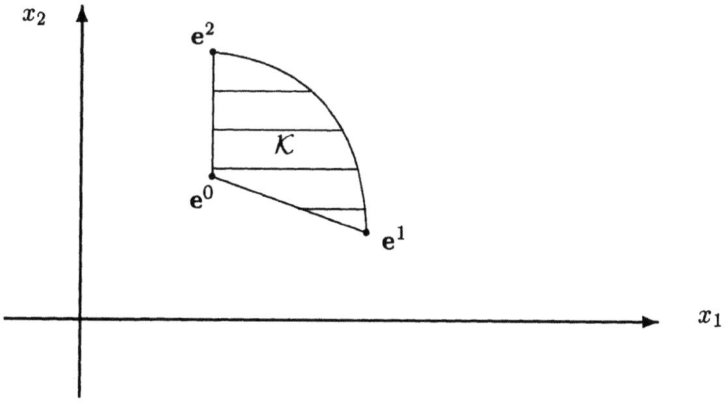

Eckpunkte sind $\mathbf{e}^0$ und *alle* Punkte auf dem Bogen $\mathbf{e}^1, \mathbf{e}^2$

Über die Beziehung zwischen den Eckpunkten von $\mathcal{M}$ und $\widetilde{\mathcal{M}}$ gilt der folgende

Satz 2.2: *Ein Punkt* $\widetilde{\mathbf{x}} = \begin{pmatrix} \mathbf{x} \\ \mathbf{y} \end{pmatrix}$ *des zulässigen Bereiches* $\widetilde{\mathcal{M}}$ *von* $(\widetilde{2})$ *ist genau dann ein Eckpunkt von* $\widetilde{\mathcal{M}}$*, wenn* $\mathbf{x}$ *ein Eckpunkt des zulässigen Bereiches* $\mathcal{M}$ *von* (2) *ist.*

Beweis:

a) Ist $\widetilde{\mathbf{x}} = \begin{pmatrix} \mathbf{x} \\ \mathbf{y} \end{pmatrix} \in \widetilde{\mathcal{M}}$ ein Eckpunkt von $\widetilde{\mathcal{M}}$, aber $\mathbf{x}$ kein Eckpunkt von $\mathcal{M}$, so gibt es gemäß Definition 2.5 Punkte $\mathbf{u} \neq \mathbf{v}$ in $\mathcal{M}$ und ein $0 < \lambda < 1$, so daß $\mathbf{x} = \lambda\mathbf{u} + (1-\lambda)\mathbf{v}$. Daraus folgt

$$\begin{aligned} \mathbf{y} &= \mathbf{b} - A\mathbf{x} = \mathbf{b} - A(\lambda\mathbf{u} + (1-\lambda)\mathbf{v}) \\ &= \lambda(\mathbf{b} - A\mathbf{u}) + (1-\lambda)(\mathbf{b} - A\mathbf{v}) \end{aligned}$$

und damit

$$\widetilde{\mathbf{x}} = \begin{pmatrix} \mathbf{x} \\ \mathbf{y} \end{pmatrix} = \lambda \begin{pmatrix} \mathbf{u} \\ \mathbf{b} - A\mathbf{u} \end{pmatrix} + (1-\lambda) \begin{pmatrix} \mathbf{v} \\ \mathbf{b} - A\mathbf{v} \end{pmatrix} = \lambda\widetilde{\mathbf{u}} + (1-\lambda)\widetilde{\mathbf{v}}$$

mit $\widetilde{\mathbf{u}}, \widetilde{\mathbf{v}} \in \widetilde{\mathcal{M}}$ und $\widetilde{\mathbf{u}} \neq \widetilde{\mathbf{v}}$ im Widerspruch zur Voraussetzung, daß $\widetilde{\mathbf{x}}$ ein Eckpunkt von $\widetilde{\mathcal{M}}$ ist.

b) Ist $\mathbf{x}$ ein Eckpunkt von $\mathcal{M}$, $\widetilde{\mathbf{x}}$ aber kein Eckpunkt von $\widetilde{\mathcal{M}}$, so existieren Vektoren $\widetilde{\mathbf{u}}, \widetilde{\mathbf{v}} \in \widetilde{\mathcal{M}}$, so daß $\widetilde{\mathbf{u}} \neq \widetilde{\mathbf{v}}$ und

$$\widetilde{\mathbf{x}} = \lambda\widetilde{\mathbf{u}} + (1-\lambda)\widetilde{\mathbf{v}}$$

mit einem $0 < \lambda < 1$.
Daraus folgt aber $\mathbf{u}, \mathbf{v} \in \mathcal{M}$, $\mathbf{u} \neq \mathbf{v}$, und

$$\mathbf{x} = \lambda\mathbf{u} + (1-\lambda)\mathbf{v},$$

was wieder im Gegensatz zur Voraussetzung steht.

Lemma 2.1: *Gilt* $\mathbf{b} \geq \mathbf{0}$*, dann ist* $\mathbf{x}^0 = \mathbf{0}$ *ein Eckpunkt von* $\mathcal{M}$ *und* $\widetilde{\mathbf{x}}^0 = \binom{\mathbf{0}}{\mathbf{b}}$ *ein Eckpunkt von* $\widetilde{\mathcal{M}}$.

Beweis: $\mathbf{x}^0 = \mathbf{0}$ liegt in $\mathcal{M}$, denn es gilt $A\mathbf{x}^0 = \mathbf{0} \leq \mathbf{b}$ nach Vorraussetzung. Da aus einer Gleichung

$$\mathbf{0} = \lambda\mathbf{x} + (1-\lambda)\mathbf{y} \quad \text{mit} \quad 0 < \lambda < 1 \quad \text{und} \quad \mathbf{x}, \mathbf{y} \in \mathbb{R}^n_+$$

notwendig folgt $\mathbf{x} = \mathbf{y} = \mathbf{0}$, läßt sich $\mathbf{x}^0$ nicht als echte Konvexkombination zweier verschiedener Punkte von $\mathcal{M}$ darstellen. Also ist $\mathbf{x}^0$ eine Ecke von $\mathcal{M}$. Nach Satz 2.2 ist dann $\widetilde{\mathbf{x}}^0$ eine Ecke von $\widetilde{\mathcal{M}}$.

2.4.2 Charakterisierung der Ecken, Basis einer Ecke

Bei der folgenden Untersuchung der Ecken von $\widetilde{\mathcal{M}}$ und ihrer Bedeutung für die Lösung von $(\widetilde{2})$ kommt es auf die spezielle Gestalt der Matrix $\widetilde{A} = (A, I_m)$ nicht an. Wir legen daher allgemeiner eine $m \times \nu$ Matrix T mit dem Rang m (kurz: $\operatorname{Rg} T = m$) zugrunde und betrachten die Menge

$$\mathcal{K} = \{\mathbf{u} \in \mathbb{R}^\nu : T\mathbf{u} = \mathbf{b}, \mathbf{u} \geq \mathbf{0}\}$$

und in §2.4.3 das LP

$$\text{maximiere} \quad \mathbf{p}'\mathbf{u} \quad \text{bezüglich } \mathbf{u} \in \mathcal{K}$$

an Stelle von $\widetilde{\mathcal{M}}$ bzw. $(\widetilde{2})$.

Bemerkungen:

a) Die Bedingung $\operatorname{Rg} T = m$ ist keine wesentliche Einschränkung, denn andernfalls gilt entweder $\operatorname{Rg} T < \operatorname{Rg}(T, \mathbf{b})$, womit das LGS $T\mathbf{u} = \mathbf{b}$ unlösbar und folglich $\mathcal{K} = \emptyset$ ist, oder es gilt $\operatorname{Rg} T = \operatorname{Rg}(T, \mathbf{b}) < m$, womit eine oder mehrere Gleichungen des Systems $T\mathbf{u} = \mathbf{b}$ gestrichen werden können. An Stelle von $T\mathbf{u} = \mathbf{b}$ ergibt sich dann das äquivalente System $T_0\mathbf{u} = \mathbf{b}^0$ mit einer $m_0 \times \nu$ Matrix T_0 und $\operatorname{Rg} T_0 = \operatorname{Rg}(T_0, \mathbf{b}) = m_0$.

b) Die Rangbedingung wird erst nach dem Beweis von Satz 2.3 benötigt.

Wie im Beweis von Satz 2.1 zeigt man, daß $\mathcal{K}$ eine konvexe Menge ist. Eine auch numerisch anwendbare Charakterisierung der Ecken von $\mathcal{K}$ liefert nun

Satz 2.3: *Ein Punkt $\mathbf{u} \in \mathcal{K}$ ist genau dann eine Ecke von $\mathcal{K}$, falls die zu den positiven Komponenten $u_{j_1} > 0, \ldots, u_{j_r} > 0$ von $\mathbf{u}$ gehörenden Spalten $\mathbf{t}^{j_1}, \ldots, \mathbf{t}^{j_r}$ von T linear unabhängig sind.*

Vor dem Beweis von Satz 2.3 stellen wir ein Lemma bereit, das im folgenden mehrfach benutzt wird.

Lemma 2.2: *Es seien $\mathbf{u} \in \mathcal{K}$ und $\mathbf{d} \in \mathbb{R}^\nu$, $\mathbf{d} \neq \mathbf{0}$, mit $T\mathbf{d} = \mathbf{0}$. Man setze*

$$\mathcal{J}_1 := \{j : 1 \leq j \leq \nu, d_j > 0\}, \quad \mathcal{J}_2 := \{j : 1 \leq j \leq \nu, d_j < 0\}$$

und

$$\begin{aligned} \delta_1 &:= \max_{j \in \mathcal{J}_1}\left(-\tfrac{u_j}{d_j}\right) \quad \text{falls } \mathcal{J}_1 \neq \emptyset \\ \delta_2 &:= \min_{j \in \mathcal{J}_2}\left(-\tfrac{u_j}{d_j}\right) \quad \text{falls } \mathcal{J}_2 \neq \emptyset \end{aligned}$$

Für $\mathbf{u}(\lambda) := \mathbf{u} + \lambda\mathbf{d}$, $\lambda \in \mathbb{R}$ *gilt dann:*

$$\mathbf{u}(\lambda) \in \mathcal{K} \Leftrightarrow \begin{cases} \delta_1 \leq \lambda \leq \delta_2, & \text{falls} \quad \mathcal{J}_1 \neq \emptyset, \mathcal{J}_2 \neq \emptyset \\ \lambda \leq \delta_2, & \text{falls} \quad \mathcal{J}_1 = \emptyset \\ \lambda \geq \delta_1, & \text{falls} \quad \mathcal{J}_2 = \emptyset \end{cases}$$

Beweis: Es gilt für jedes $\lambda \in \mathbb{R}$

$$T\mathbf{u}(\lambda) = T(\mathbf{u} + \lambda\mathbf{d}) = T\mathbf{u} + \lambda T\mathbf{d} = \mathbf{b} + \lambda\mathbf{0} = \mathbf{b}$$

und demnach

$$\begin{aligned} & \mathbf{u}(\lambda) \in \mathcal{K} \\ \Leftrightarrow\ & \mathbf{u}(\lambda) \geq \mathbf{0} \\ \Leftrightarrow\ & u_j + \lambda d_j \geq 0 \text{ für } j = 1, \ldots, \nu \\ \Leftrightarrow\ & u_j + \lambda d_j \geq 0 \text{ für alle } j \in \mathcal{J}_1 \cup \mathcal{J}_2 \\ \Leftrightarrow\ & \lambda \geq -\frac{u_j}{d_j} \text{ für alle } j \in \mathcal{J}_1 \text{ und } \lambda \leq -\frac{u_j}{d_j} \text{ für alle } j \in \mathcal{J}_2. \end{aligned}$$

Hieraus folgt sofort die Behauptung des Lemmas.

Beweis von Satz 2.3:

j_l, $1 \leq l \leq r$, sind die Indizes mit $u_j \neq 0$. Dabei ist $0 \leq r \leq \nu$.

a) $\mathbf{u}$ sei eine Ecke von $\mathcal{K}$. Für $r = 0$ ist die Menge der zu betrachtenden Spaltenvektoren leer. Eine leere Menge von Vektoren ist nach Definition linear unabhängig.
Nun sei $r > 0$. Wir nehmen an, $\mathbf{t}^{j_1}, \ldots, \mathbf{t}^{j_r}$ seien linear abhängig. Dann gibt es Zahlen $d_{j_1}, \ldots, d_{j_r}$, die nicht alle gleich Null sind, mit

$$\sum_{l=1}^{r} d_{j_l}\mathbf{t}^{j_l} = \mathbf{0}.$$

Setzt man noch $d_j = 0$ für $j \notin \{j_1, \ldots, j_r\}$, so ist der Punkt $\mathbf{d} := (d_1, d_2, \ldots, d_\nu)'$ wohlbestimmt und $T\mathbf{d} = \mathbf{0}$. Mit den Bezeichnungen von Lemma 2.2 hat man nach Konstruktion von $\mathbf{d}$:

$$\begin{aligned} \delta_1 < 0 \quad & \text{falls} \quad \mathcal{J}_1 \neq \emptyset \\ \delta_2 > 0 \quad & \text{falls} \quad \mathcal{J}_2 \neq \emptyset. \end{aligned}$$

Es gibt also in jedem Fall ein $\lambda > 0$ mit $\mathbf{u}(\lambda) \in \mathcal{K}$ und $\mathbf{u}(-\lambda) \in \mathcal{K}$. Wegen $\lambda \neq 0, \mathbf{d} \neq \mathbf{0}$ sind $\mathbf{u}(\lambda)$ und $\mathbf{u}(-\lambda)$ verschieden, und es gilt

$$\mathbf{u} = \frac{1}{2}\mathbf{u}(\lambda) + \frac{1}{2}\mathbf{u}(-\lambda).$$

Also ist $\mathbf{u}$ eine echte Konvexkombination zweier verschiedener Punkte von $\mathcal{K}$ und daher keine Ecke von $\mathcal{K}$. Die obige Annahme führt somit auf einen Widerspruch, und $\mathbf{t}^{j_1}, \ldots, \mathbf{t}^{j_r}$ sind linear unabhängig.

b) $\mathbf{t}^{j_1}, \ldots, \mathbf{t}^{j_r}$ seien linear unabhängig. Wir nehmen an, $\mathbf{u}$ sei als echte Konvexkombination zweier verschiedener Punkte $\mathbf{x}, \mathbf{y} \in \mathcal{K}$ darstellbar:

$$\mathbf{u} = \lambda \mathbf{x} + (1 - \lambda)\mathbf{y} \text{ mit } 0 < \lambda < 1.$$

Für jedes $j \notin \{j_1, \ldots, j_r\}$ ist dann

$$\lambda x_j + (1 - \lambda) y_j = u_j = 0 \text{ und } x_j, y_j \geq 0,$$

also $x_j = y_j = 0$. Wegen $T\mathbf{x} = T\mathbf{y} = \mathbf{b}$ ist $T(\mathbf{x} - \mathbf{y}) = \mathbf{0}$, und es folgt

$$\sum_{l=1}^{r} (x_{j_l} - y_{j_l}) \mathbf{t}^{j_l} = \mathbf{0}.$$

Da $\mathbf{x} \neq \mathbf{y}$, muß hierin mindestens ein Koeffizient ungleich Null sein. Damit sind $\mathbf{t}^{j_1}, \ldots, \mathbf{t}^{j_r}$ linear abhängig. Also führt die obige Annahme auf einen Widerspruch, und $\mathbf{u}$ ist eine Ecke von $\mathcal{K}$.

Folgerung: Aus Satz 2.3 folgt sofort, daß eine Ecke $\mathbf{u}$ von $\mathcal{K}$ höchstens m positive Komponenten haben kann; die übrigen Komponenten sind Null.

Eine wichtige Klassifikation der Ecken von $\mathcal{K}$ liefert die

Definition 2.6: Besitzt ein Eckpunkt $\mathbf{u}$ von $\mathcal{K}$ genau m positive Komponenten (= maximal mögliche Anzahl), so heißt er *nicht entartet*, andernfalls heißt die Ecke $\mathbf{u}$ *entartet.*

Beispiel 2.5: Wir wollen die Eckpunkte in Beispiel 2.1 berechnen. Dort ist

$$\widetilde{\mathcal{M}} = \left\{ \widetilde{\mathbf{x}} \in \mathbb{R}^4 : \begin{pmatrix} 1 & 1 & 1 & 0 \\ 1 & 2 & 0 & 1 \end{pmatrix} \widetilde{\mathbf{x}} = \begin{pmatrix} 8 \\ 10 \end{pmatrix}, \quad \widetilde{\mathbf{x}} \geq \mathbf{0} \right\}$$

Entartete Ecken hat $\widetilde{\mathcal{M}}$ nicht, da $\mathbf{b} = \begin{pmatrix} 8 \\ 10 \end{pmatrix}$ nicht Vielfaches einer Spalte von $\widetilde{A} = \begin{pmatrix} 1 & 1 & 1 & 0 \\ 1 & 2 & 0 & 1 \end{pmatrix}$ ist.

Genau zwei Komponenten eines nicht entarteten Eckpunktes $\widetilde{\mathbf{e}}$ von $\widetilde{\mathcal{M}}$ sind gleich Null, die beiden anderen sind positiv und eindeutig bestimmt als die Koeffizienten der Darstellung von $\mathbf{b}$ als Linearkombination der entsprechenden Spalten von $\widetilde{A}$.

Folgende Anordnungen der zwei Plätze für die von Null verschiedenen Komponenten von $\widetilde{\mathbf{e}}$ sind grundsätzlich möglich:

$$\begin{pmatrix} 0 \\ 0 \\ \cdot \\ \cdot \end{pmatrix}, \begin{pmatrix} 0 \\ \cdot \\ 0 \\ \cdot \end{pmatrix}, \begin{pmatrix} 0 \\ \cdot \\ \cdot \\ 0 \end{pmatrix}, \begin{pmatrix} \cdot \\ 0 \\ 0 \\ \cdot \end{pmatrix}, \begin{pmatrix} \cdot \\ 0 \\ \cdot \\ 0 \end{pmatrix}, \begin{pmatrix} \cdot \\ \cdot \\ 0 \\ 0 \end{pmatrix};$$

und damit bestimmt man

$$\widetilde{\mathbf{e}} = \begin{pmatrix} 0 \\ 0 \\ 8 \\ 10 \end{pmatrix}, \begin{pmatrix} 0 \\ 8 \\ 0 \\ \boxed{-6} \end{pmatrix}, \begin{pmatrix} 0 \\ 5 \\ 3 \\ 0 \end{pmatrix}, \begin{pmatrix} 8 \\ 0 \\ 0 \\ 2 \end{pmatrix}, \begin{pmatrix} 10 \\ 0 \\ \boxed{-2} \\ 0 \end{pmatrix}, \begin{pmatrix} 6 \\ 2 \\ 0 \\ 0 \end{pmatrix}$$

Die Ecken von $\mathcal{M}$ sind also

$$\mathbf{e} = \begin{pmatrix} 0 \\ 0 \end{pmatrix}, \begin{pmatrix} 0 \\ 5 \end{pmatrix}, \begin{pmatrix} 8 \\ 0 \end{pmatrix}, \begin{pmatrix} 6 \\ 2 \end{pmatrix}$$

(in Übereinstimmung mit den graphisch bestimmten Eckpunkten!).

Zur mathematischen Darstellung einer Ecke benötigt man den Begriff der *Basis einer Ecke.*

a) Ist zunächst $\mathbf{u}$ eine *nicht entartete* Ecke von $\mathcal{K}$, so gibt es genau m linear unabhängige Spalten

$$\mathbf{t}^{j_1}, \ldots, \mathbf{t}^{j_m}$$

von T, so daß

$$u_{j_1} > 0, \ldots, u_{j_m} > 0 \quad \text{und} \quad u_j = 0 \quad \text{für} \quad j \notin \{j_1, \ldots, j_m\}.$$

Daraus folgt

$$\mathbf{b} = \sum_{l=1}^{m} u_{j_l} \mathbf{t}^{j_l} = B \mathbf{u}_B$$

mit

$$B := (\mathbf{t}^{j_1}, \mathbf{t}^{j_2}, \ldots, \mathbf{t}^{j_m}), \quad \mathbf{u}_B := (u_{j_1}, u_{j_2}, \ldots, u_{j_m})'.$$

Da B regulär ist, folgt für $\mathbf{u}_B$ die Darstellung

$$\mathbf{u}_B = B^{-1}\mathbf{b} > \mathbf{0} \quad (\text{komponentenweise} > 0).$$

Definition 2.7a: Das System der Vektoren $\mathbf{t}^{j_1}, \ldots, \mathbf{t}^{j_m}$ (oder die damit gebildete $m \times m$ Matrix B) wird als die *Basis* der nicht entarteten Ecke $\mathbf{u}$ bezeichnet.

b) Ist $\mathbf{u}$ eine entartete Ecke von $\mathcal{K}$, so hat $\mathbf{u}$ eine gewisse Anzahl $r < m$ positiver Komponenten. Die zugehörigen linear unabhängigen Spalten $\mathbf{t}^{j_1}, \ldots, \mathbf{t}^{j_r}$ von T bilden somit kein vollständiges System von m linear unabhängigen Spalten von T. Wegen $\operatorname{Rg} T = m$ kann aber dieses System durch Hinzufügen weiterer Spalten von T erweitert werden zu einem vollständigen System

$$\mathbf{t}^{j_1}, \mathbf{t}^{j_2}, \ldots, \mathbf{t}^{j_r}, \qquad \underbrace{\mathbf{t}^{j_{r+1}}, \ldots, \mathbf{t}^{j_m}}_{\text{weitere Spalten von } T}$$

linear unabhängiger Spalten von T. Man beachte, daß diese Erweiterung i. a. auf *verschiedene Weisen* möglich ist!

Daraus folgt

$$\mathbf{b} = \sum_{l=1}^{r} u_{j_l} \mathbf{t}^{j_l} = \sum_{l=1}^{m} u_{j_l} \mathbf{t}^{j_l},$$

da ja $u_{j_l} = 0$ für $l = r+1, \ldots, m$. Somit gilt wieder

$$\mathbf{b} = B\, \mathbf{u}_B$$

mit

$$B := (\mathbf{t}^{j_1}, \mathbf{t}^{j_2}, \ldots, \mathbf{t}^{j_r}, \mathbf{t}^{j_{r+1}}, \ldots, \mathbf{t}^{j_m}), \quad \mathbf{u}_B = (u_{j_1}, \ldots, u_{j_r}, 0, 0, \ldots, 0)'.$$

Da auch hier B regulär ist, folgt

$$\mathbf{u}_B = B^{-1}\, \mathbf{b} \geq \mathbf{0}.$$

Definition 2.7b: Das System der Vektoren $\mathbf{t}^{j_1}, \ldots, \mathbf{t}^{j_r}, \mathbf{t}^{j_{r+1}}, \ldots, \mathbf{t}^{j_m}$ (oder die damit gebildete Matrix B) wird als eine *Basis* der entarteten Ecke $\mathbf{u}$ bezeichnet.

Bemerkung: I.a. ist eine Basis einer entarteten Ecke *nicht eindeutig bestimmt.*

Beispiel 2.6: Wir bestimmen die Basis jedes in Beispiel 2.5 ermittelten (nicht entarteten) Eckpunktes $\widetilde{\mathbf{e}}$ von $\widetilde{\mathcal{M}} = \{\widetilde{\mathbf{x}} \in \mathbb{R}^4_+ : \widetilde{A}\widetilde{\mathbf{x}} = \mathbf{b}\}$, wobei

$$\widetilde{A} = \begin{pmatrix} 1 & 1 & 1 & 0 \\ 1 & 2 & 0 & 1 \end{pmatrix}, \quad \mathbf{b} = \begin{pmatrix} 8 \\ 10 \end{pmatrix}.$$

Eckpunkt $\tilde{\mathbf{e}}$	Basis von $\tilde{\mathbf{e}}$	LGS für $\tilde{\mathbf{e}}_B$
$\begin{pmatrix} 0 \\ 0 \\ 8 \\ 10 \end{pmatrix}$	$\begin{pmatrix} 1 \\ 0 \end{pmatrix}, \begin{pmatrix} 0 \\ 1 \end{pmatrix}$ oder $B = \begin{pmatrix} 1 & 0 \\ 0 & 1 \end{pmatrix}$	$B \underbrace{\begin{pmatrix} 8 \\ 10 \end{pmatrix}}_{\tilde{\mathbf{e}}_B} = \begin{pmatrix} 8 \\ 10 \end{pmatrix}$
$\begin{pmatrix} 0 \\ 5 \\ 3 \\ 0 \end{pmatrix}$	$\begin{pmatrix} 1 \\ 2 \end{pmatrix}, \begin{pmatrix} 1 \\ 0 \end{pmatrix}$ oder $B = \begin{pmatrix} 1 & 1 \\ 2 & 0 \end{pmatrix}$	$B \underbrace{\begin{pmatrix} 5 \\ 3 \end{pmatrix}}_{\tilde{\mathbf{e}}_B} = \begin{pmatrix} 8 \\ 10 \end{pmatrix}$
$\begin{pmatrix} 8 \\ 0 \\ 0 \\ 2 \end{pmatrix}$	$\begin{pmatrix} 1 \\ 1 \end{pmatrix}, \begin{pmatrix} 0 \\ 1 \end{pmatrix}$ oder $B = \begin{pmatrix} 1 & 0 \\ 1 & 1 \end{pmatrix}$	$B \underbrace{\begin{pmatrix} 8 \\ 2 \end{pmatrix}}_{\tilde{\mathbf{e}}_B} = \begin{pmatrix} 8 \\ 10 \end{pmatrix}$
$\begin{pmatrix} 6 \\ 2 \\ 0 \\ 0 \end{pmatrix}$	$\begin{pmatrix} 1 \\ 1 \end{pmatrix}, \begin{pmatrix} 1 \\ 2 \end{pmatrix}$ oder $B = \begin{pmatrix} 1 & 1 \\ 1 & 2 \end{pmatrix}$	$B \underbrace{\begin{pmatrix} 6 \\ 2 \end{pmatrix}}_{\tilde{\mathbf{e}}_B} = \begin{pmatrix} 8 \\ 10 \end{pmatrix}$

Eine erste Anwendung des Basisbegriffs führt zu

Satz 2.4: *$\mathcal{K}$ hat höchstens $\binom{\nu}{m}$ Eckpunkte.*

Beweis: Wir ordnen jeder Ecke $\mathbf{u}$ von $\mathcal{K}$ die Menge $\{j_1, \ldots, j_m\}$ der Indizes einer Basis $\mathbf{t}^{j_1}, \ldots, \mathbf{t}^{j_m}$ von $\mathbf{u}$ zu. Diese Zuordnung ist eineindeutig. Ist nämlich $\mathbf{t}^{j_1}, \ldots, \mathbf{t}^{j_m}$ auch Basis der Ecke $\mathbf{v}$ von $\mathcal{K}$, so gilt

$$\sum_{l=1}^{m} u_{j_l} \mathbf{t}^{j_l} = \mathbf{b} = \sum_{l=1}^{m} v_{j_l} \mathbf{t}^{j_l},$$

wegen der linearen Unabhängigkeit von $\mathbf{t}^{j_1}, \ldots, \mathbf{t}^{j_m}$ also $u_{j_l} = v_{j_l}$, $l = 1, \ldots, m$, und damit $\mathbf{u} = \mathbf{v}$. Also gibt es höchstens so viele Ecken von $\mathcal{K}$, wie es Kombinationen m-ter Ordnung der Zahlen $1, 2, \ldots, \nu$ ohne Berücksichtigung der Anordnung gibt. Deren Anzahl ist aber $\binom{\nu}{m}$.

2.4.3 Bedeutung der Eckpunkte für die Lösung linearer Programme

Wie in §2.4.2 betrachten wir auch hier allgemeiner als $\widetilde{\mathcal{M}}$ die konvexe Menge

$$\mathcal{K} = \{\mathbf{u} \in \mathbb{R}^{\nu} : T\mathbf{u} = \mathbf{b}, \mathbf{u} \geq \mathbf{0}\}.$$

Die Existenz mindestens einer Ecke von $\mathcal{K}$ garantiert der folgende

Satz 2.5: *Ist $\mathcal{K}$ nicht leer, so ist auch die Menge der Ecken von $\mathcal{K}$ nicht leer.*

Beweis: Für jedes $\mathbf{v} \in \mathcal{K}$ bezeichne $r(\mathbf{v})$ die Anzahl der von Null verschiedenen Komponenten von $\mathbf{v}$. Die Menge natürlicher Zahlen $\{r(\mathbf{v}) : \mathbf{v} \in \mathcal{K}\}$ ist nach Voraussetzung nicht leer, besitzt also ein kleinstes Element $r = r(\mathbf{u})$.
Wir zeigen nun, daß $\mathbf{u}$ eine Ecke von $\mathcal{K}$ ist. Dazu seien $u_{j_1}, \ldots, u_{j_r}$ die Komponenten ungleich Null von $\mathbf{u}$. Es ist zu zeigen, daß $\mathbf{t}^{j_1}, \ldots, \mathbf{t}^{j_r}$ linear unabhängig sind. Für $r = 0$ ist das per definitionem richtig. Nun sei $r > 0$ und angenommen, daß $\mathbf{t}^{j_1}, \ldots, \mathbf{t}^{j_r}$ linear abhängig sind. Dann gibt es Zahlen $d_{j_1}, \ldots, d_{j_r}$, die nicht alle Null sind, mit

$$\sum_{l=1}^{r} d_{j_l} \mathbf{t}^{j_l} = \mathbf{0}.$$

Wie im Beweis von Satz 2.3 bilde man $\mathbf{d} = (d_1, d_2, \ldots, d_\nu)'$ mit $d_j := 0$ für $j \notin \{j_1, \ldots, j_r\}$. Ist in den Bezeichnungen von Lemma 2.2 $\mathcal{J}_1 \neq \emptyset$, so betrachte man den Punkt $\mathbf{u}(\delta_1) \in \mathcal{K}$. Für jedes $j \notin \{j_1, \ldots, j_r\}$ ist dessen j-te Komponente gleich Null. Für ein $j_l \in \mathcal{J}_1$ mit $\delta_1 = -\frac{u_{j_l}}{d_{j_l}}$ verschwindet aber die j_l-te Komponente von $\mathbf{u}(\delta_1)$ ebenfalls:

$$u_{j_l} - \frac{u_{j_l}}{d_{j_l}} d_{j_l} = 0,$$

und $\mathbf{u}(\delta_1)$ hat weniger als r Komponenten ungleich Null. Das widerspricht aber der Definition von r. Analoges gilt für $\mathbf{u}(\delta_2)$, wenn $\mathcal{J}_2 \neq \emptyset$. $\mathbf{t}^{j_1}, \ldots, \mathbf{t}^{j_r}$ sind daher linear unabhängig.

Für den Beweis des Hauptsatzes dieses Abschnittes stellen wir eine auch für sich interessante Aussage bereit. Sie beruht auf dem Begriff der *Konvexkombination* von s Punkten, der für den Fall $s = 2$ schon in Definition 1.2 bzw. Definition 2.5 hervortrat.

Definition 2.8: $\mathbf{x}^1, \ldots, \mathbf{x}^s$ seien Punkte des $\mathbb{R}^\nu$ und $\lambda_1, \ldots, \lambda_s$ reelle Zahlen. $\mathbf{u} = \sum_{i=1}^{s} \lambda_i \mathbf{x}^i$ heißt *Konvexkombination* von $\mathbf{x}^1, \ldots, \mathbf{x}^s$, wenn $\lambda_i \geq 0$ $(i = 1, \ldots, s)$ und $\sum_{i=1}^{s} \lambda_i = 1$ gilt. Wenn sogar alle $\lambda_i > 0$ sind, heißt $\mathbf{u}$ *echte Konvexkombination* von $\mathbf{x}^1, \ldots, \mathbf{x}^s$.

Satz 2.6: *Ist $\mathcal{K}$ beschränkt, so läßt sich jeder Punkt $\mathbf{u}$ von $\mathcal{K}$ als Konvexkombination der endlich vielen Ecken von $\mathcal{K}$ darstellen.*

Beweis durch vollständige Induktion nach der Anzahl r der von Null verschiedenen Komponenten von $\mathbf{u}$. Ist $r = 0$, so ist $\mathbf{u}$ nach Satz 2.3 eine Ecke. Nun sei $r > 0$, und für $0, 1, \ldots, r-1$ gelte die Behauptung des Satzes. $j_1, \ldots, j_r$ seien die Indizes mit $u_j > 0$. Sind $\mathbf{t}^{j_1}, \ldots, \mathbf{t}^{j_r}$ linear unabhängig, so ist $\mathbf{u}$ nach Satz 2.3 eine Ecke. Sind $\mathbf{t}^{j_1}, \ldots, \mathbf{t}^{j_r}$ aber linear abhängig, so gibt es Zahlen $d_{j_1}, \ldots, d_{j_r}$, die nicht alle Null sind, mit

$$\sum_{l=1}^{r} d_{j_l} \mathbf{t}^{j_l} = \mathbf{0}.$$

Es sei wieder $\mathbf{d} = (d_1, \ldots, d_\nu)'$ mit $d_j := 0$ für $j \notin \{j_1, \ldots, j_r\}$. Die Punkte

$$\mathbf{u}(\lambda) = \mathbf{u} + \lambda \mathbf{d}, \quad \lambda \in \mathbb{R}$$

bilden eine Gerade im $\mathbb{R}^\nu$. Da $\mathcal{K}$ beschränkt ist, können die Fälle $\mathcal{J}_1 = \emptyset$ oder $\mathcal{J}_2 = \emptyset$ in Lemma 2.2 hier nicht eintreten. Dort ist dann $\delta_1 < 0$, $\delta_2 > 0$, und wir betrachten die Punkte $\mathbf{u}(\delta_1)$, $\mathbf{u}(\delta_2)$ von $\mathcal{K}$. Wie im Beweis von Satz 2.5 gezeigt, haben $\mathbf{u}(\delta_1)$ und $\mathbf{u}(\delta_2)$ weniger als r Komponenten ungleich Null. Sie sind nach Induktionsvoraussetzung Konvexkombinationen der Ecken $\mathbf{u}^1, \ldots, \mathbf{u}^s$ von $\mathcal{K}$:

$$\mathbf{u}(\delta_1) = \sum_{i=1}^{s} \alpha_i \mathbf{u}^i, \quad \mathbf{u}(\delta_2) = \sum_{i=1}^{s} \beta_i \mathbf{u}^i$$

mit $\alpha_i \geq 0$, $\beta_i \geq 0$ $(i = 1, \ldots, s)$ und $\sum_{i=1}^{s} \alpha_i = \sum_{i=1}^{s} \beta_i = 1$. Nun ist $\mathbf{u}$ ein Punkt der Verbindungsstrecke von $\mathbf{u}(\delta_1)$ und $\mathbf{u}(\delta_2)$:

$$\mathbf{u} = \lambda \mathbf{u}(\delta_1) + (1-\lambda)\mathbf{u}(\delta_2)$$

mit $0 < \lambda := \frac{\delta_2}{\delta_2 - \delta_1} < 1$. Durch Einsetzen von $\mathbf{u}(\delta_1)$, $\mathbf{u}(\delta_2)$ erhält man

$$\mathbf{u} = \sum_{i=1}^{s} (\lambda \alpha_i + (1-\lambda)\beta_i)\mathbf{u}^i$$

mit $\lambda \alpha_i + (1-\lambda)\beta_i \geq 0$ $(i = 1, \ldots, s)$ und

$$\sum_{i=1}^{s} (\lambda \alpha_i + (1-\lambda)\beta_i) = \lambda \sum_{i=1}^{s} \alpha_i + (1-\lambda) \sum_{i=1}^{s} \beta_i = \lambda + 1 - \lambda = 1.$$

Also ist auch $\mathbf{u}$ Konvexkombination der Ecken von $\mathbf{K}$.

Die entscheidende Beziehung zwischen Eckpunkten von $\widetilde{\mathcal{M}}$ und Optimallösungen von $(\widetilde{2})$ enthält

Satz 2.7: *Wenn eine Optimallösung des LP*

$$\left.\begin{array}{lrcl} \max & G(\mathbf{u}) & = & \mathbf{p}'\mathbf{u} \\ \text{bez.} & T\mathbf{u} & = & \mathbf{b} \\ & \mathbf{u} & \geq & \mathbf{0} \end{array}\right\} \qquad (6)$$

existiert, dann ist mindestens ein Eckpunkt des zulässigen Bereichs $\mathcal{K}$ von (6) ein Optimalpunkt.

Beweis: Es sei $\mathbf{u}^0$ ein Maximalpunkt von (6), aber keine Ecke von $\mathcal{K}$. $\mathbf{u}^1, \ldots, \mathbf{u}^s$ seien die Ecken von $\mathcal{K}$. (Nach den Sätzen 2.4 und 2.5 gilt $1 \leq s \leq \binom{\nu}{m}$.) Dann ist das Maximum der Komponentensummen dieser Punkte positiv:

$$C := \max_{i=0,1,\ldots,s} \sum_{j=1}^{\nu} u_j^{(i)} > 0,$$

da andernfalls $C = 0$ und $\mathbf{u}^0 = \mathbf{0}$ (die einzige) Ecke von $\mathcal{K}$ wäre. Wir fügen zu den Restriktionen von (6) die Gleichung $u_1 + \ldots + u_\nu + u_{\nu+1} = 2C$ und die Ungleichung $u_{\nu+1} \geq 0$ hinzu, betrachten also das LP

$$\left.\begin{array}{lrcl} \max & \widetilde{G}(\widetilde{\mathbf{u}}) & = & \widetilde{\mathbf{p}}'\widetilde{\mathbf{u}} \\ \text{bez.} & \widetilde{T}\widetilde{\mathbf{u}} & = & \widetilde{\mathbf{b}} \\ & \widetilde{\mathbf{u}} & \geq & 0 \end{array}\right\} \qquad (\widetilde{6})$$

mit

$$\widetilde{\mathbf{u}} = \begin{pmatrix} \mathbf{u} \\ u_{\nu+1} \end{pmatrix}, \quad \widetilde{\mathbf{p}} = \begin{pmatrix} \mathbf{p} \\ 0 \end{pmatrix}, \quad \widetilde{\mathbf{b}} = \begin{pmatrix} \mathbf{b} \\ 2C \end{pmatrix}, \quad \widetilde{T} = \left(\begin{array}{c|c} T & \mathbf{0} \\ \hline 1 \cdots 1 & 1 \end{array}\right).$$

$\widetilde{\mathcal{K}} := \{\widetilde{\mathbf{u}} \in \mathbb{R}^{\nu+1} : \widetilde{T}\widetilde{\mathbf{u}} = \widetilde{\mathbf{b}}, \widetilde{\mathbf{u}} \geq \mathbf{0}\}$ ist beschränkt, denn $u_1 + \ldots + u_{\nu+1} = 2C$ und $u_j \geq 0$, $j = 1, \ldots, \nu+1$, impliziert $0 \leq u_j \leq 2C$.

Zwischen den Punkten der Teilmenge $\mathcal{K}_0 := \{\mathbf{u} \in \mathcal{K} : \sum_{j=1}^{\nu} u_j \leq 2C\}$ von $\mathcal{K}$ und den Punkten von $\widetilde{\mathcal{K}}$ läßt sich eine umkehrbar eindeutige Zuordnung herstellen, indem man

$$\mathbf{u} \in \mathcal{K}_0 \text{ auf } \begin{pmatrix} \mathbf{u} \\ 2C - \sum_{j=1}^{\nu} u_j \end{pmatrix} \in \widetilde{\mathcal{K}}$$

und umgekehrt

$$\widetilde{\mathbf{u}} = \begin{pmatrix} \mathbf{u} \\ u_{\nu+1} \end{pmatrix} \in \widetilde{\mathcal{K}} \text{ auf } \mathbf{u} \in \mathcal{K}_0$$

abbildet. Nach Definition von C gilt für jeden der Punkte $\mathbf{u}^i$ $(i = 1, 2, \ldots, s)$:

$$2C - \sum_{j=1}^{\nu} u_j^{(i)} \geq C > 0, \qquad (7)$$

insbesondere ist also $\mathbf{u}^i \in \mathcal{K}_0$. Die zugeordneten Punkte von $\widetilde{\mathcal{K}}$ seien $\widetilde{\mathbf{u}}^0, \widetilde{\mathbf{u}}^1, \ldots, \widetilde{\mathbf{u}}^s$. Die Werte der Zielfunktionen G und $\widetilde{G}$ für einander zugeordnete Punkte sind identisch. Daher ist $\widetilde{\mathbf{u}}^0$ ein Maximalpunkt von $(\widetilde{6})$.

Wir werden nun zeigen, daß $\widetilde{\mathbf{u}}^1, \ldots, \widetilde{\mathbf{u}}^s$ sämtliche Ecken von $\widetilde{\mathcal{K}}$ mit positiver $(\nu+1)$-ter Komponente sind. Hat erstens für ein $i = 1, \ldots, s$ $\mathbf{u}^i$ die Komponenten ungleich Null $u_{j_1}^{(i)}, \ldots, u_{j_r}^{(i)}$, so sind $\mathbf{t}^{j_1}, \ldots, \mathbf{t}^{j_r}$ linear unabhängig. Da dann aber auch

$$\begin{pmatrix} \mathbf{t}^{j_1} \\ 1 \end{pmatrix}, \ldots, \begin{pmatrix} \mathbf{t}^{j_r} \\ 1 \end{pmatrix}, \begin{pmatrix} \mathbf{0} \\ 1 \end{pmatrix} \tag{8}$$

linear unabhängig sind, ist $\widetilde{\mathbf{u}}^i$ eine Ecke von $\widetilde{\mathcal{K}}$ (mit wegen (7) positiver $(\nu+1)$-ter Komponente). Ist zweitens $\widetilde{\mathbf{u}} = \binom{\mathbf{u}}{u_{\nu+1}}$ eine Ecke von $\widetilde{\mathcal{K}}$ mit den positiven Komponenten $u_{j_1}, \ldots, u_{j_r}, u_{\nu+1}$, so sind die Spaltenvektoren (8) linear unabhängig und damit auch $\mathbf{t}^{j_1}, \ldots, \mathbf{t}^{j_r}$. Also ist $\mathbf{u}$ eine Ecke von $\mathcal{K}$, d.h. einer der Punkte $\mathbf{u}^1, \ldots, \mathbf{u}^s$.
Möglicherweise gibt es noch Ecken von $\widetilde{\mathcal{K}}$ mit $(\nu+1)$-ter Komponente Null. Es seien dies $\widetilde{\mathbf{u}}^{s+1}, \ldots, \widetilde{\mathbf{u}}^t$ $(t \geq s)$.
Da $\widetilde{\mathcal{K}}$ beschränkt ist, läßt sich Satz 2.6 anwenden. Demnach gibt es Zahlen $\lambda_i \geq 0$ $(i = 1, \ldots, t)$ mit $\sum_{i=1}^{t} \lambda_i = 1$ und

$$\widetilde{\mathbf{u}}^0 = \sum_{i=1}^{t} \lambda_i \widetilde{\mathbf{u}}^i. \tag{9}$$

Wegen (7) ist die $(\nu+1)$-te Komponente von $\widetilde{\mathbf{u}}^0$ positiv, also gibt es in (9) mindestens einen Index $k \leq s$ mit $\lambda_k > 0$. Wir behaupten, daß gilt:

$$\widetilde{G}(\widetilde{\mathbf{u}}^k) = \widetilde{G}(\widetilde{\mathbf{u}}^0).$$

Angenommen, das ist nicht richtig. Da $\widetilde{\mathbf{u}}^0$ Maximalpunkt von $(\widetilde{6})$ ist, folgt $\widetilde{G}(\widetilde{\mathbf{u}}^k) < \widetilde{G}(\widetilde{\mathbf{u}}^0)$. Unter Ausnutzung der Linearität von $\widetilde{G}$ erhält man aus (9) dann aber den Widerspruch

$$\widetilde{G}(\widetilde{\mathbf{u}}^0) = \sum_{i=1}^{t} \lambda_i \widetilde{G}(\widetilde{\mathbf{u}}^i) < \sum_{i=1}^{t} \lambda_i \widetilde{G}(\widetilde{\mathbf{u}}^0) = \Big(\sum_{i=1}^{t} \lambda_i\Big) \widetilde{G}(\widetilde{\mathbf{u}}^0) = \widetilde{G}(\widetilde{\mathbf{u}}^0).$$

Es ist also $\widetilde{G}(\widetilde{\mathbf{u}}^k) = \widetilde{G}(\widetilde{\mathbf{u}}^0)$, d.h. $G(\mathbf{u}^k) = G(\mathbf{u}^0)$, und daher $\mathbf{u}^k$ ein Maximalpunkt von (6).

Übungsaufgaben

9. a) Man zeige, daß die Relation $\leq$ auf $\mathbb{R}^r$ die folgenden Eigenschaften hat:
   - Aus $\mathbf{u} \leq \mathbf{v}$ und $\mathbf{v} \leq \mathbf{w}$ folgt $\mathbf{u} \leq \mathbf{w}$.
   - Aus $\mathbf{u} \leq \mathbf{v}$ folgt $\mathbf{u} + \mathbf{w} \leq \mathbf{v} + \mathbf{w}$ für alle $\mathbf{w} \in \mathbb{R}^r$.
   - Aus $\mathbf{u} \leq \mathbf{v}$ und $\lambda \geq 0$ folgt $\lambda\mathbf{u} \leq \lambda\mathbf{v}$.

   b) Man belege durch ein Beispiel, daß es im Fall $r \neq 1$ voneinander verschiedene Vektoren $\mathbf{u}, \mathbf{v} \in \mathbb{R}^r$ gibt, für die weder $\mathbf{u} \leq \mathbf{v}$ noch $\mathbf{v} \leq \mathbf{u}$ gilt.

c) Lassen sich a) und b) auch verifizieren, wenn man überall $\leq$ durch die Relation $<$ ersetzt?

10. Die folgenden LP in Grundform sind graphisch zu lösen:

a)
$$\begin{array}{ll} \max & -3x_1 + x_2 \\ \text{bez.} & x_1 + x_2 \leq 2 \\ & 2x_1 + x_2 \leq 3 \\ & x_1 \geq 0,\ x_2 \geq 0 \end{array}$$

b)
$$\begin{array}{ll} \max & 2x_1 + x_2 \\ \text{bez.} & x_1 + x_2 \leq 2 \\ & -x_1 + 3x_2 \leq -3 \\ & x_1 \geq 0,\ x_2 \geq 0 \end{array}$$

c)
$$\begin{array}{ll} \max & x_1 + x_2 \\ \text{bez.} & -x_1 + x_2 \leq 1 \\ & x_1 - 2x_2 \leq 1 \\ & x_1 \geq 0,\ x_2 \geq 0 \end{array}$$

11. Man gebe das LP aus Aufgabe 1 in der Form $(\widetilde{2})$ an und erstelle das zugehörige Tableau (T_{ν_0}).

12. Aus Definition 2.5 ist die folgende Ecken-Charakterisierung herzuleiten: Ein Punkt $\mathbf{u}$ einer konvexen Menge $\mathcal{K}$ ist genau dann eine Ecke von $\mathcal{K}$, wenn die Menge $\mathcal{K} \setminus \{\mathbf{u}\} := \{\mathbf{x} \in \mathcal{K} : \mathbf{x} \neq \mathbf{u}\}$ konvex ist.

13. Man beweise Lemma 2.1 mit Hilfe von Satz 2.3.

14. Für die $(1,\nu)$-Matrix $T = (1, 1, \ldots, 1)$ und $b = 1$ bestimme man die Ecken von $\mathcal{K} = \{\mathbf{x} \in \mathbb{R}^\nu : T\mathbf{x} = b\}$. Gibt es entartete Ecken? Man skizziere $\mathcal{K}$ in den Fällen $\nu = 2, 3$.

15. Man stelle die konvexe Menge $\mathcal{K} = \{\mathbf{x} \in \mathbb{R}^5 : T\mathbf{x} = \mathbf{b},\ \mathbf{x} \geq \mathbf{0}\}$, wobei

$$T = \begin{pmatrix} 1 & -1 & 1 & 8 & 4 \\ 0 & 1 & 1 & 4 & 2 \\ 1 & 4 & 1 & -2 & -1 \\ 1 & 0 & 1 & 6 & 3 \end{pmatrix}, \quad \mathbf{b} = \begin{pmatrix} -1 \\ 3 \\ 9 \\ 1 \end{pmatrix},$$

in der Form $\mathcal{K} = \{\mathbf{x} \in \mathbb{R}^5 : T_0\mathbf{x} = \mathbf{b}^0,\ \mathbf{x} \geq \mathbf{0}\}$ dar, wobei der Rang der Matrix T_0 gleich ihrer Zeilenanzahl ist. Dann bestimme man sämtliche Ecken von $\mathcal{K}$ und zu jeder solchen eine Basis (bestehend aus Spalten von T_0).

16. Es seien $\mathbf{x}^1, \mathbf{x}^2, \mathbf{x}^3$ die Ecken eines Dreiecks im $\mathbb{R}^2$. Man mache sich klar, daß die Konvexkombinationen von $\mathbf{x}^1, \mathbf{x}^2, \mathbf{x}^3$ genau die Punkte im Inneren oder auf dem Rand des Dreiecks ausmachen. Verallgemeinere auf die Punkte eines Vierecks im $\mathbb{R}^2$!

17. Unter der ***konvexen Hülle*** $\operatorname{conv}\mathcal{S}$ einer beliebigen Teilmenge $\mathcal{S}$ des $\mathbb{R}^\nu$ versteht man den Durchschnitt aller konvexen Teilmengen $\mathcal{K}$ des $\mathbb{R}^\nu$, die $\mathcal{S}$ enthalten. Man zeige:

    a) $\operatorname{conv}\mathcal{S}$ ist die kleinste konvexe Teilmenge, in der $\mathcal{S}$ enthalten ist.

    b) Ist $\mathcal{S} = \{\mathbf{x}^1, \mathbf{x}^2, \ldots, \mathbf{x}^s\}$ endlich, so besteht $\operatorname{conv}\mathcal{S}$ genau aus den Konvexkombinationen von $\mathbf{x}^1, \ldots, \mathbf{x}^s$.

18. Es sei vorausgesetzt, das LP

$$\begin{array}{ll} \max & x_1 + x_2 + 3x_3 + 4x_4 + 5x_5 \\ \text{bez.} & T\mathbf{x} = \mathbf{b} \\ & \mathbf{x} \geq \mathbf{0}, \end{array}$$

    mit T und $\mathbf{b}$ wie in Aufgabe 15, sei lösbar. Man gebe eine Lösung an!

19. Es seien f eine konvexe Funktion, $\mathbf{x}^1, \ldots, \mathbf{x}^s \in \mathcal{D}_f$ und $\lambda_1, \ldots, \lambda_s \geq 0$ mit $\sum_{i=1}^{s} \lambda_i = 1$. Man beweise, daß gilt:

$$f\Big(\sum_{i=1}^{s} \lambda_i \mathbf{x}^i\Big) \leq \sum_{i=1}^{s} \lambda_i f(\mathbf{x}^i).$$

3 Der Simplexalgorithmus

3.1 Allgemeine Beschreibung des Simplexalgorithmus

In §§3.1 - 3.5 legen wir zugrunde die

Voraussetzung (V): Für die rechte Seite des LP (2) gelte $\mathbf{b} \geq \mathbf{0}$.

Ausgehend von dem in §2.3 beschriebenen Start-Tableau (T_0) mit dem Start-Eckpunkt $\tilde{\mathbf{x}}^0 = \binom{\mathbf{0}}{\mathbf{b}}$ von $\widetilde{\mathcal{M}}$ (vgl. Lemma 2.1), erzeugt der Simplexalgorithmus mittels der elementaren Umformungen I, II, III von §2.3 weitere Tableaus (T_1), (T_2), ..., (T_ν), ... mit zugehörigen Eckpunkten $\tilde{\mathbf{x}}^1, \tilde{\mathbf{x}}^2, \ldots, \tilde{\mathbf{x}}^\nu, \ldots$ von $\widetilde{\mathcal{M}}$. Dabei steigt der jeweilige Wert

$$\widetilde{G}(\tilde{\mathbf{x}}^\nu) \overset{(3)}{=} G(\mathbf{x}^\nu) \text{ mit } \tilde{\mathbf{x}}^\nu = \begin{pmatrix} \mathbf{x}^\nu \\ \mathbf{y}^\nu \end{pmatrix}$$

der Zielfunktion oder nimmt zumindest nicht ab.

Der Algorithmus bricht ab, wenn einer dieser Eckpunkte als Optimum oder das LP ($\tilde{2}$) als unlösbar ($\widetilde{G}$ als beliebig großer Werte auf $\widetilde{\mathcal{M}}$ fähig) erkannt wird. Da nach den Sätzen 2.4 und 2.7 $\widetilde{\mathcal{M}}$ nur endlich viele Eckpunkte besitzt und im Fall der Lösbarkeit von ($\tilde{2}$) unter diesen sicher ein Optimalpunkt ist, gelangt man im allgemeinen nach endlich vielen Schritten zum Abbruch.

Bei Vorhandensein von entarteten Eckpunkten kann es jedoch in sehr seltenen Ausnahmefällen passieren, daß der (einfache) Simplexalgorithmus in einen Zyklus von Tableaus gerät, zu denen die gleiche entartete Ecke gehört. Wie man diese Situation durch eine Erweiterung des Algorithmus vermeiden kann, wird in §3.5 beschrieben.

In §3.6 wird sich zeigen, daß sich die Voraussetzung (V) abschwächen läßt zu

Voraussetzung (V′): Ein beliebiger (Start-) Eckpunkt von $\mathcal{M}$ sei gegeben.

3.2 Gestalt des ν-ten Tableaus (T_ν)

In jedem Iterationsschritt $\nu = 0, 1, 2, \ldots$ hat das Tableau (T_ν) die Gestalt

$$\begin{array}{cccc|cccc|c||c}
\widetilde{x}_1^{NB} & \widetilde{x}_2^{NB} & \cdots & \widetilde{x}_n^{NB} & \widetilde{x}_1^{B} & \widetilde{x}_2^{B} & \cdots & \widetilde{x}_m^{B} & \widetilde{G} & 1 \\
\hline
\alpha_{11} & \alpha_{12} & \cdots & \alpha_{1n} & 1 & 0 & \cdots & 0 & 0 & \beta_1 \\
\alpha_{21} & \alpha_{22} & \cdots & \alpha_{2n} & 0 & 1 & \cdots & 0 & 0 & \beta_2 \\
\vdots & \vdots & & \vdots & \vdots & \vdots & & \vdots & \vdots & \vdots \\
\alpha_{m1} & \alpha_{m2} & \cdots & \alpha_{mn} & 0 & 0 & \cdots & 1 & 0 & \beta_m \\
\hline
\gamma_1 & \gamma_2 & \cdots & \gamma_n & 0 & 0 & \cdots & 0 & 1 & \beta_0
\end{array} \qquad (T_\nu)$$

$$\text{mit} \quad \beta_i \geq 0 \quad \text{für} \quad i = 1, 2, \ldots, m. \tag{10}$$

Genauer ist

$$\alpha_{ik} = \alpha_{ik}^{(\nu)}, \quad \beta_i = \beta_i^{(\nu)}, \quad \gamma_k = \gamma_k^{(\nu)} \text{ und}$$
$$\widetilde{x}_k^{NB} = \widetilde{x}_k^{NB}(\nu), \quad \widetilde{x}_i^{B} = \widetilde{x}_i^{B}(\nu).$$

Wir verzichten auf die Angabe der Iterationsstufe aus Gründen der Einfachheit und Übersichtlichkeit, wenn keine Verwechslungen zu befürchten sind. Wir setzen aber:

$$A_\nu = \begin{pmatrix} \alpha_{11} & \alpha_{12} & \cdots & \alpha_{1n} \\ \alpha_{21} & \alpha_{22} & \cdots & \alpha_{2n} \\ \vdots & \vdots & & \vdots \\ \alpha_{m1} & \alpha_{m2} & \cdots & \alpha_{mn} \end{pmatrix}, \quad \beta^\nu = \begin{pmatrix} \beta_1 \\ \beta_2 \\ \vdots \\ \beta_m \end{pmatrix}, \quad \gamma^\nu = \begin{pmatrix} \gamma_1 \\ \gamma_2 \\ \vdots \\ \gamma_n \end{pmatrix}$$

und $\widetilde{A}_\nu = (A_\nu, I_m)$, $\quad \widetilde{\gamma}^\nu = \begin{pmatrix} \gamma^\nu \\ 0 \end{pmatrix} \in \mathbb{R}^{n+m}$.

Der Nachweis, daß jedes (T_ν) die angegebene Form hat, wird sich durch vollständige Induktion nach ν ergeben. Nach (V) trifft das zunächst auf (T_0) zu. In den folgenden zwei Abschnitten wird nun gezeigt, daß bei Nichtabbruch des Simplexalgorithmus mit (T_ν) auch $(T_{\nu+1})$ die verlangte Gestalt besitzt.

Bemerkungen:

a) Da nur elementare Umformungen verwendet werden, sind die Gleichungen des Tableaus (T_ν) *äquivalent* zu denen des Start-Tableaus (T_0).

b) Durch die elementare Umformung des Typs III werden in jedem Iterationsschritt gewisse der Variablen $x_1, \ldots, x_n, y_1, \ldots, y_m$ miteinander vertauscht. Mit

$$\widetilde{x}_1^{NB}, \widetilde{x}_2^{NB}, \ldots, \widetilde{x}_n^{NB}, \widetilde{x}_1^{B}, \widetilde{x}_2^{B}, \ldots, \widetilde{x}_m^{B}$$

wird also stets eine Permutation der sämtlichen Variablen

$$x_1, x_2, \ldots, x_n, y_1, y_2, \ldots, y_m$$

bezeichnet. (T_ν) läßt sich sofort nach den Variablen $\widetilde{x}_1^B, \ldots, \widetilde{x}_m^B$ auflösen!

Definition 3.1: Die auf der linken Hälfte des Tableaus notierten Variablen $\widetilde{x}_1^{NB}, \widetilde{x}_2^{NB}, \ldots, \widetilde{x}_n^{NB}$ heißen *Nicht-Basisvariablen*, die auf der rechten Seite notierten Variablen $\widetilde{x}_1^B, \widetilde{x}_2^B, \ldots, \widetilde{x}_m^B$ heißen *Basisvariablen.*

Zum Tableau (T_ν) betrachten wir nun den Punkt

$$\widetilde{\mathbf{x}}^\nu \text{ mit den Komponenten} \left\{ \begin{array}{ll} 0 & \text{für jede Nicht-Basisvariable } \widetilde{x}_k^{NB} \\ \beta_i & \text{für jede Basisvariable } \widetilde{x}_i^B \end{array} \right\} \qquad (11)$$

Lemma 3.1: *$\widetilde{\mathbf{x}}^\nu$ ist ein Eckpunkt von $\widetilde{\mathcal{M}}$.*
Mit $\widetilde{\mathbf{x}}^\nu = \binom{\mathbf{x}^\nu}{\mathbf{y}^\nu}$ gilt $\widetilde{G}(\widetilde{\mathbf{x}}^\nu) = G(\mathbf{x}^\nu) = \beta_0$.

Beweis: Offensichtlich erfüllt $\widetilde{\mathbf{x}}^\nu$ das im Tableau (T_ν) dargestellte LGS, welches zu $\widetilde{A}\widetilde{\mathbf{x}} = \mathbf{b}$ äquivalent ist. Da wegen (10) ferner $\widetilde{\mathbf{x}}^\nu \geq \mathbf{0}$, ist $\widetilde{\mathbf{x}}^\nu$ ein zulässiger Punkt von $(\widetilde{2})$. Die zu den positiven Komponenten $\beta_i > 0$ von $\widetilde{\mathbf{x}}^\nu$ gehörenden Spalten von $\widetilde{A}_\nu$ sind offenbar linear unabhängig. Wegen der Invarianz des Spaltenranges unter den elementaren Umformungen I, II sind dann auch die entsprechenden Spalten der Matrix $\widetilde{A}$ linear unabhängig. Folglich ist $\widetilde{\mathbf{x}}^\nu$ ein Eckpunkt von $\widetilde{\mathcal{M}}$. Die letzte Zeile von (T_ν) lautet

$$\widetilde{G}(\widetilde{\mathbf{x}}) = \beta_0 - \gamma_1 \widetilde{x}_1^{NB} - \ldots - \gamma_n \widetilde{x}_n^{NB},$$

woraus mit (4) folgt

$$G(\mathbf{x}^\nu) = \widetilde{G}(\widetilde{\mathbf{x}}^\nu) = \beta_0.$$

Definition 3.2: Der durch (11) definierte Punkt $\widetilde{\mathbf{x}}^\nu$ heißt *die zum Tableau (T_ν) gehörende Ecke von $\widetilde{\mathcal{M}}$.*

Nach Definition 2.6 ist $\widetilde{\mathbf{x}}^\nu$ nicht entartet bzw. entartet, falls $\beta_i > 0$ für alle $i = 1, 2, \ldots, m$ bzw. $\beta_i = 0$ für mindestens ein $i = 1, \ldots, m$.

Beispiel 3.1: Die in Beispiel 2.3 durchgeführte Umformung $(T_0) \longrightarrow (T_1)$ entspricht tatsächlich dem ersten Iterationsschritt, wie im nächsten Abschnitt klar wird. Man liest ab:

	(T_0)	(T_1)	
Nicht-Basisvariablen	x_1, x_2, x_3	x_1, x_2, y_3	
Basisvariablen	y_1, y_2, y_3	y_1, y_2, x_3	
zugehörige Ecke $\tilde{\mathbf{x}}^\nu$	$(0,0,0,2,4,6)'$	$(0,0,\frac{3}{2},2,1,0)'$	nicht entartet
$\mathbf{x}^\nu$	$(0,0,0)'$	$(0,0,\frac{3}{2})'$	
$G(\mathbf{x}^\nu)$	0	6	

Wir befassen uns jetzt noch mit der Bedeutung der Matrix A_ν und des Vektors γ^ν. Um kurz formulieren zu können, führen wir die folgende Bezeichnung ein. Für $k = 1, \ldots, n$ sei $\tilde{\mathbf{x}}_k^{NB} = \tilde{\mathbf{x}}_k^{NB}(\nu)$ der Einheitsvektor des $\mathbb{R}^{n+m}$ mit den Komponenten

$$\begin{cases} 1 & \text{für } \tilde{x}_k^{NB} \\ 0 & \text{für alle anderen Variablen;} \end{cases}$$

und für $i = 1, \ldots, m$ sei $\tilde{\mathbf{x}}_i^B = \tilde{\mathbf{x}}_i^B(\nu)$ der Einheitsvektor des $\mathbb{R}^{n+m}$ mit den Komponenten

$$\begin{cases} 1 & \text{für } \tilde{x}_i^B \\ 0 & \text{für alle anderen Variablen.} \end{cases}$$

Die zu $\tilde{\mathbf{x}}_1^B, \ldots, \tilde{\mathbf{x}}_m^B$ gehörenden Spalten von $\tilde{A}$ schreiben sich dann

$$\tilde{A}\tilde{\mathbf{x}}_1^B, \ldots, \tilde{A}\tilde{\mathbf{x}}_m^B \tag{12}$$

Die zu $\tilde{\mathbf{x}}_1^B, \ldots, \tilde{\mathbf{x}}_m^B$ gehörenden Spalten von $\tilde{A}_\nu$ (= Einheitsvektoren des $\mathbb{R}^m$) sind linear unabhängig. Wegen der Invarianz des Spaltenranges unter den elementaren Umformungen I, II sind dann auch $\tilde{A}\tilde{\mathbf{x}}_1^B, \ldots, \tilde{A}\tilde{\mathbf{x}}_m^B$ linear unabhängig. Nach Definition 2.7 bilden diese Vektoren folglich eine Basis B der Ecke $\tilde{\mathbf{x}}^\nu$ von $\widetilde{\mathcal{M}}$. Es gilt $\tilde{\mathbf{x}}_B^\nu = \boldsymbol{\beta}^\nu$.

Definition 3.3: Das System der Vektoren (12) heißt *die zum Tableau (T_ν) gehörende Basis von $\tilde{\mathbf{x}}^\nu$*.

Die Koordinaten-m-Tupel der restlichen n Spaltenvektoren von $\tilde{A}$ bezüglich der Basis (12) sind nun gerade die Spalten von A_ν. Das besagt der erste Teil in dem wichtigen

Lemma 3.2: *Für jedes $l = 1, \ldots, n$ gilt*

$$\tilde{A}\tilde{\mathbf{x}}_l^{NB} = \sum_{j=1}^{m} \alpha_{jl}(\tilde{A}\tilde{\mathbf{x}}_j^B)$$

und

$$\gamma_l = \Big(\sum_{j=1}^{m} \alpha_{jl}\widetilde{\mathbf{x}}_j^B - \widetilde{\mathbf{x}}_l^{NB}\Big)'\widetilde{\mathbf{c}}.$$

Den Beweis werden wir im nächsten Abschnitt führen.

3.3 Beschreibung des Simplexschrittes $(\mathrm{T}_\nu) \longrightarrow (\mathrm{T}_{\nu+1})$

Kurz gesagt, besteht ein Simplexschritt in dem Tausch einer Nicht-Basisvariablen $\widetilde{x}_k^{NB}$ mit einer Basisvariablen $\widetilde{x}_i^B$, was sich auch als *Auflösung des in (T_ν) dargestellten LGS nach einer Nicht-Basisvariablen* $\widetilde{x}_k^{NB}$ ausdrücken läßt. Ziel ist dabei, daß für die zum neuen Tableau $(T_{\nu+1})$ gehörende Ecke $\widetilde{\mathbf{x}}^{\nu+1}$ gelten soll

$$\widetilde{G}(\widetilde{\mathbf{x}}^{\nu+1}) > \widetilde{G}(\widetilde{\mathbf{x}}^{\nu})$$

Das wird sich allerdings nicht immer erreichen lassen, manchmal muß man sich mit

$$\widetilde{G}(\widetilde{\mathbf{x}}^{\nu+1}) = \widetilde{G}(\widetilde{\mathbf{x}}^{\nu}) \text{ oder sogar } \widetilde{\mathbf{x}}^{\nu+1} = \widetilde{\mathbf{x}}^{\nu}$$

begnügen.

Im einzelnen geht man so vor:

i) Wähle in (T_ν) eine *Pivotspalte* $(\alpha_{1k}, \ldots, \alpha_{mk}; \gamma_k)'$, d.h. ein k, $1 \le k \le n$. Wähle in (T_ν) eine *Pivotzeile* $(\alpha_{i1}, \ldots, \alpha_{in}; 0, \ldots, 1, \ldots, 0; 0; \beta_i)$, d.h. ein i, $1 \le i \le m$.

Pivotspalte ↓ (über Spalte $\widetilde{x}_k^{NB}$)

	$\widetilde{x}_1^{NB}$	$\cdots$	$\widetilde{x}_k^{NB}$	$\cdots$	$\widetilde{x}_n^{NB}$	$\widetilde{x}_1^B$	$\cdots$	$\widetilde{x}_j^B$	$\cdots$	$\widetilde{x}_i^B$	$\cdots$	$\widetilde{x}_m^B$	$\widetilde{G}$	1
			α_{1k}					0		0				
(T_ν)			$\vdots$					$\vdots$		$\vdots$			$\vdots$	$\vdots$
	α_{j1}	$\cdots$	α_{jk}	$\cdots$	α_{jn}	0	$\cdots$	1	$\cdots$	0	$\cdots$	0	0	β_j
			$\vdots$			$\vdots$		$\vdots$		$\vdots$		$\vdots$	$\vdots$	$\vdots$
P.zeile →	α_{i1}	$\cdots$	$\boxed{\alpha_{ik}}$	$\cdots$	α_{in}	0	$\cdots$	0	$\cdots$	1	$\cdots$	0	0	β_i
			$\vdots$					$\vdots$		$\vdots$			$\vdots$	$\vdots$
			α_{mk}					0		0				
	γ_1	$\cdots$	γ_k	$\cdots$	γ_n	0	$\cdots$	0	$\cdots$	0	$\cdots$	0	1	β_0

Bemerkung:
Die Wahl der Indizes k, i ergibt sich aus den späteren Regeln 1 und 2.

Definition 3.4: Die Zahl α_{ik} heißt das *Pivotelement.*

ii) Der Tausch von $\tilde{x}_k^{NB}$ gegen $\tilde{x}_i^B$ wird erreicht durch elementare Umformungen, so daß

$$\underset{\text{Pivotspalte}}{\begin{pmatrix} \alpha_{1k} \\ \alpha_{2k} \\ \vdots \\ \alpha_{ik} \\ \vdots \\ \alpha_{nk} \\ \gamma_k \end{pmatrix}} \overset{\text{elem.Umformg.}}{\longrightarrow} \begin{pmatrix} 0 \\ 0 \\ \vdots \\ 1 \\ \vdots \\ 0 \\ 0 \end{pmatrix}$$

Folgende Operationen sind somit durchzuführen:

ii.1) Multiplikation der Pivotzeile mit $\frac{1}{\alpha_{ik}}$
(Insbesondere muß $\alpha_{ik} \neq 0$ sein, vgl. die spätere Regel 2a).

ii.2) Addition des $(-\frac{\alpha_{jk}}{\alpha_{ik}})$-fachen der (alten) Pivotzeile zur j-ten Zeile für jedes $j \neq i, \quad j = 1, \ldots, m$
Addition des $(-\frac{\gamma_k}{\alpha_{ik}})$-fachen der (alten) Pivotzeile zur Zielfunktionszeile.

Aus (T_ν) ergibt sich dann das *Zwischen-Tableau* $(\widetilde{T}_{\nu+1})$ auf Seite 39, und das neue Tableau $(T_{\nu+1})$ auf Seite 39 ergibt sich aus $(\widetilde{T}_{\nu+1})$ durch

ii.3) Tausch der Variablen $\tilde{x}_k^{NB}$ und $\tilde{x}_i^B$, d.h. im neuen Tableau $(T_{\nu+1})$ ist $\tilde{x}_k^{NB}$ eine Basis- und $\tilde{x}_i^B$ eine Nicht-Basisvariable.

Schematische Darstellung von $(T_{\nu+1})$:

$\tilde{x}_1^{NB}(\nu+1) \quad \cdots \quad \tilde{x}_n^{NB}(\nu+1)$	$\tilde{x}_1^B(\nu+1) \quad \cdots \quad \tilde{x}_m^B(\nu+1)$	$\widetilde{G}$	1
$A_{\nu+1}$	I_m	$\mathbf{0}$	$\beta^{\nu+1}$
$(\gamma^{\nu+1})'$	$\mathbf{0}'$	1	$\beta_0^{(\nu+1)}$

Tableau ($\widetilde{T}_{\nu+1}$):

	$\widetilde{x}_1^{NB}$	$\widetilde{x}_2^{NB}$	$\cdots$	$\widetilde{x}_k^{NB}$	$\cdots$	$\widetilde{x}_n^{NB}$	$\widetilde{x}_1^{B}$	$\cdots$	$\widetilde{x}_j^{B}$	$\cdots$	$\widetilde{x}_i^{B}$	$\cdots$	$\widetilde{x}_m^{B}$	$\widetilde{G}$	1
$\xrightarrow{j}$	$\alpha_{j1} - \alpha_{i1}\frac{\alpha_{jk}}{\alpha_{ik}}$	$\alpha_{j2} - \alpha_{i2}\frac{\alpha_{jk}}{\alpha_{ik}}$	$\cdots$	0	$\cdots$	$\alpha_{jn} - \alpha_{in}\frac{\alpha_{jk}}{\alpha_{ik}}$	0	$\cdots$	1	$\cdots$	$-\frac{\alpha_{jk}}{\alpha_{ik}}$	$\cdots$	0	0	$\beta_j - \beta_i\frac{\alpha_{jk}}{\alpha_{ik}}$
$\xrightarrow{i}$	$\frac{\alpha_{i1}}{\alpha_{ik}}$	$\frac{\alpha_{i2}}{\alpha_{ik}}$	$\cdots$	1	$\cdots$	$\frac{\alpha_{in}}{\alpha_{ik}}$	0	$\cdots$	0	$\cdots$	$\frac{1}{\alpha_{ik}}$	$\cdots$	0	0	$\frac{\beta_i}{\alpha_{ik}}$
	$\gamma_1 - \alpha_{i1}\frac{\gamma_k}{\alpha_{ik}}$	$\gamma_2 - \alpha_{i2}\frac{\gamma_k}{\alpha_{ik}}$	$\cdots$	0	$\cdots$	$\gamma_n - \alpha_{in}\frac{\gamma_k}{\alpha_{ik}}$	0	$\cdots$	0	$\cdots$	$-\frac{\gamma_k}{\alpha_{ik}}$	$\cdots$	0	1	$\beta_0 - \beta_i\frac{\gamma_k}{\alpha_{ik}}$

Tableau ($T_{\nu+1}$):

	$\widetilde{x}_1^{NB}$	$\widetilde{x}_2^{NB}$	$\cdots$	$\widetilde{x}_i^{B}$	$\cdots$	$\widetilde{x}_n^{NB}$	$\widetilde{x}_1^{B}$	$\cdots$	$\widetilde{x}_j^{B}$	$\cdots$	$\widetilde{x}_k^{NB}$	$\cdots$	$\widetilde{x}_m^{B}$	$\widetilde{G}$	1
$\xrightarrow{j}$	$\alpha_{j1} - \alpha_{i1}\frac{\alpha_{jk}}{\alpha_{ik}}$	$\alpha_{j2} - \alpha_{i2}\frac{\alpha_{jk}}{\alpha_{ik}}$	$\cdots$	$-\frac{\alpha_{jk}}{\alpha_{ik}}$	$\cdots$	$\alpha_{jn} - \alpha_{in}\frac{\alpha_{jk}}{\alpha_{ik}}$	0	$\cdots$	1	$\cdots$	0	$\cdots$	0	0	$\beta_j - \beta_i\frac{\alpha_{jk}}{\alpha_{ik}}$
$\xrightarrow{i}$	$\frac{\alpha_{i1}}{\alpha_{ik}}$	$\frac{\alpha_{i2}}{\alpha_{ik}}$	$\cdots$	$\frac{1}{\alpha_{ik}}$	$\cdots$	$\frac{\alpha_{in}}{\alpha_{ik}}$	0	$\cdots$	0	$\cdots$	1	$\cdots$	0	0	$\frac{\beta_i}{\alpha_{ik}}$
	$\gamma_1 - \alpha_{i1}\frac{\gamma_k}{\alpha_{ik}}$	$\gamma_2 - \alpha_{i2}\frac{\gamma_k}{\alpha_{ik}}$	$\cdots$	$-\frac{\gamma_k}{\alpha_{ik}}$	$\cdots$	$\gamma_n - \alpha_{in}\frac{\gamma_k}{\alpha_{ik}}$	0	$\cdots$	0	$\cdots$	0	$\cdots$	0	1	$\beta_0 - \beta_i\frac{\gamma_k}{\alpha_{ik}}$

Nicht-Basisvariablen in $(T_{\nu+1})$ sind:

$$\tilde{x}_l^{NB}(\nu+1) = \left\{ \begin{array}{ll} \tilde{x}_l^{NB}(\nu), & \text{für } l \neq k \\ \tilde{x}_i^{B}(\nu), & \text{für } l = k \end{array} \right\}, \qquad l = 1, \ldots, n. \tag{13a}$$

Basisvariablen in $(T_{\nu+1})$ sind:

$$\tilde{x}_j^{B}(\nu+1) = \left\{ \begin{array}{ll} \tilde{x}_j^{B}(\nu), & \text{für } j \neq i \\ \tilde{x}_k^{NB}(\nu), & \text{für } j = i \end{array} \right\}, \qquad j = 1, \ldots, m. \tag{13b}$$

An dieser Stelle können wir einschalten den

Beweis von Lemma 3.2:
Wir verwenden vollständige Induktion nach ν. Wegen

$$\tilde{\mathbf{x}}_l^{NB}(0) = (0, \ldots, 0, \underset{\underset{l}{\uparrow}}{1}, 0, \ldots, 0)', \quad \tilde{\mathbf{x}}_j^{B}(0) = (0, \ldots, 0, \underset{\underset{n+j}{\uparrow}}{1}, 0, \ldots, 0)'$$

hat man zunächst

$$\tilde{A}\tilde{\mathbf{x}}_l^{NB}(0) = (a_{1l}, a_{2l}, \ldots, a_{ml})' = \sum_{j=1}^{m} a_{jl}(\tilde{A}\tilde{\mathbf{x}}_j^{B}(0))$$

und

$$-c_l = (0, \ldots, 0, \underset{\underset{l}{\uparrow}}{-1}, 0, \ldots, 0, a_{1l}, a_{2l}, \ldots, a_{ml})' \binom{\mathbf{c}}{\mathbf{0}} = (\sum_{j=1}^{m} a_{jl}\tilde{\mathbf{x}}_j^{B}(0) - \tilde{\mathbf{x}}_l^{NB}(0))'\tilde{\mathbf{c}}.$$

Wir setzen jetzt die Gültigkeit des Lemmas für die Iterationsstufe ν voraus. Insbesondere gilt dann

$$\begin{aligned} \tilde{A}\tilde{\mathbf{x}}_k^{NB}(\nu) &= \sum_{j=1}^{m} \alpha_{jk}(\tilde{A}\tilde{\mathbf{x}}_j^{B}(\nu)) \\ \text{d.h.} \quad \tilde{A}\tilde{\mathbf{x}}_i^{B}(\nu) &= \frac{1}{\alpha_{ik}}(\tilde{A}\tilde{\mathbf{x}}_k^{NB}(\nu) - \sum_{j\neq i} \alpha_{jk}\tilde{A}\tilde{\mathbf{x}}_j^{B}(\nu)). \end{aligned} \tag{14}$$

Mit (13), der obigen Darstellung des Tableaus $(T_{\nu+1})$ und der Induktionsvoraussetzung erhält man nun

- für $l = k$:

$$\begin{aligned}
\widetilde{A}\widetilde{\mathbf{x}}_k^{NB}(\nu+1) &= \widetilde{A}\widetilde{\mathbf{x}}_i^{B}(\nu) \overset{(14)}{=} \frac{1}{\alpha_{ik}}(\widetilde{A}\widetilde{\mathbf{x}}_k^{NB}(\nu) - \sum_{j\neq i} \alpha_{jk}\widetilde{A}\widetilde{\mathbf{x}}_j^{B}(\nu)) \\
&= \frac{1}{\alpha_{ik}}\widetilde{A}\widetilde{\mathbf{x}}_i^{B}(\nu+1) + \sum_{j\neq i}(-\frac{\alpha_{jk}}{\alpha_{ik}})\widetilde{A}\widetilde{\mathbf{x}}_j^{B}(\nu+1)) \\
&= \sum_{j=1}^{m} \alpha_{jk}^{(\nu+1)}\widetilde{A}\widetilde{\mathbf{x}}_j^{B}(\nu+1)
\end{aligned}$$

$$\begin{aligned}
\gamma_k^{(\nu+1)} &= -\frac{\gamma_k}{\alpha_{ik}} = -\frac{1}{\alpha_{ik}}\Big(\sum_{j=1}^{m}\alpha_{jk}\widetilde{\mathbf{x}}_j^{B}(\nu) - \widetilde{\mathbf{x}}_k^{NB}(\nu)\Big)'\widetilde{\mathbf{c}} \\
&= \Big(\sum_{j\neq i}(-\frac{\alpha_{jk}}{\alpha_{ik}})\widetilde{\mathbf{x}}_j^{B}(\nu+1) - \widetilde{\mathbf{x}}_k^{NB}(\nu+1) + \frac{1}{\alpha_{ik}}\widetilde{\mathbf{x}}_i^{B}(\nu+1)\Big)'\widetilde{\mathbf{c}} \\
&= \Big(\sum_{j=1}^{m}\alpha_{jk}^{(\nu+1)}\widetilde{\mathbf{x}}_j^{B}(\nu+1) - \widetilde{\mathbf{x}}_k^{NB}(\nu+1)\Big)'\widetilde{\mathbf{c}}
\end{aligned}$$

- für $l \neq k$:

$$\begin{aligned}
\widetilde{A}\widetilde{\mathbf{x}}_l^{NB}(\nu+1) &= \widetilde{A}\widetilde{\mathbf{x}}_l^{NB}(\nu) = \sum_{j=1}^{m}\alpha_{jl}\widetilde{A}\widetilde{\mathbf{x}}_j^{B}(\nu) \\
&\overset{(14)}{=} \frac{\alpha_{il}}{\alpha_{ik}}(\widetilde{A}\widetilde{\mathbf{x}}_k^{NB}(\nu) - \sum_{j\neq i}\alpha_{jk}\widetilde{A}\widetilde{\mathbf{x}}_j^{B}(\nu)) + \sum_{j\neq i}\alpha_{jl}\widetilde{A}\widetilde{\mathbf{x}}_j^{B}(\nu) \\
&= \frac{\alpha_{il}}{\alpha_{ik}}\widetilde{A}\widetilde{\mathbf{x}}_i^{B}(\nu+1) + \sum_{j\neq i}(\alpha_{jl} - \frac{\alpha_{il}\alpha_{jk}}{\alpha_{ik}})\widetilde{A}\widetilde{\mathbf{x}}_j^{B}(\nu+1) \\
&= \sum_{j=1}^{m}\alpha_{jl}^{(\nu+1)}\widetilde{A}\widetilde{\mathbf{x}}_j^{B}(\nu+1)
\end{aligned}$$

$$\begin{aligned}
\gamma_l^{(\nu+1)} &= \gamma_l - \alpha_{il}\frac{\gamma_k}{\alpha_{ik}} \\
&= \Big(\sum_{j=1}^{m}\alpha_{jl}\widetilde{\mathbf{x}}_j^{B}(\nu) - \widetilde{\mathbf{x}}_l^{NB}(\nu) - \frac{\alpha_{il}}{\alpha_{ik}}(\sum_{j=1}^{m}\alpha_{jk}\widetilde{\mathbf{x}}_j^{B}(\nu) - \widetilde{\mathbf{x}}_k^{NB}(\nu))\Big)'\widetilde{\mathbf{c}} \\
&= \Big(\sum_{j=1}^{m}(\alpha_{jl} - \frac{\alpha_{il}}{\alpha_{ik}}\alpha_{jk})\widetilde{\mathbf{x}}_j^{B}(\nu) - \widetilde{\mathbf{x}}_l^{NB}(\nu) + \frac{\alpha_{il}}{\alpha_{ik}}\widetilde{\mathbf{x}}_k^{NB}(\nu)\Big)'\widetilde{\mathbf{c}} \\
&= \Big(\sum_{j\neq i}(\alpha_{jl} - \frac{\alpha_{il}}{\alpha_{ik}}\alpha_{jk})\widetilde{\mathbf{x}}_j^{B}(\nu+1) - \widetilde{\mathbf{x}}_l^{NB}(\nu+1) + \frac{\alpha_{il}}{\alpha_{ik}}\widetilde{\mathbf{x}}_i^{B}(\nu+1)\Big)'\widetilde{\mathbf{c}} \\
&= \Big(\sum_{j=1}^{m}\alpha_{jl}^{(\nu+1)}\widetilde{\mathbf{x}}_j^{B}(\nu+1) - \widetilde{\mathbf{x}}_l^{NB}(\nu+1)\Big)'\widetilde{\mathbf{c}}
\end{aligned}$$

Damit ist der Induktionsschluß vollzogen!

Nach diesem Einschub fahren wir fort mit:

iii) Forderungen
F1) $\boldsymbol{\beta}^{\nu+1} \geq \mathbf{0}$
F2) $\widetilde{G}(\widetilde{\mathbf{x}}^{\nu+1}) > \widetilde{G}(\widetilde{\mathbf{x}}^{\nu})$

F1 ist notwendig, damit für das Tableau $(T_{\nu+1})$ (10) erfüllt und $\widetilde{\mathbf{x}}^{\nu+1}$ eine Ecke von $\widetilde{\mathcal{M}}$ ist.

Lemma 3.3:

a) *Die Forderung* F1 *ist äquivalent mit den Bedingungen*

$$\alpha_{ik} > 0 \tag{15}$$

und

$$\frac{\beta_i}{\alpha_{ik}} \leq \frac{\beta_j}{\alpha_{jk}} \text{ für alle } j \neq i, \text{ so daß } \alpha_{jk} > 0. \tag{16}$$

b) *Die Forderungen* F1 *und* F2 *sind äquivalent mit den Bedingungen* (15), (16) *und*

$$\beta_i > 0, \quad \gamma_k < 0. \tag{17}$$

Beweis:

a) Aus $(T_{\nu+1})$ liest man ab, daß F1 äquivalent ist mit

$$\begin{aligned} \frac{\beta_i}{\alpha_{ik}} &\geq 0 \\ \beta_j - \beta_i \frac{\alpha_{jk}}{\alpha_{ik}} &\geq 0, \qquad j \neq i \end{aligned}$$

Wegen $\beta_i \geq 0$ ist die erste dieser Bedingungen äquivalent mit (15). Und offensichtlich folgt (16) aus der zweiten. Es bleibt zu zeigen, daß die zweite Bedingung aus (15), (16) resultiert. Sei also $j \neq i$. Im Fall $\alpha_{jk} > 0$ folgt die Behauptung sofort aus (16). Im Fall $\alpha_{jk} \leq 0$ aber ist wegen (15) und $\beta_i \geq 0$

$$\beta_i \frac{\alpha_{jk}}{\alpha_{ik}} \leq 0$$

und wegen $\beta_j \geq 0$

$$\beta_j - \beta_i \frac{\alpha_{jk}}{\alpha_{ik}} \geq 0.$$

b) Setzt man F1 voraus, so ist nach Lemma 3.1 F2 äquivalent mit

$$\beta_0^{(\nu+1)} > \beta_0^{(\nu)},$$

d.h., wie ein Blick auf $(T_{\nu+1})$ zeigt, mit

$$\beta_0 - \beta_i \frac{\gamma_k}{\alpha_{ik}} > \beta_0.$$

Diese Bedingung ist äquivalent mit

$$\beta_i \frac{\gamma_k}{\alpha_{ik}} < 0,$$

also, da nach a) mit F1 auch $\alpha_{ik} > 0$ vorausgesetzt ist, mit

$$\beta_i \gamma_k < 0.$$

Wegen $\beta_i \geq 0$ ist das gleichbedeutend mit (17). Aufgrund von a) ist damit auch b) bewiesen.

Mit Lemma 3.3 ergeben sich die folgenden Regeln für die Wahl von k bzw. i:

Regel 1 (für die Wahl der Pivotspalte k, $1 \leq k \leq n$):

Das letzte Element γ_k in der Pivotspalte muß ***negativ*** sein.

Regel 2 (für die Wahl der Pivotzeile i, $1 \leq i \leq m$):

2a) Das Pivotelement α_{ik} muß ***positiv*** sein.

2b) $\frac{\beta_i}{\alpha_{ik}} \leq \frac{\beta_j}{\alpha_{jk}}$ für alle $j \neq i$, so daß $\alpha_{jk} > 0$

2c) Das letzte Element β_i der Pivotzeile muß ***positiv*** sein.

Zur praktischen Durchführung eines Simplex-Schrittes wird ganz rechts im Tableau (T_ν) eine Spalte mit den Quotienten

$$Q_j := \frac{\beta_j}{\alpha_{jk}} \text{ für alle } j \text{ mit } \alpha_{jk} > 0$$

geführt:

	$\tilde{x}_k^{NB}$	$\tilde{x}_1^B \quad \dots \quad \tilde{x}_m^B$	$\tilde{G}$	1	Q_j	
	α_{1k}			β_1	$\frac{\beta_1}{\alpha_{1k}}$	(falls $\alpha_{1k} > 0$)
	$\vdots$			$\vdots$	$\vdots$	
	α_{jk}			β_j	$\frac{\beta_j}{\alpha_{jk}}$	(falls $\alpha_{jk} > 0$)
	$\vdots$	I_m	$\mathbf{0}$	$\vdots$	$\vdots$	
P.Zeile $\longrightarrow$	$\boxed{\alpha_{ik} > 0}$			$\beta_i > (=) 0$	$\frac{\beta_i}{\alpha_{ik}}$	
	$\vdots$			$\vdots$	$\vdots$	
	α_{mk}			β_m	$\frac{\beta_m}{\alpha_{mk}}$	(falls $\alpha_{mk} > 0$)
	$\gamma_k < 0$	$\mathbf{0}'$	1	β_0		
	$\uparrow$ Pivotspalte	$Q_i = \min\limits_{j:\alpha_{jk}>0} Q_j$				

In dem folgenden Abschnitt betrachten wir die Situationen, in denen sich die Regeln 1 und 2 nicht erfüllen lassen.

3.4 Abbruchkriterien des Simplex-Algorithmus und Ausartung

3.4.1 Das Abbruchkriterium I

Wir betrachten zunächst den Fall, daß sich Regel 1 nicht befolgen läßt, d.h. den Fall $\gamma^\nu = \gamma \geq \mathbf{0}$.

Satz 3.1: Abbruchkriterium I
Im Tableau (T_ν) gelte $\gamma^\nu \geq \mathbf{0}$, d.h. $\gamma_l^{(\nu)} \geq 0$, für alle $l = 1, 2, \ldots, n$. Dann liefert die zu (T_ν) gehörende Ecke $\widetilde{\mathbf{x}}^\nu = \binom{\mathbf{x}^\nu}{\mathbf{y}^\nu}$ in $\mathbf{x}^\nu$ einen Maximalpunkt des LP (2) und der Simplex- Algorithmus wird abgebrochen.

Beweis: Aus der letzten Zeile von (T_ν) liest man ab:

$$\widetilde{G}(\widetilde{\mathbf{x}}) = \beta_0 - \gamma_1 \widetilde{x}_1^{NB} - \ldots - \gamma_n \widetilde{x}_n^{NB} \text{ für alle } \widetilde{\mathbf{x}} \in \widetilde{\mathcal{M}} \tag{18}$$

Da $\gamma \geq \mathbf{0}, \widetilde{\mathbf{x}} \geq \mathbf{0}$ und nach Lemma 3.1 $\beta_0 = \widetilde{G}(\widetilde{\mathbf{x}}^\nu)$, folgt

$$\widetilde{G}(\widetilde{\mathbf{x}}) \leq \widetilde{G}(\widetilde{\mathbf{x}}^\nu) \text{ für alle } \widetilde{\mathbf{x}} \in \widetilde{\mathcal{M}},$$

wegen(3) also auch

$$G(\mathbf{x}) \leq G(\mathbf{x}^\nu) \text{ für alle } \mathbf{x} \in \mathcal{M}.$$

Damit ist $\mathbf{x}^\nu$ ein Maximalpunkt des LP (2).

Beispiel 3.2: Lösung des LP (5) (vgl. Beispiele 2.3)

(T_0)

x_1	x_2	x_3	y_1	y_2	y_3	$\widetilde{G}$	1	Q_j	
1	0	0	1	0	0	0	2	–	
1	1	2	0	1	0	0	4	2	
0	3	[4]	0	0	1	0	6	$\frac{3}{2}$	←
−1	−2	−4	0	0	0	1	0		
		↑							

$$\widetilde{\mathbf{x}}^0 = (0,0,0,2,4,6)', \quad \mathbf{x}^0 = (0,0,0)', \quad G(\mathbf{x}^0) = 0$$

$(\widetilde{T}_1)$

x_1	x_2	x_3	y_1	y_2	y_3	$\widetilde{G}$	1
1	0	0	1	0	0	0	2
1	$-\frac{1}{2}$	0	0	1	$-\frac{1}{2}$	0	1
0	$\frac{3}{4}$	1	0	0	$\frac{1}{4}$	0	$\frac{3}{2}$
−1	1	0	0	0	1	1	6

(T_1)

x_1	x_2	y_3	y_1	y_2	x_3	$\widetilde{G}$	1	Q_j	
1	0	0	1	0	0	0	2	2	
[1]	$-\frac{1}{2}$	$-\frac{1}{2}$	0	1	0	0	1	1	←
0	$\frac{3}{4}$	$\frac{1}{4}$	0	0	1	0	$\frac{3}{2}$	–	
−1	1	1	0	0	0	1	6		
↑									

$$\tilde{\mathbf{x}}^1 = (0,0,\frac{3}{2},2,1,0)', \quad \mathbf{x}^1 = (0,0,\frac{3}{2})', \quad G(\mathbf{x}^1) = 6$$

$(\widetilde{T}_2)$

x_1	x_2	y_3	y_1	y_2	x_3	$\widetilde{G}$	1
0	$\frac{1}{2}$	$\frac{1}{2}$	1	−1	0	0	1
1	$-\frac{1}{2}$	$-\frac{1}{2}$	0	1	0	0	1
0	$\frac{3}{4}$	$\frac{1}{4}$	0	0	1	0	$\frac{3}{2}$
0	$\frac{1}{2}$	$\frac{1}{2}$	0	1	0	1	7

(T_2)

y_2	x_2	y_3	y_1	x_1	x_3	$\widetilde{G}$	1
−1	$\frac{1}{2}$	$\frac{1}{2}$	1	0	0	0	1
1	$-\frac{1}{2}$	$-\frac{1}{2}$	0	1	0	0	1
0	$\frac{3}{4}$	$\frac{1}{4}$	0	0	1	0	$\frac{3}{2}$
[1]	[$\frac{1}{2}$]	[$\frac{1}{2}$]	0	0	0	1	7

$$\tilde{\mathbf{x}}^2 = (1,0,\frac{3}{2},1,0,0)', \quad \mathbf{x}^* = \mathbf{x}^2 = (1,0,\frac{3}{2})', \quad G(\mathbf{x}^*) = 7$$

Hier sind alle $\gamma_l \geq 0$, also erfolgt Abbruch gemäß Kriterium I.

3.4.2 Das Abbruchkriterium II

Ist Regel 1 erfüllbar, so gibt es ein $\gamma_k < 0$. Wir betrachten nun den Fall, daß sich für dieses k Regel 2a nicht befolgen läßt.

Satz 3.2: Abbruchkriterium II
Im Tableau (T_ν) gebe es eine Spalte k, $1 \le k \le n$, so daß

$$\gamma_k < 0 \quad \textit{und} \quad \alpha_{jk} \le 0 \quad \textit{für alle} \quad j = 1, 2, \ldots, m. \tag{19}$$

Dann nimmt die Zielfunktion $G = G(\mathbf{x})$ auf dem zulässigen Bereich $\mathcal{M}$ des LP (2) beliebig große Werte an. Das LP ist somit unlösbar und der Algorithmus wird abgebrochen.

Beweis: Die j-te Zeile in (T_ν) lautet

$$\alpha_{j1}\widetilde{x}_1^{NB} + \ldots + \alpha_{jk}\widetilde{x}_k^{NB} + \ldots + \alpha_{jn}\widetilde{x}_n^{NB} + \widetilde{x}_j^B = \beta_j, \quad j = 1\ldots, m. \tag{20}$$

Für eine beliebige Zahl $N \ge 0$ betrachten wir nun den Punkt $\widetilde{\mathbf{x}}(N)$ mit den Komponenten

$$\begin{cases} 0 & \text{für jede Nicht-Basisvariable } \widetilde{x}_l^{NB}, \quad l \ne k \\ N & \text{für die Nicht-Basisvariable } \widetilde{x}_k^{NB} \\ \underbrace{\beta_j - \alpha_{jk}N}_{\ge 0} & \text{für jede Basisvariable } \widetilde{x}_j^B \end{cases}$$

Wegen $\boldsymbol{\beta} \ge \mathbf{0}$ und (19b) ist dann $\widetilde{\mathbf{x}}(N) \ge \mathbf{0}$. Da $\widetilde{\mathbf{x}}(N)$ jede Gleichung (20) löst und diese Gleichungen äquivalent zu denen in (T_0) sind, folgt $\widetilde{\mathbf{x}}(N) \in \widetilde{\mathcal{M}}$. Einsetzen in (18) ergibt

$$\widetilde{G}\,(\widetilde{\mathbf{x}}(N)) = \beta_0 - \gamma_k N,$$

so daß mit (19a) folgt

$$\widetilde{G}(\widetilde{\mathbf{x}}(N)) = G(\mathbf{x}(N)) \to +\infty \text{ für } N \to +\infty$$

Damit ist $\sup\{G(\mathbf{x}) : \mathbf{x} \in \mathcal{M}\} = +\infty$.

Beispiel 3.3: Numerische Behandlung von Beispiel 2.2

(T_0)

x_1	x_2	y_1	y_2	y_3	$\widetilde{G}$	1	Q_j	
−1	$\boxed{1}$	1	0	0	0	2	2	←
−1	2	0	1	0	0	6	3	
1	−3	0	0	1	0	3	–	
−2	−3	0	0	0	1	0		
	↑							

$$\widetilde{\mathbf{x}}^0 = (0, 0, 2, 6, 3)', \quad \mathbf{x}^0 = (0, 0)', \quad G(\mathbf{x}^0) = 0$$

$(\widetilde{T}_1)$

x_1	x_2	y_1	y_2	y_3	$\widetilde{G}$	1
−1	1	1	0	0	0	2
1	0	−2	1	0	0	2
−2	0	3	0	1	0	9
−5	0	3	0	0	1	6

(T_1)

x_1	y_1	x_2	y_2	y_3	$\widetilde{G}$	1	Q_j	
−1	1	1	0	0	0	2	–	
[1]	−2	0	1	0	0	2	2	←
−2	3	0	0	1	0	9	–	
−5	3	0	0	0	1	6		
↑								

$$\widetilde{\mathbf{x}}^1 = (0,2,0,2,9)', \quad \mathbf{x}^1 = (0,2)', \quad G(\mathbf{x}^1) = 6$$

$(\widetilde{T}_2)$

x_1	y_1	x_2	y_2	y_3	$\widetilde{G}$	1
0	−1	1	1	0	0	4
1	−2	0	1	0	0	2
0	−1	0	2	1	0	13
0	−7	0	5	0	1	16

(T_2)

y_2	y_1	x_2	x_1	y_3	$\widetilde{G}$	1
1	−1	1	0	0	0	4
1	−2	0	1	0	0	2
2	−1	0	0	1	0	13
5	[-7]	0	0	0	1	16

$$\widetilde{\mathbf{x}}^{(2)} = (2,4,0,0,13)', \quad \mathbf{x}^{(2)} = (2,4)', \quad G(\mathbf{x}^{(2)}) = 16, \quad \sup_{\mathbf{x}\in\mathcal{M}} G(\mathbf{x}) = +\infty$$

Hier sind $\gamma_2 < 0$ und alle $\alpha_{j2} < 0$, also erfolgt Abbruch gemäß Kriterium II.

Man verfolge den Verlauf des Verfahrens bis zum Abbruch

$$\mathbf{x}^0 \to \mathbf{x}^1 \to \mathbf{x}^2$$

auf der Skizze in Beispiel 2.2!

3.4.3 Eine Modifikation von Regel 2 bei Ausartung

Sind die Regeln 1 und 2a erfüllbar, dann auch Regel 2b, und es gibt ein $\gamma_k < 0$ und ein $\alpha_{ik} > 0$ mit minimalem Quotienten $\frac{\beta_i}{\alpha_{ik}}$.

Aufgrund von Lemma 3.3a und den Sätzen 3.1, 3.2 ist damit der noch ausstehende Nachweis erbracht, daß bei Nichtabbruch des Simplexalgorithmus nach dem ν-ten Schritt mit (T_ν) auch $(T_{\nu+1})$ die Eigenschaft (10) besitzt.

Es bleibt nun noch der Fall zu betrachten, wo unter obiger Voraussetzung $\beta_i = 0$, also Regel 2c nicht erfüllt ist. Man nennt diese Situation *Ausartung*. Nach dem Beweis von Lemma 3.3b ist dann $\widetilde{G}(\widetilde{\mathbf{x}}^\nu) = \widetilde{G}(\widetilde{\mathbf{x}}^{\nu+1})$. Tatsächlich gilt sogar

Satz 3.3: *Im Tableau (T_ν) sei das Pivotelement α_{ik} mit $1 \le k \le n$, $1 \le i \le m$, gemäß den Regeln* 1, 2a *und* 2b *gewählt, und es gelte $\beta_i = 0$. Dann ist die zu (T_ν) gehörende Ecke $\widetilde{\mathbf{x}}^\nu$ entartet und identisch mit der zu $(T_{\nu+1})$ gehörenden Ecke $\widetilde{\mathbf{x}}^{\nu+1}$.*

Beweis: Es gelte $\beta_i = \beta_i^{(\nu)} = 0$. Dann ist $\widetilde{\mathbf{x}}^\nu$ entartet, wie im Anschluß an Definition 3.2 festgestellt wurde, und aus $(T_{\nu+1})$ liest man ab $\boldsymbol{\beta}^{\nu+1} = \boldsymbol{\beta}^\nu$. Gemäß (11) lauten dann die Variablenbelegungen in

$$\widetilde{\mathbf{x}}^\nu \quad : \quad \begin{cases} \widetilde{x}_l^{NB}(\nu) = 0, & l = 1, \ldots, n \\ \widetilde{x}_j^{B}(\nu) = \beta_j, & j = 1, \ldots, m, \end{cases}$$

$$\widetilde{\mathbf{x}}^{\nu+1} \quad : \quad \begin{cases} \widetilde{x}_l^{NB}(\nu+1) = 0, & l = 1, \ldots, n \\ \widetilde{x}_j^{B}(\nu+1) = \beta_j, & j = 1, \ldots, m. \end{cases}$$

Die Variablenbelegung in $\widetilde{\mathbf{x}}^{\nu+1}$ läßt sich nach (13) nun so ausdrücken:

$$\begin{aligned} \widetilde{x}_l^{NB}(\nu) &= 0, \quad l \neq k \\ \widetilde{x}_i^{B}(\nu) &= 0 \\ \widetilde{x}_j^{B}(\nu) &= \beta_j, \quad j \neq i \\ \widetilde{x}_k^{NB}(\nu) &= \beta_i. \end{aligned}$$

Wegen $\beta_i = 0$ ist das dieselbe Variablenbelegung wie in $\widetilde{\mathbf{x}}^\nu$, d.h. es gilt $\widetilde{\mathbf{x}}^{\nu+1} = \widetilde{\mathbf{x}}^\nu$.

Bemerkungen:

a) Natürlich ist bei Ausartung auch $\mathbf{x}^\nu = \mathbf{x}^{\nu+1}$ und $G(\mathbf{x}^\nu) = G(\mathbf{x}^{\nu+1})$.

b) Ist das Pivotelement in (T_ν) gemäß den Regeln 1,2a und 2b gewählt und gilt $G(\widetilde{\mathbf{x}}^\nu) = G(\widetilde{\mathbf{x}}^{\nu+1})$, so folgt mit Lemma 3.3b $\beta_i = 0$ und dann mit Satz 3.3 $\widetilde{\mathbf{x}}^\nu = \widetilde{\mathbf{x}}^{\nu+1}$. *In der monoton wachsenden Folge*

$$G(\mathbf{x}^0) \le G(\mathbf{x}^1) \le \ldots \le G(\mathbf{x}^\nu) \le G(\mathbf{x}^{\nu+1}) \le \ldots$$

der Zielfunktionswerte tritt Gleichheit also nur bei identischen Ecken auf.

Bei Ausartung verzichtet man auf die Regel 2c und rechnet weiter nur mit Regel 1 und

Regel 2*: Wähle die Pivotzeile gemäß den Regeln 2a und 2b.

Gewöhnlich erscheint dann im weiteren Verlauf wieder eine Pivotzeile i mit $\beta_i > 0$, und der Zielfunktionswert nimmt wieder zu, oder es treten die Voraussetzungen für eines der Abbruchkriterien ein. In der Praxis gelangt man mit Regel 1 und Regel 2* meistens nach endlich vielen Schritten zum Abbruch des Algorithmus.

Beispiel 3.4: In der Lösung des LP (5) in Beispiel 3.2 tritt keine Ausartung auf. Wir geben hier eine Lösungsvariante mit Ausartung, indem wir in (T_0) die Pivotspalte $k = 1$ an Stelle von $k = 3$ wählen.

(T_0)

x_1	x_2	x_3	y_1	y_2	y_3	$\widetilde{G}$	1	Q_j	
[1]	0	0	1	0	0	0	2	2	←
1	1	2	0	1	0	0	4	4	
0	3	4	0	0	1	0	6	–	
−1	−2	−4	0	0	0	1	0		
↑		↑ früher							

$$\widetilde{\mathbf{x}}^0 = (0,0,0,2,4,6)', \quad \mathbf{x}^0 = (0,0,0)', \quad G(\mathbf{x}^0) = 0$$

$(\widetilde{T}_1)$

x_1	x_2	x_3	y_1	y_2	y_3	$\widetilde{G}$	1
1	0	0	1	0	0	0	2
0	1	2	−1	1	0	0	2
0	3	4	0	0	1	0	6
0	−2	−4	1	0	0	1	2

(T_1)

y_1	x_2	x_3	x_1	y_2	y_3	$\widetilde{G}$	1	Q_j	
1	0	0	1	0	0	0	2	–	
−1	[1]	2	0	1	0	0	2	2	← Beide Zeilen sind als Pivotzeile wählbar
0	3	4	0	0	1	0	6	2	
1	−2	−4	0	0	0	1	2		
	↑								

$$\widetilde{\mathbf{x}}^1 = (2,0,0,0,2,6)', \quad \mathbf{x}^1 = (2,0,0)', \quad G(\mathbf{x}^1) = 2$$

$(\widetilde{T}_2)$

y_1	x_2	x_3	x_1	y_2	y_3	$\widetilde{G}$	1
1	0	0	1	0	0	0	2
−1	1	2	0	1	0	0	2
3	0	−2	0	−3	1	0	0
−1	0	0	0	2	0	1	6

(T_2)

y_1	y_2	x_3	x_1	x_2	y_3	$\widetilde{G}$	1	Q_j	
1	0	0	1	0	0	0	2	2	
−1	1	2	0	1	0	0	2	–	
$\boxed{3}$	−3	−2	0	0	1	0	0	0	← Ausartung!
−1	2	0	0	0	0	1	6		
↑									

$$\widetilde{\mathbf{x}}^2 = (2,2,0,0,0,0)', \quad \mathbf{x}^2 = (2,2,0)', \quad G(\mathbf{x}^2) = 6$$

$(\widetilde{T}_3)$

y_1	y_2	x_3	x_1	x_2	y_3	$\widetilde{G}$	1
0	1	$\frac{2}{3}$	1	0	$-\frac{1}{3}$	0	2
0	0	$\frac{4}{3}$	0	1	$\frac{1}{3}$	0	2
1	−1	$-\frac{2}{3}$	0	0	$\frac{1}{3}$	0	0
0	1	$-\frac{2}{3}$	0	0	$\frac{1}{3}$	1	6

(T_3)

y_3	y_2	x_3	x_1	x_2	y_1	$\widetilde{G}$	1	Q_j	
$-\frac{1}{3}$	1	$\frac{2}{3}$	1	0	0	0	2	3	
$\frac{1}{3}$	0	$\boxed{\frac{4}{3}}$	0	1	0	0	2	$\frac{3}{2}$	←
$\frac{1}{3}$	−1	$-\frac{2}{3}$	0	0	1	0	0	–	
$\frac{1}{3}$	1	$-\frac{2}{3}$	0	0	0	1	6		
		↑							

$$\widetilde{\mathbf{x}}^3 = \widetilde{\mathbf{x}}^2$$

ABER: Tableau (T_3) hat andere Koeffizienten als (T_2)

$(\widetilde{T}_4)$

y_3	y_2	x_3	x_1	x_2	y_1	$\widetilde{G}$	1
$-\frac{1}{2}$	1	0	1	$-\frac{1}{2}$	0	0	1
$\frac{1}{4}$	0	1	0	$\frac{3}{4}$	0	0	$\frac{3}{2}$
$\frac{1}{2}$	-1	0	0	$\frac{1}{2}$	1	0	1
$\frac{1}{2}$	1	0	0	$\frac{1}{2}$	0	1	7

(T_4)

y_3	y_2	x_2	x_1	x_3	y_1	$\widetilde{G}$	1
$-\frac{1}{2}$	1	$-\frac{1}{2}$	1	0	0	0	1
$\frac{1}{4}$	0	$\frac{3}{4}$	0	1	0	0	$\frac{3}{2}$
$\frac{1}{2}$	-1	$\frac{1}{2}$	0	0	1	0	1
$\boxed{\frac{1}{2}}$	$\boxed{1}$	$\boxed{\frac{1}{2}}$	0	0	0	1	7

$$\widetilde{\mathbf{x}}^4 = (1, 0, \frac{3}{2}, 1, 0, 0)', \quad \mathbf{x}^* = \mathbf{x}^4 = (1, 0, \frac{3}{2})', \quad G(\mathbf{x}^*) = 7$$

Hier sind alle $\gamma_l \geq 0$, also erfolgt Abbruch gemäß Kriterium I.

Graphische Darstellung der beiden Lösungsvarianten:

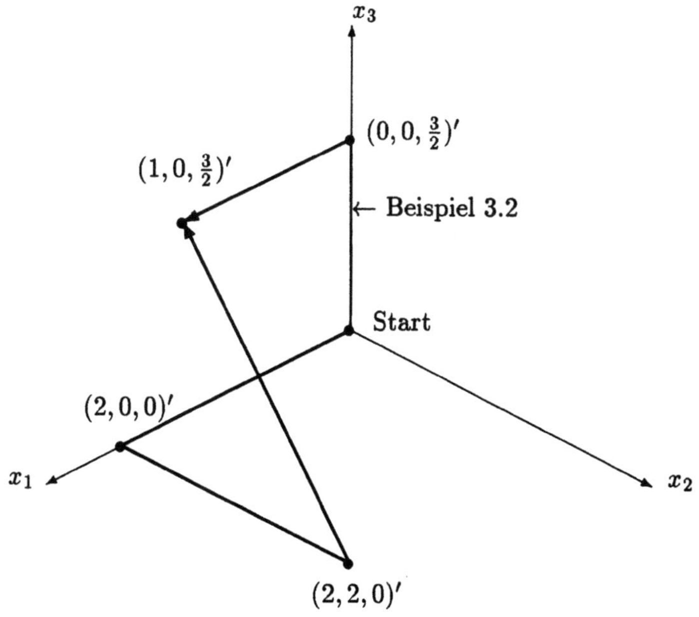

3.5 Erweiterter Simplexalgorithmus

Wie wir gesehen haben, stößt die Anwendung das Simplexalgorithmus eventuell auf Schwierigkeiten, wenn die zu einem Tableau (T_ν) gehörende Ecke $\mathbf{x}^\nu$ entartet ist. In diesem Fall ist ein β_i gleich Null, und häufig muß gerade diese i-te Zeile als Pivotzeile gewählt werden. Beim Übergang zum Tableau $(T_{\nu+1})$ ändern sich dann die Ecke und der zugehörige Zielfunktionswert nicht. Theoretisch (in der Praxis kaum!) kann es passieren, daß man nach einigen Simplexschritten wieder zum Tableau (T_ν) und somit nie zum Abbruch kommt.

Beispiel 3.5 (nach [7], S.747):

$$\left.\begin{array}{ll} \max & x_1 + x_2 + 3x_3 - 8x_4 \\ \text{bez.} & x_1 - x_2 - \phantom{\tfrac{1}{2}}x_3 + 3x_4 \le 0 \\ & 2x_1 - x_2 - \tfrac{1}{2}x_3 + x_4 \le 0 \\ & x_1 \ge 0, x_2 \ge 0, x_3 \ge 0, x_4 \ge 0 \end{array}\right\} \qquad (21)$$

Ohne jegliche Rechnung sieht man, daß das LP (21) entweder unlösbar oder $\mathbf{0}$ Maximalpunkt ist. Das gilt allgemeiner für jedes LP (2) mit $\mathbf{b} = \mathbf{0}$. Denn $\mathbf{0}$ ist ein zulässiger Punkt, und mit jedem zulässigen Punkt $\mathbf{x}$ und $\lambda \ge 0$ ist auch $\lambda\mathbf{x}$ zulässig. Nimmt daher die Zielfunktion überhaupt Werte größer als $\mathbf{c}'\mathbf{0} = 0$ an, dann wegen $\mathbf{c}'(\lambda\mathbf{x}) = \lambda(\mathbf{c}'\mathbf{x})$ beliebig große.

Dies spiegelt sich beim Simplexalgorithmus darin wider, daß in jedem Tableau (T_ν) $\boldsymbol{\beta}^\nu = \mathbf{0}$ und $\beta_0^{(\nu)} = 0$ ist. Es erübrigt sich daher, $\tilde{\mathbf{x}}^\nu = \mathbf{0}$, $\mathbf{x}^\nu = \mathbf{0}$ und $G(\mathbf{x}^\nu) = 0$ zu notieren. Auch das Mitführen der Spalte für die Quotienten ist überlüssig, da alle $Q_j = 0$ sind.

(T_0)

x_1	x_2	x_3	x_4	y_1	y_2	$\tilde{G}$	1	
$\boxed{1}$	-1	-1	3	1	0	0	0	←
2	-1	$-\frac{1}{2}$	1	0	1	0	0	
-1	-1	-3	8	0	0	1	0	
↑								

$(\tilde{T}_1)$

x_1	x_2	x_3	x_4	y_1	y_2	$\tilde{G}$	1
1	-1	-1	3	1	0	0	0
0	1	$\frac{3}{2}$	-5	-2	1	0	0
0	-2	-4	11	1	0	1	0

(T_1)

y_1	x_2	x_3	x_4	x_1	y_2	$\widetilde{G}$	1	
1	−1	−1	3	1	0	0	0	
−2	$\boxed{1}$	$\frac{3}{2}$	−5	0	1	0	0	←
1	−2	−4	11	0	0	1	0	
	↑							

$(\widetilde{T}_2)$

y_1	x_2	x_3	x_4	x_1	y_2	$\widetilde{G}$	1
−1	0	$\frac{1}{2}$	−2	1	1	0	0
−2	1	$\frac{3}{2}$	−5	0	1	0	0
−3	0	−1	1	0	2	1	0

(T_2)

y_1	y_2	x_3	x_4	x_1	x_2	$\widetilde{G}$	1	
−1	1	$\boxed{\frac{1}{2}}$	−2	1	0	0	0	←
−2	1	$\frac{3}{2}$	−5	0	1	0	0	
−3	2	−1	1	0	0	1	0	
		↑						

$(\widetilde{T}_3)$

y_1	y_2	x_3	x_4	x_1	x_2	$\widetilde{G}$	1
−2	2	1	−4	2	0	0	0
1	−2	0	1	−3	1	0	0
−5	4	0	−3	2	0	1	0

(T_3)

y_1	y_2	x_1	x_4	x_3	x_2	$\widetilde{G}$	1	
−2	2	2	−4	1	0	0	0	
1	−2	−3	$\boxed{1}$	0	1	0	0	←
−5	4	2	−3	0	0	1	0	
			↑					

$(\widetilde{T}_4)$

y_1	y_2	x_1	x_4	x_3	x_2	$\widetilde{G}$	1
2	−6	−10	0	1	4	0	0
1	−2	−3	1	0	1	0	0
−2	−2	−7	0	0	3	1	0

(T_4)

y_1	y_2	x_1	x_2	x_3	x_4	$\widetilde{G}$	1	
$\boxed{2}$	−6	−10	4	1	0	0	0	←
1	−2	−3	1	0	1	0	0	
−2	−2	−7	3	0	0	1	0	
↑								

$(\widetilde{T}_5)$

y_1	y_2	x_1	x_2	x_3	x_4	$\widetilde{G}$	1
1	−3	−5	2	$\frac{1}{2}$	0	0	0
0	1	2	−1	$-\frac{1}{2}$	1	0	0
0	−8	−17	7	1	0	1	0

(T_5)

x_3	y_2	x_1	x_2	y_1	x_4	$\widetilde{G}$	1	
$\frac{1}{2}$	−3	−5	2	1	0	0	0	
$-\frac{1}{2}$	$\boxed{1}$	2	−1	0	1	0	0	←
1	−8	−17	7	0	0	1	0	
	↑							

$(\widetilde{T}_6)$

x_3	y_2	x_1	x_2	y_1	x_4	$\widetilde{G}$	1
−1	0	1	−1	1	3	0	0
$-\frac{1}{2}$	1	2	−1	0	1	0	0
−3	0	−1	−1	0	8	1	0

(T_6)

x_3	x_4	x_1	x_2	y_1	y_2	$\widetilde{G}$	1
−1	3	1	−1	1	0	0	0
$-\frac{1}{2}$	1	2	−1	0	1	0	0
−3	8	−1	−1	0	0	1	0

Die Tableaus (T_0) und (T_6) sind identisch (bis auf die Reihenfolge der Spalten im linken Teil). Zyklus!

Beim erweiterten Simplexalgorithmus, den wir nun entwickeln werden, wird der (einfache) Simplexalgorithmus durch einen Zusatz ergänzt, der das Auftreten von Zyklen verhindert. Wir benötigen dazu den folgenden Begriff.

Definition 3.5: Von zwei Vektoren $\mathbf{u} = (u_1, u_2, \ldots, u_r)'$ und $\mathbf{v} = (v_1, v_2, \ldots, v_r)'$ des $\mathbb{R}^r$ heißt $\mathbf{u}$ *lexikographisch kleiner* als $\mathbf{v}$ oder $\mathbf{v}$ *lexikographisch größer* als $\mathbf{u}$,

wenn es ein j mit $u_1 = v_1, \ldots, u_{j-1} = v_{j-1}, u_j < v_j$ gibt.
Schreibweise: $\mathbf{u} \prec \mathbf{v}$ oder $\mathbf{v} \succ \mathbf{u}$

$\mathbf{v} \succ \mathbf{0}$ bedeutet also, daß die erste von 0 verschiedene Komponente von $\mathbf{v}$ positiv ist. (Die weiteren Komponenten können dann beliebig sein.)

Lemma 3.4: *Die lexikographische Ordnung hat die Eigenschaften:*

a) *Für zwei Vektoren* $\mathbf{u}$ *und* $\mathbf{v}$ *gilt entweder* $\mathbf{u} \prec \mathbf{v}$ *oder* $\mathbf{u} = \mathbf{v}$ *oder* $\mathbf{u} \succ \mathbf{v}$.

b) *Aus* $\mathbf{u} \prec \mathbf{v}, \mathbf{v} \prec \mathbf{w}$ *folgt* $\mathbf{u} \prec \mathbf{w}$.

c) *Aus* $\mathbf{u} \prec \mathbf{v}$ *folgt* $\mathbf{u} + \mathbf{w} \prec \mathbf{v} + \mathbf{w}$ *für alle* $\mathbf{w} \in \mathbb{R}^r$.

c) *Aus* $\mathbf{u} \prec \mathbf{v}$ *und* $\lambda > 0$ *folgt* $\lambda\mathbf{u} \prec \lambda\mathbf{v}$.

Beweis: a) Sind $\mathbf{u}, \mathbf{v}$ verschieden, so gilt für die ersten unterschiedlichen Komponenten u_j, v_j entweder $u_j < v_j$ oder $u_j > v_j$.
b) Seien u_j, v_j bzw. v_k, w_k die ersten unterschiedlichen Komponenten von $\mathbf{u}, \mathbf{v}$ bzw. $\mathbf{v}, \mathbf{w}$. Ist $\left\{ \begin{array}{c} j < k \\ j = k \\ j > k \end{array} \right\}$, so gilt nach Voraussetzung $\left\{ \begin{array}{c} u_j < v_j = w_j \\ u_j < v_j < w_j \\ u_k = v_k < w_k \end{array} \right\}$ und die Gleichheit der Komponenten für alle Indizes kleiner als $\min\{j, k\}$.
c) und d) sind ebenso offensichtlich.

In jedem Tableau (T_ν) betrachten wir nun die Zahlen

$$\eta_{jl} = \eta_{jl}^{(\nu)} \quad \text{und} \quad \zeta_l = \zeta_l^{(\nu)} \qquad (1 \leq j, l \leq m),$$

die wie folgt definiert sind:

η_{jl} sei das Element von $\widetilde{A}_\nu$ im Schnittpunkt der j-ten Zeile mit der zu y_l gehörigen Spalte;
ζ_l sei die Komponente von $(\widetilde{\gamma}^\nu)'$ im Schnittpunkt der Zielfunktionszeile mit der zu y_l gehörigen Spalte.

Wir setzen

$$\mathbf{p}^j = \mathbf{p}^j(\nu) := (\beta_j, \eta_{j1}, \ldots, \eta_{jm})', \qquad j = 1, \ldots, m.$$

Die Regeln für den erweiterten Simplexalgorithmus lassen sich dann so formulieren:

Regel 1 für die Wahl der Pivotspalte k bleibt unverändert, und Regel 2 wird ersetzt durch

Regel $\widehat{2}$: Wähle die Pivotzeile i gemäß den Regeln 2a und

$\widehat{2}$b) $\frac{1}{\alpha_{ik}}\mathbf{p}^i \prec \frac{1}{\alpha_{jk}}\mathbf{p}^j$ für alle $i \neq j$, so daß $\alpha_{jk} > 0$.

Bemerkung: Mit Regel $\widehat{2}$ ist auch Regel 2* erfüllt.

Zur praktischen Durchführung des erweiterten Simplexalgorithmus wird ganz rechts im Tableau (T_ν) eine Spalte mit den Vektoren

$$(\mathbf{q}^j)' := \frac{1}{\alpha_{jk}}(\mathbf{p}^j)' = \left(\frac{\beta_j}{\alpha_{jk}}, \frac{\eta_{j1}}{\alpha_{jk}}, \dots, \frac{\eta_{jm}}{\alpha_{jk}}\right) \text{ für alle } j \text{ mit } \alpha_{jk} > 0$$

(an Stelle der Quotienten Q_j) geführt. Man beachte, daß alle diese Vektoren verschieden sind. Denn andernfalls wäre die Matrix $(\eta_{jl}^{(\nu)})_{1\leq j,l\leq m}$ nicht regulär; das kann aber nicht sein, da diese Matrix durch Anwendung der elementaren Umformungen I, II aus $(\eta_{jl}^{(0)})_{j,l} = I_m$ hervorgeht. Der lexikographisch kleinste unter den Vektoren $\mathbf{q}^j$ bestimmt dann die Pivotzeile.

Satz 3.4: *In jedem Tableau* (T_ν), $0 \leq \nu \leq N$, *sei das Pivotelement* $\alpha_{ik} = \alpha_{ik}^{(\nu)}$ *gemäß den Regeln* 1 *und* $\widehat{2}$ *gewählt. Dann gilt für jedes* $\nu < N$

$$(\widetilde{G}(\widetilde{\mathbf{x}}^{\nu+1}), \zeta_1^{(\nu+1)}, \dots, \zeta_m^{(\nu+1)})' \succ (\widetilde{G}(\widetilde{\mathbf{x}}^{\nu}), \zeta_1^{(\nu)}, \dots, \zeta_m^{(\nu)})'.$$

Beweis: Aufgrund der Operationen ii.1 und ii.2 in §3.3 ergibt sich unter Berücksichtigung von Lemma 3.1 sofort:

$$\mathbf{p}^i(\nu+1) = \frac{1}{\alpha_{ik}}\mathbf{p}^i(\nu) \tag{22}$$

$$\mathbf{p}^i(\nu+1) = \mathbf{p}^j(\nu) + \frac{\alpha_{jk}}{\alpha_{ik}}\mathbf{p}^i(\nu) \qquad (1 \leq j \leq m, j \neq i) \tag{23}$$

$$(\widetilde{G}(\widetilde{\mathbf{x}}^{\nu+1}), \zeta_1^{(\nu+1)}, \dots, \zeta_m^{(\nu+1)})' = (\widetilde{G}(\widetilde{\mathbf{x}}^{\nu}), \zeta_1^{(\nu)}, \dots, \zeta_m^{(\nu)})' - \frac{\gamma_k}{\alpha_{ik}}\mathbf{p}^i(\nu) \tag{24}$$

Mit Lemma 3.4 und wegen $\gamma_k < 0$, $\alpha_{ik} > 0$ ersieht man aus (24), daß zum Beweis der Behauptung, $\mathbf{p}^i(\nu) \succ \mathbf{0}$ nachzuweisen ist. Wir zeigen durch vollständige Induktion nach ν, daß sogar

$$\mathbf{p}^j(\nu) \succ \mathbf{0} \text{ für jedes } j = 1, \dots, m. \tag{25}$$

Wegen $\mathbf{b} \geq \mathbf{0}$ hat man zunächst

$$\mathbf{p}^j(0) = (b_j, 0, \dots, 0, \underset{\substack{\uparrow\\ j+1}}{1}, 0, \dots, 0)' \succ \mathbf{0}.$$

Nun sei die Gültigkeit von (25) für die Iterationsstufe ν vorausgesetzt. Dann folgt mit Lemma 3.4 und wegen $\alpha_{ik} > 0$ aus (22), (23)

$$\begin{aligned} &\mathbf{p}^i(\nu+1) \succ \mathbf{0} \\ &\mathbf{p}^j(\nu+1) \succ \mathbf{0} \quad \text{für jedes } j \text{ mit } \alpha_{jk} \leq 0. \end{aligned}$$

Für jedes $j \neq i$ mit $\alpha_{jk} > 0$ gilt aber nach Regel $\widehat{2}$b

$$\frac{1}{\alpha_{jk}}\mathbf{p}^j(\nu) \succ \frac{1}{\alpha_{ik}}\mathbf{p}^i(\nu),$$

also $\mathbf{p}^j(\nu) \succ \frac{\alpha_{jk}}{\alpha_{ik}}\mathbf{p}^i(\nu)$, und infolge von (23) dann $\mathbf{p}^j(\nu+1) \succ \mathbf{0}$.
Damit ist die Gültigkeit von (25) für die Iterationsstufe $\nu + 1$ gezeigt.

Jetzt ist die Grundlage vorhanden für den entscheidenden

Satz 3.5: Endlichkeit des erweiterten Simplexalgorithmus
Der erweiterte Simplexalgorithmus für das LP (2) *bricht nach weniger als* $N := \frac{(n+m)!^2}{n!^2 m!}$ *Schritten ab, indem die Voraussetzungen der Abbruchkriterien* I *oder* II *eintreten.*

Beweis: Angenommen, die Voraussetzungen von Satz 3.1 oder Satz 3.2 treten auf keiner Iterationsstufe $\nu < N = \binom{n+m}{m}\frac{(n+m)!}{n!}$ ein. Dann läßt sich in jedem Tableau (T_ν) mit $\nu < N$ das Pivotelement gemäß den Regeln 1 und $\widehat{2}$ wählen, und der erweiterte Simplexalgorithmus liefert Eckpunkte

$$\widetilde{\mathbf{x}}^0, \widetilde{\mathbf{x}}^1, \ldots, \widetilde{\mathbf{x}}^N,$$

für die nach Satz 3.4 gilt

$$(\widetilde{G}(\widetilde{\mathbf{x}}^\nu), \zeta_1^{(\nu)}, \ldots, \zeta_m^{(\nu)})' \prec (\widetilde{G}(\widetilde{\mathbf{x}}^{\nu+1}), \zeta_1^{(\nu+1)}, \ldots, \zeta_m^{(\nu+1)})', \qquad 0 \leq \nu < N.$$

Insbesondere folgt

$$\widetilde{G}(\widetilde{\mathbf{x}}^0) \leq \widetilde{G}(\widetilde{\mathbf{x}}^1) \leq \ldots \leq \widetilde{G}(\widetilde{\mathbf{x}}^N). \tag{26}$$

Wir zeigen nun: Gilt für μ aufeinanderfolgende Ecken

$$\widetilde{G}(\widetilde{\mathbf{x}}^\nu) = \widetilde{G}(\widetilde{\mathbf{x}}^{\nu+1}) = \ldots = \widetilde{G}(\widetilde{\mathbf{x}}^{\nu+\mu-1}), \tag{27}$$

so ist notwendig $\mu \leq \frac{(n+m)!}{n!}$. Aus (26) folgt dann, daß von den $N+1$ Ecken $\widetilde{\mathbf{x}}^0, \widetilde{\mathbf{x}}^1, \ldots, \widetilde{\mathbf{x}}^N$ jeweils höchstens $\frac{(n+m)!}{n!}$ einander gleich sind, die Anzahl der verschiedenen Ecken also größer als $\binom{n+m}{m}$ ist, was Satz 2.4 widerspricht.

Zum Beweis dieser Beziehung betrachten wir die zu den Tableaus (T_ν), $(T_{\nu+1}), \ldots$, $(T_{\nu+\mu-1})$ gehörigen Kombinationen m-ter Ordnung (mit Berücksichtigung der Anordnung)

$$\begin{array}{lll} \tilde{x}_1^B(\nu),\ \tilde{x}_2^B(\nu), & \dots, & \tilde{x}_m^B(\nu) \\ \tilde{x}_1^B(\nu+1), & \dots, & \tilde{x}_m^B(\nu+1) \\ \dots\dots\dots & & \\ \tilde{x}_1^B(\nu+\mu-1), & \dots, & \tilde{x}_m^B(\nu+\mu-1) \end{array}$$

der $n+m$ Variablen $x_1, x_2, \dots, x_n, y_1, y_2, \dots, y_m$. Es genügt zu zeigen, daß diese Kombinationen paarweise verschieden sind, da dann μ als ihre Anzahl die Anzahl $\frac{(n+m)!}{n!}$ *aller* Kombinationen m-ter Ordnung von $x_1, \dots, x_n, y_1, \dots, y_m$ nicht überschreiten kann.

Angenommen, für zwei Iterationsstufen ν_1 und ν_2, $\nu \le \nu_1 < \nu_2 < \nu + \mu$, gilt die Gleichheit

$$\tilde{x}_j^B(\nu_1) = \tilde{x}_j^B(\nu_2), \qquad j = 1, \dots, m. \tag{28}$$

Für jedes $y_l, l = 1, \dots, m$ bestehen dann die beiden Möglichekeiten:

1) $y_l = \tilde{x}_j^B(\nu_1) = \tilde{x}_j^B(\nu_2)$ mit $j \in \{1, \dots, m\}$
   Hier ist $\zeta_l^{(\nu_1)} = 0 = \zeta_l^{(\nu_2)}$.

2) $y_l = \tilde{x}_{l_1}^{NB}(\nu_1) = \tilde{x}_{l_2}^{NB}(\nu_2)$ mit $l_1, l_2 \in \{1, \dots, n\}$
   Zusammen mit (28) folgt zunächst aus der ersten Gleichung von Lemma 3.2

   $$\alpha_{jl_1}^{(\nu_1)} = \alpha_{jl_2}^{(\nu_2)}, \qquad j = 1, \dots, m$$

   und dann aus der zweiten Gleichung von Lemma 3.2

   $$\gamma_{l_1}^{(\nu_1)} = \gamma_{l_2}^{(\nu_2)}.$$

   Also ist auch hier $\zeta_l^{(\nu_1)} = \gamma_{l_1}^{(\nu_1)} = \gamma_{l_2}^{(\nu_2)} = \zeta_l^{(\nu_2)}$.

Wegen (27) ergibt sich damit insgesamt der Widerspruch

$$\left(\tilde{G}(\tilde{\mathbf{x}}^{\nu_1}), \zeta_1^{(\nu_1)}, \dots, \zeta_m^{(\nu_1)}\right) = \left(\tilde{G}(\tilde{\mathbf{x}}^{\nu_2}), \zeta_1^{(\nu_2)}, \dots, \zeta_m^{(\nu_2)}\right).$$

Beispiel 3.6: Lösung des LP (21) mit dem erweiterten Simplexalgorithmus

(T_0)	x_1	x_2	x_3	x_4	y_1	y_2	$\tilde{G}$	1	$(\mathbf{q}^j)'$	
	1	−1	−1	3	1	0	0	0	$(0,1,0)$	
	$\boxed{2}$	−1	$-\frac{1}{2}$	1	0	1	0	0	$(0,0,\frac{1}{2})$	←
	−1	−1	−3	8	0	0	1	0		
	↑									

$(\widetilde{T}_1)$

x_1	x_2	x_3	x_4	y_1	y_2	$\widetilde{G}$	1
0	$-\frac{1}{2}$	$-\frac{3}{4}$	$\frac{5}{2}$	1	$-\frac{1}{2}$	0	0
1	$-\frac{1}{2}$	$-\frac{1}{4}$	$\frac{1}{2}$	0	$\frac{1}{2}$	0	0
0	$-\frac{3}{2}$	$-\frac{13}{4}$	$\frac{17}{2}$	0	$\frac{1}{2}$	1	0

(T_1)

y_2	x_2	x_3	x_4	y_1	x_1	$\widetilde{G}$	1
$-\frac{1}{2}$	$-\frac{1}{2}$	$-\frac{3}{4}$	$\frac{5}{2}$	1	0	0	0
$\frac{1}{2}$	$-\frac{1}{2}$	$-\frac{1}{4}$	$\frac{1}{2}$	0	1	0	0
$\frac{1}{2}$	$-\frac{3}{2}$	$-\frac{13}{4}$	$\frac{17}{2}$	0	0	1	0

Bei jeder möglichen Wahl der Pivotspalte erfolgt
Abbruch gemäß Kriterium II. Kein Zyklus!

$$\sup_{\mathbf{x}\in\mathcal{M}} G(\mathbf{x}) = +\infty$$

Als Folgerung aus den Sätzen 3.1, 3.2 und 3.5 erhält man schließlich

Satz 3.6: *Ist in dem LP (2) $\mathbf{b} \geq \mathbf{0}$ und die Zielfunktion auf dem zulässigen Bereich nach oben beschränkt, so existiert eine Optimallösung.*

3.6 Abschwächung der Voraussetzung (V)

Jetzt sei nur Voraussetzung (V′) erfüllt, d.h. es sei ein beliebiger Eckpunkt $\mathbf{e}$ von $\mathcal{M}$ bzw. $\widetilde{\mathbf{e}}$ von $\widetilde{\mathcal{M}}$ gegeben. B sei eine fest gewählte Basis von $\widetilde{\mathbf{e}}$. Diese besteht aus m Spalten der Matrix $\widetilde{A} = (A, I_m)$. Die Anzahl der darunter befindlichen Spalten von A bezeichnen wir mit $-\nu_0$ ($\nu_0 \in \mathbb{Z}, \nu_0 \leq 0$). Die restlichen Spalten von B sind dann kanonische Einheitsvektoren

$$\mathbf{u}^j = (0, \ldots, 0, \underset{\substack{\uparrow \\ j}}{1}, 0, \ldots, 0)'$$

des $\mathbb{R}^m$. Es ist also

$$B = (\mathbf{a}^{l_1}, \ldots, \mathbf{a}^{l_{-\nu_0}}, \mathbf{u}^{j_1}, \ldots, \mathbf{u}^{j_{m+\nu_0}}).$$

Nach §2.4.2 gilt $B\widetilde{\mathbf{e}}_B = \mathbf{b}$, also ist $\widetilde{\mathbf{e}}_B$ die eindeutig bestimmte Lösung des LGS

$$B\mathbf{z} = \mathbf{b},$$

wobei $\mathbf{z} := (x_{l_1}, \ldots, x_{l_{-\nu_0}}, y_{j_1}, \ldots, y_{j_{m+\nu_0}})'$ gesetzt wurde. Dieses LGS kann gelöst werden, indem man die Matrix B durch die elementaren Umformungen I, II und III in die Gestalt I_m bringt. Es geht dabei in die Form

$$I_m \pi(\mathbf{z}) = \pi(\widetilde{\mathbf{e}}_B)$$

über, wobei $\pi(.)$ eine bestimmte, durch Anwendung von III sich ergebende, Permutation der Komponenten anzeigen soll.

Es ist theoretisch bedeutsam, daß sich die Umformung von $(B, \mathbf{b})$ zu $(I_m, \pi(\widetilde{\mathbf{e}}_B))$ durch Austauschschritte der in §3.3 beschriebenen Art in das LP $(\widetilde{2})$ darstellenden Tableaus realisieren läßt, ausgehend von dem Tableau

(T_{ν_0})

$x_1 \; \ldots \; x_n$	$y_1 \; \ldots \; y_m$	$\widetilde{G}$	1
A	I_m	$\mathbf{0}$	$\mathbf{b}$
$-\mathbf{c}'$	$\mathbf{0}'$	1	0

durch Übergang zu äquivalenten Tableaus $(T_{\nu_0+1}), \ldots, (T_0)$ der Gestalt

(T_ν)

$\widetilde{x}_1^{NB}(\nu) \; \ldots \; \widetilde{x}_n^{NB}(\nu)$	$\widetilde{x}_1^{B}(\nu) \; \ldots \; \widetilde{x}_m^{B}(\nu)$	$\widetilde{G}$	1
A_ν	I_m	$\mathbf{0}$	$\boldsymbol{\beta}^\nu$
$(\boldsymbol{\gamma}^\nu)'$	$\mathbf{0}'$	1	$\beta_0^{(\nu)}$

mit $\nu_0 \leq \nu \leq 0$.

Dabei werden die Umformungen wie in §3.3 ii.1 - ii.3 beschrieben durchgeführt, jedoch ohne die dortigen Forderungen iii zu berücksichtigen. Die Wahl der Pivotelemente geht einfacher auf folgende Weise vonstatten. Es sei $1 \leq i \leq m$ mit $i \notin \{j_1, \ldots, j_{m+\nu_0}\}$. Wegen $\operatorname{Rg} B = m$ gibt es ein $k \in \{l_1, \ldots, l_{-\nu_0}\}$, so daß $\alpha_{ik}^{(\nu_0)} = a_{ik} \neq 0$ ist. Man wähle a_{ik} als Pivotelement in (T_{ν_0}) und tausche x_k gegen y_i aus. Dann sei $1 \leq i' \leq m$ mit $i' \notin \{i, j_1, \ldots, j_{m+\nu_0}\}$. Wegen der Invarianz des Ranges von B unter den Umformungen I, II, III gibt es ein $k' \in \{l_1, \ldots, l_{-\nu_0}\} \backslash \{k\}$, so daß $\alpha_{i'k'}^{(\nu_0+1)} \neq 0$ ist. Man wähle $\alpha_{i'k'}^{(\nu_0+1)}$ als Pivotelement in (T_{ν_0+1}) und tausche $x_{k'}$ gegen $y_{i'}$ aus. So fahre man fort, bis nach $-\nu_0$ Schritten

$$\{i, i', \ldots, i^{(-\nu_0)}, j_1, \ldots, j_{m+\nu_0}\} = \{1, 2, \ldots, m\}$$

und (T_0) erreicht ist.

Es ist dann $\boldsymbol{\beta}^0 = \pi(\widetilde{\mathbf{e}}_B) \geq \mathbf{0}$ (und $(\widetilde{x}_1^B(0), \ldots, \widetilde{x}_m^B(0))' = \pi(\mathbf{z})$) und damit (T_0) als Start-Tableau für den Simplexalgorithmus geeignet.

Beispiel 3.7:

$$\left.\begin{array}{llllll} \max & -2x_1 & -4x_2 & -6x_3 & & \\ \text{bez.} & -x_1 & -x_2 & & \leq & -1 \\ & & -x_2 & -3x_3 & \leq & -2 \\ & & -2x_2 & -4x_3 & \leq & -4 \\ & \multicolumn{5}{l}{x_1 \geq 0, x_2 \geq 0, x_3 \geq 0} \end{array}\right\} \quad (29)$$

Ausgangstableau (T_{ν_0})

x_1 ↓	x_2	x_3 ↓	y_1	y_2 ↓	y_3	$\widetilde{G}$	1
−1	−1	0	1	0	0	0	−1
0	−1	−3	0	1	0	0	−2
0	−2	−4	0	0	1	0	−4
2	4	6	0	0	0	1	0

Voraussetzung (V) ist nicht erfüllt, dafür aber Voraussetzung (V'): $\widetilde{\mathbf{e}} = (1, 0, 1, 0, 1, 0)'$ ist ein Eckpunkt von $\widetilde{\mathcal{M}}$. Er ist nicht entartet und hat die Basis

$$B = \begin{pmatrix} -1 & 0 & 0 \\ 0 & -3 & 1 \\ 0 & -4 & 0 \end{pmatrix},$$

also ist $\nu_0 = -2$. Als Pivotelement in (T_{-2}) wählen wir $a_{11} = -1$.

($\widetilde{T}_{-1}$)

x_1	x_2	x_3	y_1	y_2	y_3	$\widetilde{G}$	1
1	1	0	−1	0	0	0	1
0	−1	−3	0	1	0	0	−2
0	−2	−4	0	0	1	0	−4
0	2	6	2	0	0	1	−2

(T_{-1})

y_1	x_2	x_3	x_1	y_2	y_3	$\widetilde{G}$	1	
−1	1	0	1	0	0	0	1	
0	−1	−3	0	1	0	0	−2	
0	−2	**[−4]**	0	0	1	0	−4	←
2	2	6	0	0	0	1	−2	
		↑						

$(\widetilde{T}_0)$

y_1	x_2	x_3	x_1	y_2	y_3	$\widetilde{G}$	1
-1	1	0	1	0	0	0	1
0	$\frac{1}{2}$	0	0	1	$-\frac{3}{4}$	0	1
0	$\frac{1}{2}$	1	0	0	$-\frac{1}{4}$	0	1
2	-1	0	0	0	$\frac{3}{2}$	1	-8

(T_0)

y_1	x_2	y_3	x_1	y_2	x_3	$\widetilde{G}$	1	Q_j	
-1	$\boxed{1}$	0	1	0	0	0	1	1	$\leftarrow$
0	$\frac{1}{2}$	$-\frac{3}{4}$	0	1	0	0	1	2	
0	$\frac{1}{2}$	$-\frac{1}{4}$	0	0	1	0	1	2	
2	-1	$\frac{3}{2}$	0	0	0	1	-8		
	$\uparrow$								

$$\widetilde{\mathbf{x}}^0 = (1,0,1,0,1,0)' = \widetilde{\mathbf{e}}, \quad \mathbf{x}^0 = (1,0,1)', \quad G(\mathbf{x}^0) = \widetilde{G}(\widetilde{\mathbf{x}}^0) = -8$$

$(\widetilde{T}_1)$

y_1	x_2	y_3	x_1	y_2	x_3	$\widetilde{G}$	1
-1	1	0	1	0	0	0	1
$\frac{1}{2}$	0	$-\frac{3}{4}$	$-\frac{1}{2}$	1	0	0	$\frac{1}{2}$
$\frac{1}{2}$	0	$-\frac{1}{4}$	$-\frac{1}{2}$	0	1	0	$\frac{1}{2}$
1	0	$\frac{3}{2}$	1	0	0	1	-7

(T_1)

y_1	x_1	y_3	x_2	y_2	x_3	$\widetilde{G}$	1
-1	1	0	1	0	0	0	1
$\frac{1}{2}$	$-\frac{1}{2}$	$-\frac{3}{4}$	0	1	0	0	$\frac{1}{2}$
$\frac{1}{2}$	$-\frac{1}{2}$	$-\frac{1}{4}$	0	0	1	0	$\frac{1}{2}$
$\boxed{1}$	$\boxed{1}$	$\boxed{\frac{3}{2}}$	0	0	0	1	-7

Hier sind alle $\gamma_l \geq 0$, also erfolgt Abbruch gemäß Kriterium I.

$$\widetilde{\mathbf{x}}^1 = (0,1,\frac{1}{2},0,\frac{1}{2},0)', \quad \mathbf{x}^* = \mathbf{x}^1 = (0,1,\frac{1}{2})', \quad G(\mathbf{x}^*) = -7$$

Da bei dem Beweis von Lemma 3.2 die Forderungen F1, F2 nicht benötigt wurden, dürfen wir festhalten:

Bemerkung: Die Formeln von Lemma 3.2 gelten für alle $\nu = \nu_0, \nu_0 + 1, \ldots, 0, 1, \ldots$.

In der Praxis ist es nicht notwendig, (T_0) über die Abfolge der angegebenen $-\nu_0$ Tableaus zu berechnen. Mit weniger Schreibaufwand kommt man zum Ziel, wenn man das gegebene LP $(\widetilde{2})$ zunächst in dem Tableau

x_l $\left(\substack{1\leq l\leq n,\\ l\neq l_1,\ldots,l_{-\nu_0}}\right)$		y_j $\left(\substack{1\leq j\leq m,\\ j\neq j_1,\ldots,j_{m+\nu_0}}\right)$		$\mathbf{z}'$	$\widetilde{G}$	1
$\mathbf{a}^l$	...	$\mathbf{u}^j$	...	B	$\mathbf{0}$	$\mathbf{b}$
$-c_l$	...	0	...	$-c_{l_1}\ldots-c_{l_{-\nu_0}}\;0\ldots0$	1	0
Bereich 1				Bereich 2		

darstellt und dieses mit Hilfe der Umformungen I, II, III unmittelbar in die äquivalente Form

(T_0)

$x_l \;\ldots\; y_j \;\ldots$	$\pi(\mathbf{z})'$	$\widetilde{G}$	1
A_0	I_m	$\mathbf{0}$	$\pi(\widetilde{\mathbf{e}}_B)$
$(\boldsymbol{\gamma}^0)'$	$\mathbf{0}'$	1	$\beta_0^{(0)}$

bringt. Dabei ist die Reihenfolge der Spalten innerhalb jedes der beiden Bereiche 1, 2 beliebig.

Beispiel 3.8: Wir berechnen Tableau (T_0) für das LP (29) auf die zuletzt genannte Weise. Im Bereich 1 sind die Spalten zu x_2, y_1, y_3 unterzubringen, im Bereich 2 die zu x_1, x_3, y_2.

y_1	x_2	y_3	x_1	y_2	x_3	$\widetilde{G}$	1	
1	−1	0	−1	0	0	0	−1	$\mid\cdot(-1)\mid\cdot 2$
0	−1	0	0	1	−3	0	−2	
0	−2	1	0	0	−4	0	−4	
0	4	0	2	0	6	1	0	←+

y_1	x_2	y_3	x_1	y_2	x_3	$\widetilde{G}$	1	
−1	1	0	1	0	0	0	1	
0	−1	0	0	1	−3	0	−2	←+
0	−2	1	0	0	−4	0	−4	$\mid\cdot(-\frac{1}{4})\mid\cdot(-\frac{3}{4})\mid\cdot\frac{3}{2}$
2	2	0	0	0	6	1	−2	←+

(T_0)

y_1	x_2	y_3	x_1	y_2	x_3	$\widetilde{G}$	1
-1	1	0	1	0	0	0	1
0	$\frac{1}{2}$	$-\frac{3}{4}$	0	1	0	0	1
0	$\frac{1}{2}$	$-\frac{1}{4}$	0	0	1	0	1
2	-1	$\frac{3}{2}$	0	0	0	1	-8

Schließlich läßt sich auf Grund des in diesem Abschnitt dargestellen Verfahrens Satz 3.6 mit Hilfe von Satz 2.5 verschärfen zu

Satz 3.7: *Ist der zulässige Bereich $\mathcal{M}$ des LP* (2) *nicht leer und die Zielfunktion auf $\mathcal{M}$ nach oben beschränkt, so existiert eine Optimallösung.*

Um eine Optimallösung von (2) tatsächlich berechnen zu können, ist jedoch die explizite Kenntnis eines Eckpunktes von $\mathcal{M}$ erforderlich. Man beachte, daß der Beweis von Satz 2.5 nicht konstruktiv ist!

Übungsaufgaben

20. Man löse das LP der Aufgabe 1 mit dem Simplexalgorithmus und skizziere sowohl den Verlauf der Eckensuche als auch den zulässigen Bereich in einem zweidimensionalen Koordinatensystem.

21. Zur Herstellung zweier Produkte P_1, P_2 werden drei Maschinen M_1, M_2, M_3 benötigt, wobei über den Verkaufsgewinn, die Fertigungszeit (Std.) pro Mengeneinheit (M.E.) und die zur Verfügung stehenden Betriebszeiten folgende Angaben bekannt sind:

	P_1	P_2	zur Verfügung stehende Betriebszeit
Maschine M_1	2	1	120
Maschine M_2	1	1	70
Maschine M_3	1	3	150
Gewinn pro M.E.	10	15	

Man löse das Produktionsproblem mit Hilfe des Simplexalgorithmus. Für jeden der dabei erzeugten Eckpunkte $\widetilde{\mathbf{x}}^\nu$ gebe man die zugehörige Basis B_ν an. Zur Kontrolle löse man das Problem graphisch.

22. (Nach [14], S.69f.) Gegeben sei das LP

$$\begin{array}{ll} \max & x_1 + 2x_2 + 4x_3 \\ \text{bez.} & \mathbf{x} \in \mathcal{M}, \end{array}$$

wobei $\mathcal{M}$ den skizzierten Bereich, bestehend aus einem Quader mit aufgesetzter Pyramide, darstellt.

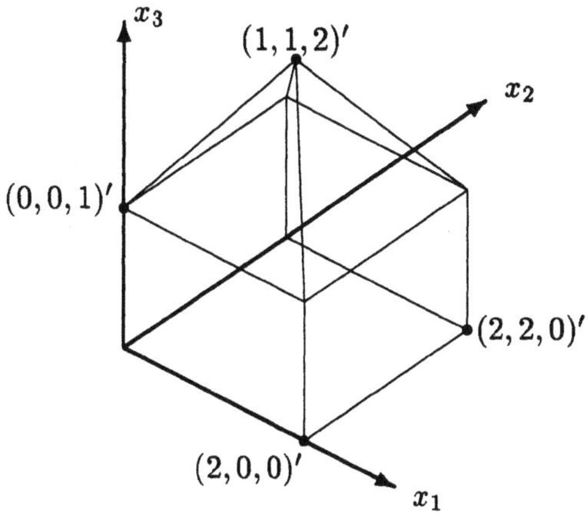

Man bringe das Programm in die Grundform (2) und löse es mit dem Simplexalgorithmus. Zeichne die durchlaufenen Ecken $\mathbf{x}^\nu$ in die Skizze ein. Welche der zugehörigen Ecken $\widetilde{\mathbf{x}}^\nu$ sind entartet?

23. Man löse die folgenden Programme:

a)
$$\begin{array}{ll} \max & 2x_1 + 3x_2 + 3x_3 \\ \text{bez.} & -3x_1 + 2x_2 \leq 60 \\ & -x_1 + x_2 + 4x_3 \leq 10 \\ & -2x_1 - 2x_2 + 5x_3 \leq 50 \\ & x_1, x_2, x_3 \geq 0 \end{array}$$

b)
$$\begin{array}{ll} \max & 2x_1 - x_2 + 8x_3 \\ \text{bez.} & 2x_1 - 4x_2 + 6x_3 \leq 3 \\ & -x_1 + 3x_2 + 4x_3 \leq 2 \\ & 2x_3 \leq 1 \\ & x_1, x_2, x_3 \geq 0 \end{array}$$

c)
$$\begin{array}{ll} \max & 13x_2 - 6x_3 + x_4 \\ \text{bez.} & -4x_1 + 7x_2 + x_3 - x_4 \leq 10 \\ & -2x_1 + 6x_2 + 2x_3 - 3x_4 \leq 20 \\ & -5x_2 + 3x_3 - x_4 \leq 60 \\ & x_1, x_2, x_3, x_4 \geq 0 \end{array}$$

d)
$$\begin{array}{ll} \max & 2x_1 + 4x_2 + x_3 + x_4 \\ \text{bez.} & x_1 + 3x_2 + x_4 \leq 4 \\ & 2x_1 + x_2 \leq 3 \\ & x_2 + 4x_3 + x_4 \leq 3 \\ & x_1, x_2, x_3, x_4 \geq 0 \end{array}$$

24. Man zeige, daß im Tableau $(T_{\nu+1})$ genau dann Ausartung auftritt, wenn im Tableau (T_ν) die Pivotzeile nicht eindeutig bestimmt ist. Genauer:
Es seien $\widetilde{\mathbf{x}}^\nu$ nicht entartet und α_{ik} ein gemäß den Regeln 1 und 2 gewähltes

Pivotelement in (T_ν). Dann gilt:
$\widetilde{\mathbf{x}}^{\nu+1}$ ist genau dann entartet, wenn es ein $i' \neq i$ gibt, so daß auch $\alpha_{i'k}$ der Regel 2 genügt.

25. Man verifiziere das Auftreten eines Zyklus in dem Simplexalgorithmus, angewandt auf das LP

$$\begin{array}{lrcl}
\max & 10x_1 - 57x_2 - 9x_3 - 24x_4 & & \\
\text{bez.} & \frac{1}{2}x_1 - \frac{11}{2}x_2 - \frac{5}{2}x_3 + 9x_4 & \leq & 0 \\
& \frac{1}{2}x_1 - \frac{3}{2}x_2 - \frac{1}{2}x_3 + x_4 & \leq & 0 \\
& x_1 & \leq & 1 \\
& x_1, x_2, x_3, x_4 \geq 0, & &
\end{array}$$

wenn man als Pivotspalte k und Pivotzeile i nacheinander wählt

k	1	2	3	4	1	2
i	1	2	1	2	1	2

(Dieses Beispiel stammt aus [4].) Anschließend löse man das LP mit dem erweiterten Simplexalgorithmus.

26. Für jedes der folgenden linearen Programme ist eine Ecke $\mathbf{e}$ des zulässigen Bereiches $\mathcal{M}$ angegeben:

a)
$$\begin{array}{lrcl}
\max & 2x_1 + x_2 + 3x_3 + 2x_4 & & \\
\text{bez.} & x_1 + 2x_2 + x_3 + 2x_4 & \leq & 12 \\
& -3x_1 - 4x_2 - 2x_3 - 5x_4 & \leq & -20 \\
& \mathbf{x} \geq \mathbf{0}; & & \\
\text{Ecke} & \mathbf{e} = (0, 0, 10, 0)' & &
\end{array}$$

b)
$$\begin{array}{lrcl}
\max & 2x_1 + x_2 + 3x_3 + 2x_4 & & \\
\text{bez.} & x_1 - 2x_2 + x_3 - 2x_4 & \leq & 12 \\
& -3x_1 - 4x_2 + 2x_3 - 5x_4 & \leq & -20 \\
& \mathbf{x} \geq \mathbf{0}; & & \\
\text{Ecke} & \mathbf{e} = (0, 5, 0, 0)' & &
\end{array}$$

c)
$$\begin{array}{lrcl}
\max & x_1 + 5x_2 + 2x_3 & & \\
\text{bez.} & 4x_1 + x_2 + 3x_3 & \leq & 6 \\
& 3x_1 + 2x_2 + 6x_3 & \leq & 12 \\
& - x_1 - 4x_2 - 2x_3 & \leq & -8 \\
& \mathbf{x} \geq \mathbf{0}; & & \\
\text{Ecke} & \mathbf{e} = (0, 2, 0)' & &
\end{array}$$

Man löse diese Programme gemäß dem Verfahren von §3.6 über die Abfolge der Tableaus $(T_{\nu_0}), (T_{\nu_0+1}), \ldots$.

4 Lösung des allgemeinen linearen Programms

Im letzten Abschnitt blieb das Problem offen, für den Fall, daß der zulässige Bereich $\mathcal{M}$ des LP (2) nicht leer ist, eine Ecke von $\mathcal{M}$ zu finden.Diese Aufgabe kann ebenfalls mit Hilfe des Simplexalgorithmus in einem Hilfsprogramm gelöst werden. Das Hilfsprogramm geht allerdings nicht von der Grundform aus, sondern von einer äquivalenten Form, in die das LP (2) erst transformiert werden muß. Wir diskutieren daher gleich die Lösung eines LP in seiner allgemeinsten Gestalt.

4.1 Transformation auf die beiden Grundformen

Gegeben sei das allgemeine LP

$$\max \quad (\min) \quad G(\mathbf{x}) = \mathbf{c}'\mathbf{x} \tag{30a}$$

$$\text{bez.} \quad \sum_{k=1}^{n} a_{ik}\, x_k \leq b_i \qquad \text{für } i = 1, \ldots, m_0 \tag{30b}$$

$$\sum_{k=1}^{n} a'_{ik}\, x_k = b'_i \qquad \text{für } i = 1, \ldots, m_1 \tag{30c}$$

$$\sum_{k=1}^{n} a''_{ik}\, x_k \geq b''_i \qquad \text{für } i = 1, \ldots, m_2 \tag{30d}$$

$$\begin{array}{lll} x_k \geq 0 & \text{für} & k \in \mathcal{J}_1 \\ x_k \leq 0 & \text{für} & k \in \mathcal{J}_2 \\ x_k \text{ frei} & \text{für} & k \in \mathcal{J}_3 \end{array} \tag{30e}$$

mit einer gewissen Zerlegung der Indexmenge

$$\mathcal{J}_1 \cup \mathcal{J}_2 \cup \mathcal{J}_3 = \{1, 2, \ldots, n\}.$$

Dabei wird die Variable x_k *frei* genannt, wennn sie keiner Vorzeichenbedingung unterworfen ist.

Lemma 4.1: *Jedes LP* (30) *kann transformiert werden*

a) in ein äquivalentes LP der Grundform

$$\left.\begin{array}{lrcl} \max & \widehat{G}(\widehat{\mathbf{x}}) & = & \widehat{\mathbf{c}}'\widehat{\mathbf{x}} \\ \text{bez.} & \widehat{A}\widehat{\mathbf{x}} & \leq & \widehat{\mathbf{b}} \\ & \widehat{\mathbf{x}} & \geq & \mathbf{0} \end{array}\right\} \tag{$\widehat{30}$}$$

b) in ein äquivalentes LP der Form

$$\left.\begin{array}{lrcll} \max & \widetilde{G}(\widetilde{\mathbf{x}}) & = & \widetilde{\mathbf{c}}'\widetilde{\mathbf{x}} & \\ \text{bez.} & \widetilde{A}\widetilde{\mathbf{x}} & = & \widetilde{\mathbf{b}} & \text{mit } \widetilde{\mathbf{b}} \geq \mathbf{0} \\ & \widetilde{\mathbf{x}} & \geq & \mathbf{0} & \end{array}\right\} \tag{$\widetilde{30}$}$$

Beweis: Jede Zahl läßt sich als Differenz zweier positiver Zahlen darstellen. Also ersetze man

$$\begin{array}{llll} \text{ein freies } x_k & \text{durch} & \widehat{x}_{k+} - \widehat{x}_{k-} & \text{mit} \quad \widehat{x}_{k+}, \widehat{x}_{k-} \geq 0 \\ x_k \text{ mit } x_k \leq 0 & \text{durch} & -\widehat{x}_k & \text{mit} \quad \widehat{x}_k \geq 0 \end{array}$$

und dementsprechend

$$\max \sum_{k=1}^{n} c_k x_k \quad \text{durch} \quad \max \Big(\sum_{k \in \mathcal{J}_1} c_k x_k + \sum_{k \in \mathcal{J}_2} (-c_k) \widehat{x}_k + \sum_{k \in \mathcal{J}_3} c_k \widehat{x}_{k+} + c_k \widehat{x}_{k-} \Big)$$

bzw.

$$\min \sum_{k=1}^{n} c_k x_k \quad \text{durch} \quad \max \Big(\sum_{k \in \mathcal{J}_1} (-c_k) x_k + \sum_{k \in \mathcal{J}_2} c_k \widehat{x}_k + \sum_{k \in \mathcal{J}_3} c_k \widehat{x}_{k-} - c_k \widehat{x}_{k+} \Big),$$

kurz:

$$\text{(30a) und (30e) durch} \quad \max \widehat{\mathbf{c}}' \widehat{\mathbf{x}} \text{ und } \widehat{\mathbf{x}} \geq 0.$$

Dabei sind $\widehat{\mathbf{c}}$ und $\widehat{\mathbf{x}}$ $\widehat{n}$-Vektoren mit $\widehat{n} := n_1 + n_2 + 2n_3$, wobei n_j die Anzahl der Elemente von $\mathcal{J}_j$ bezeichnet ($j = 1, 2, 3$).

a) Die Restriktionen (30b,c,d) lassen sich analog mit geeigneten $(m_j, \widehat{n})$-Matrizen $\widehat{A}_j$, $j = 0, 1, 2$, darstellen durch

$$\begin{array}{rcl} \widehat{A}_0 \widehat{\mathbf{x}} & \leq & \mathbf{b}^0 \\ \widehat{A}_1 \widehat{\mathbf{x}} & = & \mathbf{b}^1 \\ \widehat{A}_2 \widehat{\mathbf{x}} & \geq & \mathbf{b}^2. \end{array}$$

Da gilt:

$$\begin{array}{lcl} \widehat{A}_2 \widehat{\mathbf{x}} \geq \mathbf{b}^2 & \Leftrightarrow & -\widehat{A}_2 \widehat{\mathbf{x}} \leq -\mathbf{b}^2 \\ \widehat{A}_1 \widehat{\mathbf{x}} = \mathbf{b}^1 & \Leftrightarrow & \widehat{A}_1 \widehat{\mathbf{x}} \leq \mathbf{b}^1 \text{ und } -\widehat{A}_1 \widehat{\mathbf{x}} \leq -\mathbf{b}^1, \end{array}$$

geht das LP (30) in die Grundform $(\widehat{30})$ über, wenn man setzt

$$\widehat{A} := \begin{pmatrix} \widehat{A}_0 \\ \widehat{A}_1 \\ -\widehat{A}_1 \\ -\widehat{A}_2 \end{pmatrix} \quad \text{und } \widehat{\mathbf{b}} := \begin{pmatrix} \mathbf{b}^0 \\ \mathbf{b}^1 \\ -\mathbf{b}^1 \\ -\mathbf{b}^2 \end{pmatrix}.$$

b) Multipliziert man die Restriktionen (30b,c,d) gegebenenfalls mit -1, so lassen sie sich schreiben als

$$\begin{array}{rclll} \widetilde{A}_0 \widehat{\mathbf{x}} & \leq & \widetilde{\mathbf{b}}^0 & \text{mit } \widetilde{\mathbf{b}}^0 & \geq \mathbf{0} \\ \widetilde{A}_1 \widehat{\mathbf{x}} & = & \widetilde{\mathbf{b}}^1 & \text{mit } \widetilde{\mathbf{b}}^1 & \geq \mathbf{0} \\ \widetilde{A}_2 \widehat{\mathbf{x}} & \geq & \widetilde{\mathbf{b}}^2 & \text{mit } \widetilde{\mathbf{b}}^2 & \geq \mathbf{0}\ ; \end{array}$$

dabei sind $\widetilde{A}_j$ geeignete $(\widetilde{m}_j, \widehat{n})$ - Matrizen und $\widetilde{\mathbf{b}}^j$ geeignete $\widetilde{m}_j$-Vektoren, $j = 0, 1, 2$.

Einführung von Schlupfvariablen wie in Abschnitt 2.2 ergibt

$$\begin{aligned} \widetilde{A}_0\widehat{\mathbf{x}} + \mathbf{y} &= \widetilde{\mathbf{b}}^0 \quad \text{mit} \quad \mathbf{y} \geq \mathbf{0} \\ \widetilde{A}_2\widehat{\mathbf{x}} - \widehat{\mathbf{y}} &= \widetilde{\mathbf{b}}^2 \quad \text{mit} \quad \widehat{\mathbf{y}} \geq \mathbf{0} \;, \end{aligned}$$

also insgesamt

$$\widetilde{A}\widetilde{\mathbf{x}} = \widetilde{\mathbf{b}}$$

mit der $(\widetilde{m}_0 + \widetilde{m}_1 + \widetilde{m}_2, \widehat{n} + \widetilde{m}_0 + \widetilde{m}_2) =: (r, s)$ - Matrix

$$\widetilde{A} := \left(\begin{array}{c|c|c} \widetilde{A}_0 & I_{\widetilde{m}_0} & 0 \\ \hline \widetilde{A}_1 & 0 & 0 \\ \hline \widetilde{A}_2 & 0 & -I_{\widetilde{m}_2} \end{array}\right)$$

und dem s - Vektor bzw. r - Vektor

$$\widetilde{\mathbf{x}} = \begin{pmatrix} \widehat{\mathbf{x}} \\ \mathbf{y} \\ \widehat{\mathbf{y}} \end{pmatrix} \geq \mathbf{0} \quad \text{bzw.} \quad \widetilde{\mathbf{b}} = \begin{pmatrix} \widetilde{\mathbf{b}}^0 \\ \widetilde{\mathbf{b}}^1 \\ \widetilde{\mathbf{b}}^2 \end{pmatrix} \geq \mathbf{0}$$

Setzt man noch $\widetilde{\mathbf{c}} := \begin{pmatrix} \widehat{\mathbf{c}} \\ \mathbf{0} \\ \mathbf{0} \end{pmatrix}$, so erhält man $(\widetilde{30})$.

Im Anschluß an Lemma 4.1 ist die Beziehung der Eckpunkte des zulässigen Bereiches

$$\widehat{\mathcal{M}} = \{\widehat{\mathbf{x}} \in \mathbb{R}^{\widehat{n}} : \widehat{A}\widehat{\mathbf{x}} \leq \widehat{\mathbf{b}},\ \widehat{\mathbf{x}} \geq \mathbf{0}\}$$

von $(\widehat{30})$ zu den Eckpunkten des zulässigen Bereiches

$$\widetilde{\mathcal{M}} = \{\widetilde{\mathbf{x}} \in \mathbb{R}^{s} : \widetilde{A}\widetilde{\mathbf{x}} = \widetilde{\mathbf{b}},\ \widetilde{\mathbf{x}} \geq \mathbf{0}\}$$

von $(\widetilde{30})$ zu klären. Zunächst geht aus dem Beweis von Lemma 4.1 hervor, daß zwischen den Punkten von $\widehat{\mathcal{M}}$ und $\widetilde{\mathcal{M}}$ eine umkehrbar eindeutige Zuordnung besteht, indem

$$\widehat{\mathbf{x}} \in \widehat{\mathcal{M}} \text{ auf } \begin{pmatrix} \widehat{\mathbf{x}} \\ \widetilde{\mathbf{b}}^0 - \widetilde{A}_0\widehat{\mathbf{x}} \\ \widetilde{A}_2\widehat{\mathbf{x}} - \widetilde{\mathbf{b}}^2 \end{pmatrix} \in \widetilde{\mathcal{M}}$$

und umgekehrt

$$\widetilde{\mathbf{x}} = \begin{pmatrix} \widehat{\mathbf{x}} \\ \mathbf{y} \\ \widehat{\mathbf{y}} \end{pmatrix} \in \widetilde{\mathcal{M}} \text{ auf } \widehat{\mathbf{x}} \in \widehat{\mathcal{M}}$$

abgebildet wird. Analog zu Satz 2.2 gilt nun, daß diese Zuordnung Eckpunkte auf Eckpunkte abbildet:

Lemma 4.2: *Ein Punkt* $\widetilde{\mathbf{x}} = \begin{pmatrix} \widehat{\mathbf{x}} \\ \mathbf{y} \\ \widehat{\mathbf{y}} \end{pmatrix}$ *des zulässigen Bereiches* $\widetilde{\mathcal{M}}$ *von* $(\widetilde{30})$ *ist genau dann ein Eckpunkt von* $\widetilde{\mathcal{M}}$, *wenn* $\widehat{\mathbf{x}}$ *ein Eckpunkt des zulässigen Bereiches* $\widehat{\mathcal{M}}$ *von* $(\widehat{30})$ *ist.*

Beweis: a) Ist $\widehat{\mathbf{x}}$ kein Eckpunkt von $\widehat{\mathcal{M}}$, dann gibt es Punkte $\widehat{\mathbf{u}} \neq \widehat{\mathbf{v}}$ in $\widehat{\mathcal{M}}$ und ein $0 < \lambda < 1$, so daß

$$\widehat{\mathbf{x}} = \lambda\widehat{\mathbf{u}} + (1-\lambda)\widehat{\mathbf{v}}.$$

Mit $\widetilde{\mathbf{u}} = \begin{pmatrix} \widehat{\mathbf{u}} \\ \widetilde{\mathbf{b}}^0 - \widetilde{A}_0\widehat{\mathbf{u}} \\ \widetilde{A}_2\widehat{\mathbf{u}} - \widetilde{\mathbf{b}}^2 \end{pmatrix}$, $\widetilde{\mathbf{v}} = \begin{pmatrix} \widehat{\mathbf{v}} \\ \widetilde{\mathbf{b}}^0 - \widetilde{A}_0\widehat{\mathbf{v}} \\ \widetilde{A}_2\widehat{\mathbf{v}} - \widetilde{\mathbf{b}}^2 \end{pmatrix}$ gilt nun

$$\widetilde{\mathbf{x}} = \lambda\widetilde{\mathbf{u}} + (1-\lambda)\widetilde{\mathbf{v}},$$

wie man sofort nachprüft. Also ist $\widetilde{\mathbf{x}}$ kein Eckpunkt von $\widetilde{\mathcal{M}}$.

b) Ist $\widetilde{\mathbf{x}}$ kein Eckpunkt von $\widetilde{\mathcal{M}}$, dann gibt es Punkte $\widetilde{\mathbf{u}} \neq \widetilde{\mathbf{v}}$ in $\widetilde{\mathcal{M}}$ und ein $0 < \lambda < 1$, so daß

$$\widetilde{\mathbf{x}} = \lambda\widetilde{\mathbf{u}} + (1-\lambda)\widetilde{\mathbf{v}}$$

Die ersten $\widehat{n}$ Komponenten dieser Vektorgleichung ergeben

$$\widehat{\mathbf{x}} = \lambda\widehat{\mathbf{u}} + (1-\lambda)\widehat{\mathbf{v}},$$

und damit ist $\widehat{\mathbf{x}}$ kein Eckpunkt von $\widehat{\mathcal{M}}$.

Mit dem im folgenden Abschnitt 4.2 beschriebenen Hilfsprogramm ist es nun möglich, eine Ecke von $\widetilde{\mathcal{M}}$ und somit auch von $\widehat{\mathcal{M}}$ zu berechnen (falls überhaupt $\widetilde{\mathcal{M}}$, $\widehat{\mathcal{M}}$ nicht leer sind). Damit wird das in §3 entwickelte Verfahren zur Lösung eines LP in Grundform vollständig. Aufgrund von Lemma 4.1a kann dann jedes LP gelöst werden.

Wegen der Bedeutung des in Lemma 4.1b auftretenden Typs von linearen Programmen erklären wir in

Definition 4.1: Unter einem *LP in zweiter Grundform* versteht man eine Aufgabe

$$\left.\begin{array}{lrcll} \max & G(\mathbf{x}) & = & \mathbf{c}'\mathbf{x} & \\ \text{bez.} & A\mathbf{x} & = & \mathbf{b} & \text{mit} \quad \mathbf{b} \geq \mathbf{0} \\ & \mathbf{x} & \geq & \mathbf{0}. & \end{array}\right\} \qquad (31)$$

Die Grundform (2) wird gelegentlich als *erste Grundform* angesprochen.

Es ist wünschenswert, für lineare Programme in der 2. Grundform ein Starttableau für den Simplexalgorithmus auf direktem Wege bestimmen zu können. In §4.3 wird beschrieben, wie man ein solches Tableau aus dem Endtableau des Hilfsprogramms herleiten kann. Dieses Verfahren entspricht dem von §3.6.

Die folgende Übersicht zeigt die sich damit ergebenden Möglichkeiten. Der gestrichelte Pfeil im linken Teil soll andeuten, daß man hier auf Probierverfahren angewiesen ist, falls nicht $\widehat{\mathbf{b}} \geq \mathbf{0}$.

Bestimmung eines Starttableaus (T_0)
zur Lösung des allgemeinen linearen Programms (30)

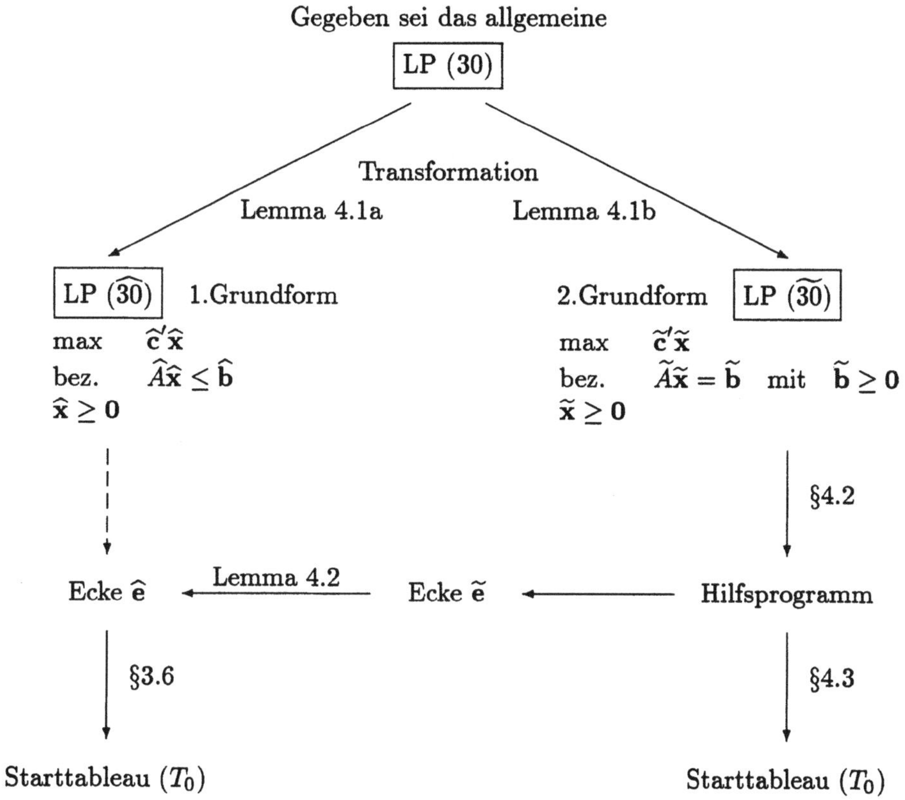

4.2 Hilfsprogramm zur Bestimmung einer Ecke

Wir gehen aus von dem LP in 2. Grundform (31) mit dem zulässigen Bereich

$$\mathcal{M} = \{\mathbf{x} \in \mathbb{R}^s : A\mathbf{x} = \mathbf{b},\ \mathbf{x} \geq \mathbf{0}\},$$

wobei $A = (a_{ik})$ eine beliebige (r, s)-Matrix und $\mathbf{b} \geq \mathbf{0}$ ist. Ziel ist die Bestimmung einer Ecke von $\mathcal{M}$, falls $\mathcal{M} \neq \emptyset$. Dazu benutzen wir das *Hilfsprogramm*:

$$\max \quad g(\mathbf{z}) = -z_1 - z_2 - \ldots - z_r \tag{32a}$$

$$\text{bez.} \quad A\mathbf{x} + \mathbf{z} = \mathbf{b} \tag{32b}$$

$$\mathbf{x} \geq \mathbf{0}, \quad \mathbf{z} \geq \mathbf{0}, \tag{32c}$$

wo $z_1, z_2, \ldots, z_r$ zusätzliche Hilfsvariablen sind.

Man setze wieder

$$\widetilde{g} = \widetilde{g}(\mathbf{x}, \mathbf{z}) := (0, \ldots, \underset{\substack{\uparrow \\ s}}{0}, -1, \ldots, -1)\begin{pmatrix} \mathbf{x} \\ \mathbf{z} \end{pmatrix},$$

so daß

$$\widetilde{g}(\mathbf{x}, \mathbf{z}) = g(\mathbf{z}). \tag{33}$$

Unter der Voraussetzung (32b) gilt

$$\sum_{k=1}^{s} a_{ik} x_k + z_i = b_i \qquad \text{für } i = 1, 2, \ldots, r. \tag{34}$$

Addition dieser r Gleichungen ergibt

$$\sum_{i=1}^{r} \sum_{k=1}^{s} a_{ik} x_k + \sum_{i=1}^{r} z_i = \sum_{i=1}^{r} b_i,$$

also mit (33)

$$\sum_{k=1}^{s} \sum_{i=1}^{r} a_{ik} x_k - \widetilde{g} = \sum_{i=1}^{r} b_i$$

und nach Multiplikation mit -1

$$\sum_{k=1}^{s} \left(- \sum_{i=1}^{r} a_{ik} \right) x_k + \widetilde{g} = - \sum_{i=1}^{r} b_i. \tag{35}$$

Damit ist für alle zulässigen Punkte $\begin{pmatrix} \mathbf{x} \\ \mathbf{z} \end{pmatrix}$ von (32) $\mathbf{z}$ aus der Zielfunktion $\widetilde{g}$ eliminiert.

Trägt man jetzt (34) und (35) in ein Tableau ein, so erhält man

x_1	x_2	$\cdots$	x_k	$\cdots$	x_s	$z_1 \cdots z_r$	$\widetilde{g}$	1	
			$\widetilde{A}$			I_r	$\mathbf{0}$	$\mathbf{b} \geq \mathbf{0}$	(HT_0)
$-\sum_{i=1}^{r} a_{i1}$	$-\sum_{i=1}^{r} a_{i2}$	$\cdots$	$-\sum_{i=1}^{r} a_{ik}$	$\cdots$	$-\sum_{i=1}^{r} a_{is}$	$0 \cdots 0$	1	$-\sum_{i=1}^{r} b_i \leq 0$	

Dieses Hilfs–Tableau stellt offensichtlich das LP (32) dar und ist wegen $\mathbf{b} \geq \mathbf{0}$ von der Gestalt gemäß Abschnitt 3.2. Es kann daher als *Start–Tableau* für den Simplexalgorithmus verwendet werden. Da

$$\widetilde{g}(\mathbf{x},\mathbf{z}) = g(\mathbf{z}) \leq 0 \text{ für alle zulässigen Punkte } \begin{pmatrix}\mathbf{x}\\ \mathbf{z}\end{pmatrix},$$

bricht der Algorithmus nach Kriterium I ab und liefert einen Maximalpunkt $\begin{pmatrix}\mathbf{x}^*\\ \mathbf{z}^*\end{pmatrix}$ des LP (32), vgl. Satz 3.5.

1. Fall: $\mathbf{z}^* \neq \mathbf{0}$ und damit $\widetilde{g}(\mathbf{x}^*,\mathbf{z}^*) = -\sum\limits_{i=1}^{r} z_i^* < 0$

Dies bedeutet aber, daß das Programm (31) keine zulässigen Punkte besitzt, also unlösbar ist:
Gäbe es nämlich ein $\mathbf{x} \in \mathcal{M}$, dann wäre $\begin{pmatrix}\mathbf{x}\\ \mathbf{0}\end{pmatrix}$ ein zulässiger Punkt von (32), was aber mit

$$0 = g(\mathbf{0}) = \widetilde{g}(\mathbf{x},\mathbf{0}) \leq \widetilde{g}(\mathbf{x}^*,\mathbf{z}^*) < 0$$

einen Widerspruch erzeugt.

2. Fall: $\mathbf{z}^* = \mathbf{0}$ und damit $\widetilde{g}(\mathbf{x}^*,\mathbf{z}^*) = 0$

In diesem Fall ergibt (32b,c)

$$A\mathbf{x}^* = \mathbf{b},\ \mathbf{x}^* \geq \mathbf{0}, \tag{36}$$

d.h. $\mathbf{x}^* \in \mathcal{M}$. $\mathbf{x}^*$ ist sogar eine Ecke von $\mathcal{M}$, wie eine zweifache Anwendung von Satz 2.3 zeigt. Da nämlich (nach Lemma 3.1) $\begin{pmatrix}\mathbf{x}^*\\ \mathbf{z}^*\end{pmatrix} = \begin{pmatrix}\mathbf{x}^*\\ \mathbf{0}\end{pmatrix}$ eine Ecke des zulässigen Bereiches von (32) ist, sind die zu Komponenten ungleich Null von $\mathbf{x}^*$ gehörigen Spalten von A linear unabhängig.

Beispiel 4.1:

$$\left.\begin{array}{lrcrcrcl}
\min & 2x_1 & + & 4x_2 & + & 6x_3 & & \\
\text{bez.} & x_1 & + & x_2 & & & \geq & 1\\
 & & & x_2 & + & 3x_3 & \geq & 2\\
 & & & 2x_2 & + & 4x_3 & \geq & 4\\
 & \multicolumn{5}{c}{x_1 \geq 0,\ x_2 \geq 0,\ x_3 \geq 0} & &
\end{array}\right\} \tag{37}$$

Transformation auf die 1.Grundform ergibt gerade das LP (29) aus Beispiel 3.7. Also ist $-G(\mathbf{x}) = -2x_1 - 4x_2 - 6x_3$ maximal für $\mathbf{x}^* = (0,1,\frac{1}{2})'$ mit $-G(\mathbf{x}^*) = -7$ und folglich $G(\mathbf{x})$ minimal für $\mathbf{x}^* = (0,1,\frac{1}{2})'$ mit $G(\mathbf{x}^*) = 7$.

Wir werden im folgenden (37) auf die 2. Grundform transformieren, um einen Eckpunkt des zulässigen Bereiches von (29) zu *berechnen.* (In Beispiel 3.7 mußte ein solcher noch *geraten* werden!)

Das LP (37) geht in die 2. Grundform $(\widetilde{37})$ über mit

$$\widetilde{A} = \begin{pmatrix} 1 & 1 & 0 & -1 & 0 & 0 \\ 0 & 1 & 3 & 0 & -1 & 0 \\ 0 & 2 & 4 & 0 & 0 & -1 \end{pmatrix}, \quad \widetilde{\mathbf{b}} = \begin{pmatrix} 1 \\ 2 \\ 4 \end{pmatrix}, \quad \widetilde{\mathbf{x}} = \begin{pmatrix} \mathbf{x} \\ \widehat{\mathbf{y}} \end{pmatrix}.$$

Nun startet das Hilfsprogramm (mit $A = \widetilde{A}$, $\mathbf{b} = \widetilde{\mathbf{b}}$, $\mathbf{x} = \widetilde{\mathbf{x}}$):

(HT_0)

x_1	x_2	x_3	$\widehat{y}_1$	$\widehat{y}_2$	$\widehat{y}_3$	z_1	z_2	z_3	$\widetilde{g}$	1	Q_j	
[1]	1	0	−1	0	0	1	0	0	0	1	1	←
0	1	3	0	−1	0	0	1	0	0	2	–	
0	2	4	0	0	−1	0	0	1	0	4	–	
−1	−4	−7	1	1	1	0	0	0	1	−7		
↑												

$(\widetilde{HT}_1)$

x_1	x_2	x_3	$\widehat{y}_1$	$\widehat{y}_2$	$\widehat{y}_3$	z_1	z_2	z_3	$\widetilde{g}$	1
1	1	0	−1	0	0	1	0	0	0	1
0	1	3	0	−1	0	0	1	0	0	2
0	2	4	0	0	−1	0	0	1	0	4
0	−3	−7	0	1	1	1	0	0	1	−6

(HT_1)

z_1	x_2	x_3	$\widehat{y}_1$	$\widehat{y}_2$	$\widehat{y}_3$	x_1	z_2	z_3	$\widetilde{g}$	1	Q_j	
1	**[1]**	0	−1	0	0	1	0	0	0	1	1	←
0	1	3	0	−1	0	0	1	0	0	2	2	
0	2	4	0	0	−1	0	0	1	0	4	2	
1	−3	−7	0	1	1	0	0	0	1	−6		
	↑											

$(\widetilde{HT}_2)$

z_1	x_2	x_3	$\widehat{y}_1$	$\widehat{y}_2$	$\widehat{y}_3$	x_1	z_2	z_3	$\widetilde{g}$	1
1	1	0	−1	0	0	1	0	0	0	1
−1	0	3	1	−1	0	−1	1	0	0	1
−2	0	4	2	0	−1	−2	0	1	0	2
4	0	−7	−3	1	1	3	0	0	1	−3

(HT_2)

z_1	x_1	x_3	$\widehat{y}_1$	$\widehat{y}_2$	$\widehat{y}_3$	x_2	z_2	z_3	$\widetilde{g}$	1	Q_j	
1	1	0	−1	0	0	1	0	0	0	1	–	
−1	−1	3	[1]	−1	0	0	1	0	0	1	1	←
−2	−2	4	2	0	−1	0	0	1	0	2	1	
4	3	−7	−3	1	1	0	0	0	1	−3		
			↑									

$(\widetilde{HT}_3)$

z_1	x_1	x_3	$\widehat{y}_1$	$\widehat{y}_2$	$\widehat{y}_3$	x_2	z_2	z_3	$\widetilde{g}$	1
0	0	3	0	−1	0	1	1	0	0	2
−1	−1	3	1	−1	0	0	1	0	0	1
0	0	−2	0	2	−1	0	−2	1	0	0
1	0	2	0	−2	1	0	3	0	1	

(HT_3)

z_1	x_1	x_3	z_2	$\widehat{y}_2$	$\widehat{y}_3$	x_2	$\widehat{y}_1$	z_3	$\widetilde{g}$	1	Q_j	
0	0	3	1	−1	0	1	0	0	0	2	–	
−1	−1	3	1	−1	0	0	1	0	0	1	–	
0	0	−2	−2	[2]	−1	0	0	1	0	0	0	←
1	0	2	3	−2	1	0	0	0	1	0		
				↑								

$(\widetilde{HT}_4)$

z_1	x_1	x_3	z_2	$\widehat{y}_2$	$\widehat{y}_3$	x_2	$\widehat{y}_1$	z_3	$\widetilde{g}$	1
0	0	2	0	0	$-\frac{1}{2}$	1	0	$\frac{1}{2}$	0	2
−1	−1	2	0	0	$-\frac{1}{2}$	0	1	$\frac{1}{2}$	0	1
0	0	−1	−1	1	$-\frac{1}{2}$	0	0	$\frac{1}{2}$	0	0
1	0	0	1	0	0	0	0	1	1	

(HT_4)

z_1	x_1	x_3	z_2	z_3	$\widehat{y}_3$	x_2	$\widehat{y}_1$	$\widehat{y}_2$	$\widetilde{g}$	1
0	0	2	0	$\frac{1}{2}$	$-\frac{1}{2}$	1	0	0	0	2
−1	−1	2	0	$\frac{1}{2}$	$-\frac{1}{2}$	0	1	0	0	1
0	0	−1	−1	$\frac{1}{2}$	$-\frac{1}{2}$	0	0	1	0	0
1	0	0	1	1	0	0	0	0	1	0

Hier sind alle $\gamma_l \geq 0$, also erfolgt Abbruch gemäß Kriterium I.

$$\widetilde{\mathbf{x}}^* = (0, 2, 0, 1, 0, 0)', \quad \mathbf{z}^* = \mathbf{0}, \quad \widetilde{g}(\widetilde{\mathbf{x}}^*, \mathbf{z}^*) = 0$$

Damit ist $\widetilde{\mathbf{x}}^* = \begin{pmatrix} \mathbf{x}^* \\ \widehat{\mathbf{y}}^* \end{pmatrix}$ eine Ecke des zulässigen Bereiches von $(\widetilde{37})$ und nach

Lemma 4.2 $\mathbf{x}^* = (0,2,0)'$ eine Ecke des zulässigen Bereiches von $(\widehat{37}) = (29)$.

4.3 Bestimmung eines Start-Tableaus bei der 2. Grundform

Die Koeffizientenmatrix A des LP (31) hat i.a. nicht die Gestalt $A = (A_0, I_r)$, wie sie zum Start des Simplexalgorithmus erforderlich wäre. Im Fall $\mathcal{M} \neq \emptyset$ läßt sich aber für LP (31) ein Starttableau der in Abschnitt 3.2 beschriebenen Gestalt aus dem Endtableau des Hilfsprogramms (32) folgendermaßen bestimmen.

Wir gehen von Fall 2 im letzten Abschnitt aus und betrachten dort das Endtableau (HT_ν) des Hilfsprogramms. Zwei Fälle 2a, 2b sind zu unterscheiden:

Fall 2a: Alle Variablen $z_1, \ldots, z_r$ sind in (HT_ν) Nicht – Basisvariablen.

Eine hinreichende Bedingung dafür enthält

Lemma 4.3: *Ist der Maximalpunkt* $\begin{pmatrix} \mathbf{x}^* \\ \mathbf{0} \end{pmatrix}$ *von* (31) *nicht entartet, so liegt Fall* 2a *vor.*

Beweis: Ist $\begin{pmatrix} \mathbf{x}^* \\ \mathbf{z}^* \end{pmatrix} = \begin{pmatrix} \mathbf{x}^* \\ \mathbf{0} \end{pmatrix}$ nicht entartet, dann sind die Elemente β_i, $i = 1, \ldots, r$, der rechten Seite in (HT_ν) alle positiv, weswegen keine der Variablen $z_1, \ldots, z_r$ zu den Basisvariablen in (HT_ν) gehören kann.

In diesem Fall hat (HT_ν) die Gestalt

$x_{l_1} \quad \cdots \quad x_{l_{s-r}} \quad z_1 \quad \cdots \quad z_r$	$x_{\lambda_1} \quad \cdots \quad x_{\lambda_r}$	$\widetilde{g}$	1
U	I_r	$\mathbf{0}$	$\boldsymbol{\beta}$
$\mathbf{v}'$	$\mathbf{0}'$	1	$0 \; (= \widetilde{g}(\mathbf{x}^*, \mathbf{0}))$

(HT_ν)

Nun stellt (HT_ν) das LGS $A\mathbf{x} + \mathbf{z} = \mathbf{b}$ dar, oder anders ausgedrückt: Durch elementare Umformungen der Art I, II, III ist das LGS $(A, I_r)\begin{pmatrix} \mathbf{x} \\ \mathbf{z} \end{pmatrix} = \mathbf{b}$ in die Gestalt

$$(U, I_r)\begin{pmatrix} \mathbf{x}_l \\ \mathbf{z} \\ \mathbf{x}_\lambda \end{pmatrix} = \boldsymbol{\beta}$$

übergegangen, wobei $\mathbf{x}_l := (x_{l_1}, \ldots, x_{l_{s-r}})$ und $\mathbf{x}_\lambda := (x_{\lambda_1}, \ldots, x_{\lambda_r})$ gesetzt wurde. Zerlegt man $U = (U_1, U_2)$ in die $(r, s-r)$-und (r,r)-Teilmatrizen U_1 und U_2, so folgt, daß das LGS $A\mathbf{x} = \mathbf{b}$ durch elementare Umformungen derselben Art in die Gestalt $(U_1, I_r)\begin{pmatrix}\mathbf{x}_l \\ \mathbf{x}_\lambda\end{pmatrix} = \boldsymbol{\beta}$, d.h. in

$$U_1\mathbf{x}_l + \mathbf{x}_\lambda = \boldsymbol{\beta}$$

übergeht. Entfernt man also in (HT_ν) $\mathbf{v}'$ und $\beta_0 = 0$ aus der Zielfunktionszeile, ersetzt $\widetilde{g}$ durch G und läßt die zu den Variablen $z_1, \ldots, z_r$ gehörigen Spalten fort, so erhält man in

$x_{l_1} \;\cdots\; x_{l_{s-r}}$	$x_{\lambda_1} \;\cdots\; x_{\lambda_r}$	G	1
U_1	I_r	$\mathbf{0}$	$\boldsymbol{\beta}$
	$\mathbf{0}'$	1	

$(\widehat{T}_0)$

ein Tableau $(\widehat{T}_0)$, das das LGS $A\mathbf{x} = \mathbf{b}$ darstellt, und in welches noch die Zielfunktion G einzuarbeiten ist.

Zu diesem Zweck setzen wir

$$U_1 = (\alpha_{ij})_{i=1,\ldots,r;\; j=1,\ldots,s-r}$$

$$\boldsymbol{\beta} = (\beta_i)_{i=1,\ldots,r}.$$

Die i–te Zeile von $(\widehat{T}_0)$ lautet damit

$$\sum_{j=1}^{s-r} \alpha_{ij} x_{l_j} + x_{\lambda_i} = \beta_i, \quad i = 1, \ldots, r,$$

also

$$x_{\lambda_i} = \beta_i - \sum_{j=1}^{s-r} \alpha_{ij} x_{l_j}.$$

Dies ergibt für G die Darstellung

$$\begin{aligned} G(\mathbf{x}) &= \sum_{k=1}^{s} c_k x_k = \sum_{j=1}^{s-r} c_{l_j} x_{l_j} + \sum_{i=1}^{r} c_{\lambda_i} x_{\lambda_i} \\ &= \sum_{j=1}^{s-r} c_{l_j} x_{l_j} + \sum_{i=1}^{r} c_{\lambda_i} \Big(\beta_i - \sum_{j=1}^{s-r} \alpha_{ij} x_{l_j}\Big) \\ &= \sum_{i=1}^{r} c_{\lambda_i} \beta_i + \sum_{j=1}^{s-r} \Big(c_{l_j} - \sum_{i=1}^{r} c_{\lambda_i} \alpha_{ij}\Big) x_{l_j} \end{aligned}$$

oder

$$\sum_{j=1}^{s-r}\Big(\sum_{i=1}^{r} c_{\lambda_i}\alpha_{ij} - c_{l_j}\Big)x_{l_j} + G = \sum_{i=1}^{r} c_{\lambda_i}\beta_i .$$

Trägt man dies nun in $(\widehat{T}_0)$ ein, so ergibt sich das folgende Start - Tableau (T_0) für das LP (31):

x_{l_1}	x_{l_2}	$\cdots$	$x_{l_{s-r}}$	$x_{\lambda_1}\cdots x_{\lambda_r}$	G	1	
α_{11}	α_{12}	$\cdots$	$\alpha_{1,s-r}$			β_1	
$\vdots$	$\vdots$		$\vdots$	I_r	$\mathbf{0}$	$\vdots$	(T_0)
α_{r1}	α_{r2}	$\cdots$	$\alpha_{r,s-r}$			β_r	
$\sum_{i=1}^{r} c_{\lambda_i}\alpha_{i1} - c_{l_1}$	$\sum_{i=1}^{r} c_{\lambda_i}\alpha_{i2} - c_{l_2}$	$\cdots$	$\sum_{i=1}^{r} c_{\lambda_i}\alpha_{i,s-r} - c_{l_{s-r}}$	$\mathbf{0}$	1	$\sum_{i=1}^{r} c_{\lambda_i}\beta_i$	

Als rechte Seite des Endtableaus (HT_ν) von (32) ist $\boldsymbol{\beta} \geq \mathbf{0}$, und daher hat (T_0) die in Abschnitt 3.2 verlangte Gestalt.

Fall 2b: Einige der Variablen $z_1, \ldots, z_r$ sind Basisvariablen in (HT_ν).

In diesem Fall hat das Endtableau von (32) die folgende Form:

$x_{l_1}\cdots x_{l_{s-r_1}}$ $z_{n_1}\cdots z_{n_{r_1}}$	$\pi(x_{\lambda_1},\ldots,x_{\lambda_{r_1}},z_{\nu_1},\ldots,z_{\nu_{r-r_1}})$	$\widetilde{g}$	1	
$U = (U_1, U_2)$	I_r	$\mathbf{0}$	$\boldsymbol{\beta}$	(HT_ν)
$\mathbf{v}'$	$\mathbf{0}'$	1	0	

wobei $\pi(.)$ als eine Permutation angenommen werden darf, die die Reihenfolge der x_{λ_i} und der z_{ν_j}, jeweils für sich betrachtet, nicht verändert. Entfernt man analog zum Fall 2a in (HT_ν) $\mathbf{v}'$ und $\beta_0 = 0$ aus der Zielfunktionszeile, ersetzt $\widetilde{g}$ durch G und läßt die zu den Variablen $z_1, \ldots, z_r$ gehörigen Spalten fort, so ergibt sich das 1. Zwischentableau

x_{l_1} $\cdots$ $x_{l_{s-r_1}}$	x_{λ_1} $\cdots$ $x_{\lambda_{r_1}}$	G	1
U_1	I_r^*	$\mathbf{0}$	$\boldsymbol{\beta}$
	$\mathbf{0}'$	1	
Bereich 1	Bereich 2		

Dabei bezeichnet I_r^* den Rest von I_r. Dieses Tableau stellt das LGS $A\mathbf{x} = \mathbf{b}$ dar und soll so umgeformt werden, daß im Bereich 2 eine Einheitsmatrix steht. Sei dazu $\mathbf{u}^i$ ein kanonischer Einheitsvektor, der in I_r^* fehlt. Dann ist (wegen $\mathbf{z}^* = \mathbf{0}$) $\beta_i = 0$, und es gibt zwei Möglichkeiten:

i) Es existiert eine Spalte in U_1, deren i-te Komponente ungleich Null ist. Diese Spalte wird durch elementare Umformungen I, II auf die Form $\mathbf{u}^i$ und anschließend (inklusive der zugehörigen Variable) an die entsprechende Position zwischen die Spalten von I_r^* gebracht. Da $\beta_i = 0$ ist, bleibt die rechte Seite $\boldsymbol{\beta}$ dabei unverändert.

ii) Die i-te Zeile in U_1, und damit auch die i-te Zeile des Zwischentableaus, ist eine Nullzeile. Diese wird aus dem Zwischentableau gestrichen.

In jedem Fall stellt das entstehende 2. Zwischentableau das LGS $A\mathbf{x} = \mathbf{b}$ dar und hat sich die Anzahl der fehlenden Spalten im Bereich 2 um eins vermindert.

Auf analoge Weise fahre man fort, bis nach $r - r_1$ Schritten im Bereich 2 eine Einheitsmatrix I_{r_0} steht. Das letzte Zwischentableau hat die Form:

$$\begin{array}{ccc|ccc|c||c}
x_{m_1} & \cdots & x_{m_{s-r_0}} & x_{\mu_1} & \cdots & x_{\mu_{r_0}} & G & 1 \\
\hline
 & U_1^* & & & I_{r_0} & & \mathbf{0} & \boldsymbol{\beta}^0 \\
\hline
 & & & & \mathbf{0}' & & 1 &
\end{array} \qquad (\widehat{T}_0)$$

Dabei ist $\boldsymbol{\beta}^0$ ein r_0-Vektor, der sich von $\boldsymbol{\beta}$ höchstens durch gestrichene Nullkomponenten unterscheidet. Insbesondere ist $\boldsymbol{\beta}^0 \geq \mathbf{0}$. Nach Konstruktion stellt $(\widehat{T}_0)$ das LGS $A\mathbf{x} = \mathbf{b}$ dar und gilt $r_0 = \operatorname{Rg} A$.

Jetzt wird wie in Fall 2a die Zielfunktion G eingearbeitet, woraus sich wieder ein Starttableau (T_0) ergibt.

Bemerkung: Dieses Verfahren ist gangbar unabhängig davon, ob A den vollen Rang r hat oder nicht.

Beispiel 4.2:

$$\begin{array}{llllllll}
\text{max} & 3x_1 & + & 2x_2 & + & x_3 & & \\
\text{bez.} & x_1 & + & x_2 & + & x_3 & = & 1 \\
 & x_1 & + & 2x_2 & - & x_3 & = & 2 \\
 & x_1 \geq 0, & & x_2 \geq 0, & & x_3 \geq 0 & &
\end{array}$$

Dieses LP hat die 2. Grundform.

A) *Lösung des Hilfsprogramms:*

(HT_0)

x_1	x_2	x_3	z_1	z_2	$\widetilde{g}$	1	Q_j	
$\boxed{1}$	1	1	1	0	0	1	1	←
1	2	−1	0	1	0	2	2	
−2	−3	0	0	0	1	−3		
↑								

$(\widetilde{HT}_1)$

x_1	x_2	x_3	z_1	z_2	$\widetilde{g}$	1
1	1	1	1	0	0	1
0	1	−2	−1	1	0	1
0	−1	2	2	0	1	−1

(HT_1)

z_1	x_2	x_3	x_1	z_2	$\widetilde{g}$	1	Q_j	
1	1	1	1	0	0	1	1	
−1	$\boxed{1}$	−2	0	1	0	1	1	← da z_2 ausgetauscht werden soll!
2	−1	2	0	0	1	−1		
	↑							

$(\widetilde{HT}_2)$

z_1	x_2	x_3	x_1	z_2	$\widetilde{g}$	1
2	0	3	1	−1	0	0
−1	1	−2	0	1	0	1
1	0	0	0	1	1	0

(HT_2)

z_1	z_2	x_3	x_1	x_2	$\widetilde{g}$	1
2	−1	3	1	0	0	0
−1	1	−2	0	1	0	1
1	1	0	0	0	1	0

Abbruch gemäß Kriterium I, da alle $\gamma_l \geq 0$

$$\mathbf{x}^* = (0,1,0)', \quad \mathbf{z}^* = \mathbf{0}, \quad \widetilde{g}(\mathbf{x}^*,\mathbf{z}^*) = 0, \quad \mathbf{x}^* \text{ ist eine Ecke!}$$

Hier liegt also Fall 2a vor !

B) *Bestimmung des Start-Tableaus und Lösung des gegebenen LP:*

$(\widehat{T}_0)$

x_3	x_1	x_2	G	1
3	1	0	0	0
-2	0	1	0	1
	0	0	1	

1\. Zeile: $3x_3 + x_1 = 0$

2\. Zeile: $-2x_3 + x_2 = 1$

Man erhält $x_1 = -3x_3$, $x_2 = 1 + 2x_3$ und folglich

$$\begin{aligned} G(\mathbf{x}) &= 3x_1 + 2x_2 + x_3 \\ &= 3(-3x_3) + 2(1 + 2x_3) + x_3 \\ &= -4x_3 + 2 \end{aligned}$$

oder $4x_3 + G = 2$. Damit ergibt sich:

(T_0)

x_3	x_1	x_2	G	1
3	1	0	0	0
-2	0	1	0	1
4	0	0	1	2

Maximalpunkt $\mathbf{x}^0 = (0, 1, 0)'$

$G(\mathbf{x}^0) = 2$

Abbruch gemäß Kriterium I

Übungsaufgaben

27. Gegeben sei das LP

$$\left.\begin{array}{ll} \min & 2x_1 - 8x_2 \\ \text{bez.} & x_1 - 2x_2 \leq 2 \\ & x_1 + x_2 \leq -1 \\ & 3x_1 - 2x_2 = -2 \\ & x_2 \leq 0,\ x_1 \text{ frei.} \end{array}\right\} \qquad (*)$$

a) Man transformiere $(*)$ in die erste und in die zweite Grundform.

b) Man löse $(*)$ zuerst graphisch und dann nach der Methode von §4.3.

28. Zu jedem der linearen Programme in Aufgabe 26 berechne man unter Verwendung des zugehörigen Hilfsprogramms zunächst einen Eckpunkt des zulässigen Bereiches und dann eine Lösung.

29. Man löse die LP

a)
$$\begin{array}{lrcl} \min & 2x_1 - 5x_2 - 3x_3 & & \\ \text{bez.} & 3x_1 + x_2 + 4x_3 & \leq & 5 \\ & 5x_1 + 5x_2 + x_3 & \geq & 2 \\ & -2x_1 - 4x_2 + 3x_3 & \geq & 7 \\ & \mathbf{x} \geq \mathbf{0} & & \end{array}$$

b)
$$\begin{array}{lrcl} \max & x_1 - x_2 + x_3 - x_4 + x_5 + x_6 & & \\ \text{bez.} & -x_1 + 4x_2 - x_4 & = & 1 \\ & -x_1 + 2x_2 - x_3 + x_4 & = & 5 \\ & -x_1 + 3x_2 - x_3 - x_4 - x_5 & = & 0 \\ & -x_1 + x_2 + x_4 - x_5 - 2x_6 & = & 4 \\ & 2x_2 + x_3 - 2x_4 & = & -4 \\ & \mathbf{x} \geq \mathbf{0}. & & \end{array}$$

5 Dualität bei linearen Programmen

Jedes LP in Grundform

$$\left.\begin{array}{lccccccccc}
\max & c_1x_1 & + & c_2x_2 & + & \cdots & + & c_nx_n & & \\
\text{bez.} & a_{11}x_1 & + & a_{12}x_2 & + & \cdots & + & a_{1n}x_n & \leq & b_1 \\
 & a_{21}x_1 & + & a_{22}x_2 & + & \cdots & + & a_{2n}x_n & \leq & b_2 \\
 & \vdots & & \vdots & & & & \vdots & & \vdots \\
 & a_{m1}x_1 & + & a_{m2}x_2 & + & \cdots & + & a_{mn}x_n & \leq & b_m \\
 & \multicolumn{9}{l}{x_1 \geq 0,\ x_2 \geq 0,\ \ldots,\ x_n \geq 0}
\end{array}\right\} \qquad (2)$$

ist als Maximierungsaufgabe zugrunde gelegt.

Definition 5.1: Das LP

$$\left.\begin{array}{lccccccccc}
\min & b_1y_1 & + & b_2y_2 & + & \cdots & + & b_my_m & & \\
\text{bez.} & a_{11}y_1 & + & a_{21}y_2 & + & \cdots & + & a_{m1}y_m & \geq & c_1 \\
 & a_{12}y_1 & + & a_{22}y_2 & + & \cdots & + & a_{m2}y_m & \geq & c_2 \\
 & \vdots & & \vdots & & & & \vdots & & \vdots \\
 & a_{1n}y_1 & + & a_{2n}y_2 & + & \cdots & + & a_{mn}y_m & \geq & c_n \\
 & \multicolumn{9}{l}{y_1 \geq 0,\ y_2 \geq 0,\ \ldots,\ y_m \geq 0}
\end{array}\right\} \qquad (\widehat{2})$$

heißt *die zu* (2) *duale Minimierungsaufgabe.*

In Matrix-Vektor-Schreibweise stellen sich Maximierungsaufgabe und duale Minimierungsaufgabe so dar:

(2)		$(\widehat{2})$	
max	$\mathbf{c}'\mathbf{x}$	min	$\mathbf{b}'\mathbf{y}$
bez.	$A\mathbf{x} \leq \mathbf{b}$	bez.	$A'\mathbf{y} \geq \mathbf{c}$
	$\mathbf{x} \geq \mathbf{0}$		$\mathbf{y} \geq \mathbf{0}$

Wie jedes LP läßt sich $(\widehat{2})$ mit den Methoden von Abschnitt 4 lösen. Hier soll eine weitere Methode vorgestellt werden, die von einer Lösung von (2) ausgeht. Sie beruht auf dem folgenden

Satz 5.1: Dualitätssatz
Die Maximierungsaufgabe (2) *hat genau dann eine Optimallösung, wenn die duale Minimierungsaufgabe* $(\widehat{2})$ *eine solche hat. Die zu Lösungen* $\mathbf{x}^*$ *bzw.* $\mathbf{y}^*$ *gehörigen Optimalwerte* $\mathbf{c}'\mathbf{x}^*$ *und* $\mathbf{b}'\mathbf{y}^*$ *stimmen überein.*

Zum Beweis des Dualitätssatzes benötigen wir noch etwas Vorbereitung.

Lemma 5.1: *Ist* $\mathbf{x}$ *ein zulässiger Punkt von* (2) *und* $\mathbf{y}$ *ein zulässiger Punkt von* $(\widehat{2})$, *so gilt*

$$\mathbf{c}'\mathbf{x} \leq \mathbf{b}'\mathbf{y}.$$

Beweis: Wegen $\mathbf{b}' \geq \mathbf{x}'A'$, $A'\mathbf{y} \geq \mathbf{c}$ und $\mathbf{x} \geq \mathbf{0}$, $\mathbf{y} \geq \mathbf{0}$ ist

$$\mathbf{b}'\mathbf{y} \geq \mathbf{x}'A'\mathbf{y} \geq \mathbf{x}'\mathbf{c}.$$

Es sei nun vorausgesetzt, daß der zulässige Bereich von (2) nicht leer ist. Dann läßt sich nach §§4.1, 4.2 eine Ecke von (2) berechnen und gemäß §3.6, ausgehend von dem Tableau (T_{ν_0}) über ein Starttableau (T_0), der Simplexalgorithmus auf (2) anwenden. Dieses Verfahren wird im folgenden zugrunde gelegt.

Die nach der Bemerkung in §3.6 für alle Tableaus

(T_ν)

$\widetilde{x}_1^{NB}(\nu)$ ... $\widetilde{x}_n^{NB}(\nu)$	$\widetilde{x}_1^{B}(\nu)$ ... $\widetilde{x}_m^{B}(\nu)$	$\widetilde{G}$	1
A_ν	I_m	$\mathbf{0}$	$\boldsymbol{\beta}^\nu$
$(\gamma^\nu)'$	$\mathbf{0}'$	1	$\beta_0^{(\nu)}$

$\nu \geq \nu_0$, geltenden Formeln von Lemma 3.2 bringen wir jetzt in eine handlichere Form.

Vorweg erinnern wir an die Bezeichnungen:

$$\widetilde{\mathbf{x}} = \begin{pmatrix} \mathbf{x} \\ \mathbf{y} \end{pmatrix}, \quad \mathbf{y} \text{ Schlupfvariablenvektor}$$

$$A_{\nu_0} = A \text{ (Koeffizientenmatrix von (2))}, \quad \gamma^{\nu_0} = -\mathbf{c}$$

$$\widetilde{A}_\nu = (A_\nu, I_m), \quad \widetilde{\gamma}^\nu = \begin{pmatrix} \gamma^\nu \\ \mathbf{0} \end{pmatrix} \quad (\nu \geq \nu_0)$$

sowie an die in § 3.2 eingeführten Einheitsvektoren

$$\widetilde{\mathbf{x}}_k^{NB}(\nu), \quad \widetilde{\mathbf{x}}_i^{B}(\nu) \quad (k = 1, \ldots, n; \; i = 1, \ldots, m).$$

$\mathcal{O}$ bezeichne die (n, m)-Nullmatrix.

Die erste Gleichung von Lemma 3.2 besagt nun

$$\widetilde{A}(\widetilde{\mathbf{x}}_1^{NB}(\nu), \ldots, \widetilde{\mathbf{x}}_n^{NB}(\nu)) = \widetilde{A}(\widetilde{\mathbf{x}}_1^{B}(\nu), \ldots, \widetilde{\mathbf{x}}_m^{B}(\nu))A_\nu. \tag{38}$$

Wir betrachten die $(n + m, n + m)$-Matrix

$$P_\nu := (\widetilde{\mathbf{x}}_1^{NB}(\nu), \ldots, \widetilde{\mathbf{x}}_n^{NB}(\nu), \widetilde{\mathbf{x}}_1^{B}(\nu), \ldots, \widetilde{\mathbf{x}}_m^{B}(\nu))$$

und deren $(n+m,m)$-Teilmatrix

$$P_\nu^* := (\widetilde{\mathbf{x}}_1^B(\nu),\ldots,\widetilde{\mathbf{x}}_m^B(\nu)) = P_\nu\begin{pmatrix}\mathcal{O}\\ I_m\end{pmatrix}.$$

P_ν ist orthogonal: $P_\nu^{-1} = P_\nu'$, und die Multiplikation einer Matrix von rechts mit P_ν bewirkt lediglich eine Permutation ihrer Spalten.

Definition 5.2: Wir nennen P_ν *die zum Tableau* (T_ν) *gehörige Permutationsmatrix.*

Es ist dann $B_\nu := \widetilde{A}P_\nu^*$ die zu (T_ν) gehörige Basis der Ecke $\widetilde{\mathbf{x}}^\nu$ (vgl. Definition 3.3), und (38) schreibt sich

$$\widetilde{A}P_\nu = (B_\nu A_\nu, B_\nu) = B_\nu(A_\nu, I_m) = B_\nu\widetilde{A}_\nu. \tag{38'}$$

Die zweite Gleichung von Lemma 3.2 lautet

$$(\gamma^\nu)' = \widetilde{\mathbf{c}}'\Big((\widetilde{\mathbf{x}}_1^B(\nu),\ldots,\widetilde{\mathbf{x}}_m^B(\nu))A_\nu - (\widetilde{\mathbf{x}}_1^{NB}(\nu),\ldots,\widetilde{\mathbf{x}}_n^{NB}(\nu))\Big), \tag{39}$$

also in neuer Schreibweise

$$(\widetilde{\gamma}^\nu)' = \widetilde{\mathbf{c}}'(P_\nu^*\widetilde{A}_\nu - P_\nu). \tag{39'}$$

Beweis von Satz 5.1:

a) Das LP (2) besitze eine Maximallösung $\mathbf{x}^*$. In diesem Fall bricht der Simplexalgorithmus gemäß Kriterium I ab; (T_ν) bezeichne das Endtableau. Dann ist $\gamma^\nu \geq \mathbf{0}$ und $\mathbf{x}^\nu$ eine (weitere) Maximallösung von (2). Es sei $B = B_\nu$ die zu (T_ν) gehörige Basis von $\widetilde{\mathbf{x}}^\nu$, P_ν die zu (T_ν) gehörige Permutationsmatrix und $P_\nu^* = P_\nu\begin{pmatrix}\mathcal{O}\\ I_m\end{pmatrix}$. Dann gilt nach (11) $(\widetilde{\mathbf{x}}^\nu)'P_\nu = (\mathbf{0}', (\boldsymbol{\beta}^\nu)')$, also

$$(\widetilde{\mathbf{x}}^\nu)'P_\nu^* = (\boldsymbol{\beta}^\nu)' = (\widetilde{\mathbf{x}}_B^\nu)' \quad \text{(vgl.vor Definition 3.3)}$$

und

$$B_\nu\boldsymbol{\beta}^\nu = \mathbf{b} \quad \text{(vgl. vor Definition 2.7a,b)}$$

Wir setzen $(\widetilde{\mathbf{c}}^0)' := \widetilde{\mathbf{c}}'P_\nu^*$ und behaupten, daß

$$\mathbf{y}^* := (B_\nu^{-1})'\widetilde{\mathbf{c}}^0$$

eine Minimallösung von $(\widehat{2})$ ist. Zunächst ist mit (39')

$$\widetilde{\mathbf{c}}'(P_\nu^*\widetilde{A}_\nu - P_\nu) = (\widetilde{\gamma}^\nu)' \geq \mathbf{0}',$$

d.h.

$$(\widetilde{\mathbf{c}}^0)'\widetilde{A}_\nu \geq \widetilde{\mathbf{c}}'P_\nu.$$

Zusammen mit (38′) folgt

$$(\mathbf{y}^*)'\widetilde{A}P_\nu = (\widetilde{\mathbf{c}}^0)'B_\nu^{-1}B_\nu\widetilde{A}_\nu = (\widetilde{\mathbf{c}}^0)'\widetilde{A}_\nu \geq \widetilde{\mathbf{c}}'P_\nu$$

und daraus

$$(\mathbf{y}^*)'\widetilde{A} \geq \widetilde{\mathbf{c}}',$$

d.h.

$$A'\mathbf{y}^* \geq \mathbf{c} \text{ und } \mathbf{y}^* \geq \mathbf{0}.$$

Damit ist $\mathbf{y}^*$ ein zulässiger Punkt von $(\widehat{2})$. Ferner gilt:

$$(\mathbf{y}^*)'\mathbf{b} = (\widetilde{\mathbf{c}}^0)'B_\nu^{-1}B_\nu\beta^\nu = (\widetilde{\mathbf{c}}^0)'\widetilde{\mathbf{x}}_B^\nu \overset{!}{=} \widetilde{\mathbf{c}}'\widetilde{\mathbf{x}}^\nu = \mathbf{c}'\mathbf{x}^\nu,$$

denn bei den nicht in $(\widetilde{\mathbf{c}}^0)'\widetilde{\mathbf{x}}_B^\nu$ enthaltenen Summanden des Skalarprodukts $\widetilde{\mathbf{c}}'\widetilde{\mathbf{x}}^\nu$ ist die Komponente von $\widetilde{\mathbf{x}}^\nu$ gleich Null. Hieraus folgt mit Lemma 5.1, daß $\mathbf{y}^*$ eine Minimallösung von $(\widehat{2})$ ist, und die Optimalwerte $\mathbf{b}'\mathbf{y}^*$ und $\mathbf{c}'\mathbf{x}^\nu = \mathbf{c}'\mathbf{x}^*$ stimmen überein.

b) Das LP $(\widehat{2})$ besitze eine Minimallösung $\mathbf{y}^*$. Wir transformieren $(\widehat{2})$ gemäß Lemma 4.1 in die Grundform und erhalten das äquivalente LP

$$\begin{array}{ll} \max & (-\mathbf{b})'\mathbf{y} \\ \text{bez.} & (-A')\mathbf{y} \leq -\mathbf{c} \\ & \qquad\;\; \mathbf{y} \geq \mathbf{0}, \end{array}$$

für das $\mathbf{y}^*$ Maximallösung ist. Nach dem bereits bewiesenen Teil a) besitzt das hierzu duale LP

$$\begin{array}{ll} \min & (-\mathbf{c})'\mathbf{x} \\ \text{bez.} & (-A')'\mathbf{x} \geq -\mathbf{b} \\ & \qquad\;\; \mathbf{x} \geq \mathbf{0} \end{array}$$

eine Minimallösung $\mathbf{x}^*$ mit $(-\mathbf{b})'\mathbf{y}^* = (-\mathbf{c})'\mathbf{x}^*$. Transformiert man auch dieses LP in die Grundform, so erhält man wegen $(-A')' = -A$ gerade das LP (2). Für dieses ist also $\mathbf{x}^*$ Maximallösung mit $\mathbf{c}'\mathbf{x}^* = \mathbf{b}'\mathbf{y}^*$.

Zur Lösung von $(\widehat{2})$ wird also (2) gelöst. Aus dem Endtableau des Simplexalgorithmus läßt sich dann nicht nur der minimale Zielfunktionswert $\mathbf{b}'\mathbf{y}^*$ $(= \mathbf{c}'\mathbf{x}^*)$ von $(\widehat{2})$ ablesen, sondern auch $\mathbf{y}^*$ selbst:

Satz 5.2: *Die Existenz von Optimallösungen von* (2) *bzw.* $(\widehat{2})$ *vorausgesetzt, erhält man solche auf folgende Weise. Es sei*

(T_ν)

$$\begin{array}{ccc|ccc|c||c} \widetilde{x}_1^{NB} & \dots & \widetilde{x}_n^{NB} & \widetilde{x}_1^{B} & \dots & \widetilde{x}_m^{B} & \widetilde{G} & 1 \\ \hline & & & & & & & \beta_1 \\ & & & & & & & \beta_2 \\ & A_\nu & & & I_m & & \mathbf{0} & \vdots \\ & & & & & & & \beta_m \\ \hline \gamma_1 & \dots & \gamma_n & & \mathbf{0}' & & 1 & \beta_0 \end{array}$$

$\underbrace{\gamma_1 \;\dots\; \gamma_n}_{\text{alle } \gamma_k \geq 0 \text{ gem. Abbruchkrit. I}}$

das Endtableau des Simplexalgorithmus, angewandt auf (2). *Dann liefern die Werte der rechten Spalte für die jeweilige Entscheidungsvariable* x_k *einen Maximalpunkt* $\mathbf{x}^*$ *des Programms (2) und die Werte der letzten Zeile für die jeweilige Schlupfvariable* y_i *einen Minimalpunkt* $\mathbf{y}^*$ *des dualen Programms* $(\widehat{2})$ *nach der Regel:*

Komponenten von $\mathbf{x}^*$: *Ist* $x_k = \widetilde{x}_i^B$ *für ein* $i = 1, \ldots, m$, *so setze* $x_k = \beta_i$; *andernfalls setze* $x_k = 0 \quad (k = 1, \ldots, n)$.

Komponenten von $\mathbf{y}^*$: *Ist* $y_i = \widetilde{x}_k^{NB}$ *für ein* $k = 1, \ldots, n$, *so setze* $y_i = \gamma_k$; *andernfalls setze* $y_i = 0 \quad (i = 1, \ldots, m)$.

Es gilt $\mathbf{c}'\mathbf{x}^* = \beta_0 = \mathbf{b}'\mathbf{y}^*$.

Beweis: Der Minimalpunkt $\mathbf{y}^*$ von $(\widehat{2})$ in Teil a) des Beweises von Satz 5.1 war bestimmt durch $B_\nu'\mathbf{y}^* = \widetilde{\mathbf{c}}^0$, d.h. durch $(\mathbf{y}^*)'B_\nu = (\widetilde{\mathbf{c}}^0)'$. Wir behaupten, daß $\mathbf{y}^*$mit dem in dem Satz definierten Punkt identisch ist. Zum Beweis betrachten wir den Punkt $\widetilde{\mathbf{y}}^\nu \in \mathbb{R}^{n+m}$, erklärt durch

$$(\widetilde{\mathbf{y}}^\nu)'P_\nu = ((\gamma^\nu)', \mathbf{0}') = (\widetilde{\gamma}^\nu)',$$

und haben zu zeigen, daß $(\mathbf{y}^*)' = (\widetilde{\mathbf{y}}^\nu)'\begin{pmatrix} \mathcal{O} \\ I_m \end{pmatrix}$ gilt.

Tatsächlich erhält man wegen

$$B_\nu \widetilde{A}_\nu P_\nu^{-1} \overset{(38')}{=} \widetilde{A} = (A, I_m)$$

zunächst

$$\widetilde{A}_\nu P_\nu^{-1}\begin{pmatrix} \mathcal{O} \\ I_m \end{pmatrix} = B_\nu^{-1}$$

und damit

$$\begin{aligned}
(\widetilde{\mathbf{y}}^\nu)'\begin{pmatrix} \mathcal{O} \\ I_m \end{pmatrix} B_\nu &= (\widetilde{\mathbf{y}}^\nu)'P_\nu^{-1}\begin{pmatrix} \mathcal{O} \\ I_m \end{pmatrix} B_\nu \\
&\overset{(39')}{=} \widetilde{\mathbf{c}}'(P_\nu^* \widetilde{A}_\nu - P_\nu)P_\nu^{-1}\begin{pmatrix} \mathcal{O} \\ I_m \end{pmatrix} B_\nu \\
&= \widetilde{\mathbf{c}}'P_\nu^* B_\nu^{-1} B_\nu - \widetilde{\mathbf{c}}'\begin{pmatrix} \mathcal{O} \\ I_m \end{pmatrix} B_\nu \\
&= \widetilde{\mathbf{c}}'P_\nu^* - \mathbf{0}'B_\nu \\
&= (\widetilde{\mathbf{c}}^0)',
\end{aligned}$$

wie behauptet. Die restlichen Aussagen des Satzes sind Wiederholungen.

Beispiel 5.1: Wir betrachten erneut das LP (37) aus Beispiel 4.1:

$$\begin{array}{llllllll}
\min & 2y_1 & + & 4y_2 & + & 6y_3 & & \\
\text{bez.} & y_1 & + & y_2 & & & \geq & 1 \\
 & & & y_2 & + & 3y_3 & \geq & 2 \\
 & & & 2y_2 & + & 4y_3 & \geq & 4 \\
 & \multicolumn{5}{l}{y_1 \geq 0,\ y_2 \geq 0,\ y_3 \geq 0} & &
\end{array}$$

Man erhält es, indem man in $(\widehat{2})$ setzt

$$A' = \begin{pmatrix} 1 & 1 & 0 \\ 0 & 1 & 3 \\ 0 & 2 & 4 \end{pmatrix}, \quad \mathbf{b} = \begin{pmatrix} 2 \\ 4 \\ 6 \end{pmatrix}, \quad \mathbf{c} = \begin{pmatrix} 1 \\ 2 \\ 4 \end{pmatrix}.$$

(37) ist also dual zur Maximierungsaufgabe (5)

$$\begin{array}{llcccccc} \max & x_1 & + & 2x_2 & + & 4x_3 & & \\ \text{bez.} & x_1 & & & & & \leq & 2 \\ & x_1 & + & x_2 & + & 2x_3 & \leq & 4 \\ & & & 3x_2 & + & 4x_3 & \leq & 6 \\ & \multicolumn{7}{l}{x_1 \geq 0,\ x_2 \geq 0,\ x_3 \geq 0} \end{array}$$

die bereits in Beispiel 3.2 gelöst wurde. Das Endtableau lautet dort

(T_2)

y_2	x_2	y_3	y_1	x_1	x_3	$\widetilde{G}$	1
-1	$\frac{1}{2}$	$\frac{1}{2}$	1	0	0	0	1
1	$-\frac{1}{2}$	$-\frac{1}{2}$	0	1	0	0	1
0	$\frac{3}{4}$	$\frac{1}{4}$	0	0	1	0	$\frac{3}{2}$
1	$\frac{1}{2}$	$\frac{1}{2}$	0	0	0	1	7

Nach Satz 5.2 erhält man jetzt folgende Optimallösungen des obigen dualen Paars linearer Programme:

$$\mathbf{x}^* = \begin{pmatrix} x_1^* \\ x_2^* \\ x_3^* \end{pmatrix} = \begin{pmatrix} 1 \\ 0 \\ \frac{3}{2} \end{pmatrix}, \quad G(\mathbf{x})^* = 7$$

und

$$\mathbf{y}^* = \begin{pmatrix} y_1^* \\ y_2^* \\ y_3^* \end{pmatrix} = \begin{pmatrix} 0 \\ 1 \\ \frac{1}{2} \end{pmatrix}, \quad \widehat{G}(\mathbf{y}^*) = 7$$

in Übereinstimmung mit dem Ergebnis in Beispiel 4.1!

Bemerkung: Einen weiteren Beweis von Satz 5.1 werden wir in Abschnitt 13.1 erhalten.

Übungsaufgaben

30. Zu jedem der linearen Programme in Grundform der Aufgaben 1, 21, 22 und 26 ist die duale Minimierungsaufgabe zu formulieren und deren Lösung anzugeben.

31. Man löse das LP

$$\begin{array}{lrcl} \min & 5y_1 + 5y_2 & & \\ \text{bez.} & y_1 + \ y_2 & \geq & 3 \\ & 2y_1 + \ y_2 & \geq & 4 \\ & y_1 + 2y_2 & \geq & 4 \\ & y_1 \geq 0, \ y_2 \geq 0 & & \end{array}$$

a) durch Übergang zur dualen Minimierungsaufgabe

b) dierekt unter Verwendung eines Hilfsprogramms.

Kapitel III

Spezielle Typen von Minimierungsproblemen

In diesem Kapitel werden Spezialfälle des allgemeinen Optimierungsproblems (1) bzw. (1') behandelt, die sich ergeben, wenn man Voraussetzungen hinsichtlich Konvexität und/oder Differenzierbarkeit zugrunde legt. In diesem Zusammenhang vereinbaren wir, daß die beteiligten Funktionen F, f_i, g_i, h_i i.a. auf dem größtmöglichen Definitionsbereich $\mathbb{R}^n$ definiert sind und dort die vorausgesetzten Eigenschaften besitzen. Obschon es oft genügt, diese auf geeigneten Teilbereichen des $\mathbb{R}^n$ zur Verfügung zu haben, führen wir solcherart mögliche Abschwächungen der Voraussetzungen der Übersichtlichkeit halber nicht im einzelnen auf.

IIIa Minimierungsprobleme ohne explizite Restriktionen

Wir betrachten das Programm

$$\min F(\mathbf{x}) \qquad \text{bez.} \quad \mathbf{x} \in \mathcal{M} \tag{1}$$

wobei $\mathcal{M} \subset \mathbb{R}^n$ nicht notwendig durch Funktionen beschrieben ist.

6 Charakterisierung der Lösungen

Zunächst wiederholen wir einige hier relevante Tatsachen aus der Differentialrechnung für Funktionen von mehreren Variablen.

Eine reellwertige Funktion $f = f(\mathbf{x})$ heißt *partiell differenzierbar* bzw. *(r-mal) stetig differenzierbar*, wenn in jedem Punkt $\mathbf{x} \in \mathcal{D}_f$ die partiellen Ableitungen nach allen Variablen existieren bzw. alle partiellen Ableitungen (r-ter Ordnung) existieren und stetig sind.

Satz 6.1: *Ist F stetig und $\mathcal{M} \neq \emptyset$ beschränkt und abgeschlossen, dann gibt es (mindestens) eine Lösung von* (1).

Auf die Frage, unter welchen Voraussetzungen auf die Stetigkeit von F geschlossen werden darf, geben Auskunft:

Lemma 6.1: *Ist eine Funktion f stetig differenzierbar, so ist sie auch stetig.*

Lemma 6.2: *Ist f eine konvexe Funktion und $\mathcal{D}_f$ offen, so ist f stetig.*

Dabei heißt eine Menge $\mathcal{O} \subset \mathbb{R}^n$ *offene Menge*, wenn es zu jedem Punkt $\mathbf{x} \in \mathcal{O}$ eine Umgebung $\mathcal{U}(\mathbf{x})$ von $\mathbf{x}$ mit $\mathcal{U}(\mathbf{x}) \subset \mathcal{O}$ gibt, d.h. wenn jeder Punkt von $\mathcal{O}$ im *Inneren* von $\mathcal{O}$ liegt.

Beweis von Lemma 6.2: Es sei $\mathbf{x}^0 \in \mathcal{D}_f$ und $\varepsilon > 0$. Gesucht ist ein $\delta > 0$, so daß gilt:

$$|f(\mathbf{x}) - f(\mathbf{x}^0)| < \varepsilon \text{ für alle } \mathbf{x} \in \mathcal{U}_\delta(\mathbf{x}^0).$$

Da $\mathcal{D}_f$ offen ist, gibt es Punkte $\mathbf{x}^0, \mathbf{x}^1, \ldots, \mathbf{x}^{n+1} \in \mathcal{D}_f$ und ein $r > 0$, so daß für die Menge $\mathcal{K}$ aller Konvexkombinationen von $\mathbf{x}^1, \ldots, \mathbf{x}^{n+1}$ (vgl. Definition 2.8) gilt:

$$\mathcal{U}_r(\mathbf{x}^0) \subset \mathcal{K} \subset \mathcal{D}_f.$$

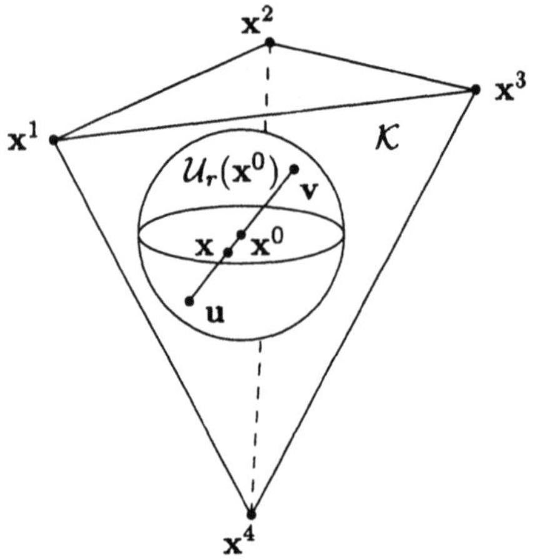

f ist beschränkt auf $\mathcal{K}$ durch

$$C := \max\{f(\mathbf{x}^i) : i = 1, \ldots, n+1\}.$$

Denn ist $\mathbf{y} \in \mathcal{K}$, d.h. $\mathbf{y} = \sum_{i=1}^{n+1} \lambda_i \mathbf{x}^i$ mit $\lambda_i \geq 0$ und $\sum_{i=1}^{n+1} \lambda_i = 1$, so folgt aufgrund der Konvexität von f:

$$f(\mathbf{y}) \leq \sum_{i=1}^{n+1} \lambda_i f(\mathbf{x}^i) \leq \Big(\sum_{i=1}^{n+1} \lambda_i\Big) C = C.$$

Man wähle nun ein $C' > C$ und setze

$$\delta := \min\{r, \frac{\varepsilon r}{C' - f(\mathbf{x}^0)}\}.$$

Es sei $\mathbf{x} \in \mathcal{U}_\delta(\mathbf{x}^0)$. Wegen $||\mathbf{x} - \mathbf{x}^0|| < \delta$ liegen die Punkte

$$\mathbf{u} := \mathbf{x}^0 + \frac{r}{\delta}(\mathbf{x} - \mathbf{x}^0) \tag{40}$$

$$\mathbf{v} := \mathbf{x}^0 - \frac{r}{\delta}(\mathbf{x} - \mathbf{x}^0) \tag{41}$$

in $\mathcal{U}_r(\mathbf{x}^0) \subset \mathcal{K}$, so daß $f(\mathbf{u}) < C'$, $f(\mathbf{v}) < C'$. Aus (40), (41) erhält man die Konvexkombinationen

$$\mathbf{x} = \frac{\delta}{r}\mathbf{u} + (1 - \frac{\delta}{r})\mathbf{x}^0$$

$$\mathbf{x}^0 = \frac{\delta}{r+\delta}\mathbf{v} + \frac{r}{r+\delta}\mathbf{x}$$

und damit

$$f(\mathbf{x}) \leq \frac{\delta}{r} f(\mathbf{u}) + (1 - \frac{\delta}{r}) f(\mathbf{x}^0) \tag{42}$$

$$f(\mathbf{x}^0) \leq \frac{\delta}{r+\delta} f(\mathbf{v}) + \frac{r}{r+\delta} f(\mathbf{x}). \tag{43}$$

Aus (42) folgt

$$f(\mathbf{x}) - f(\mathbf{x}^0) < \frac{\delta}{r}\left(C' - f(\mathbf{x}^0)\right) \leq \varepsilon,$$

und aus (43) folgt

$$\frac{r+\delta}{r} f(\mathbf{x}^0) \leq \frac{\delta}{r} f(\mathbf{v}) + f(\mathbf{x}) < \frac{\delta}{r} C' + f(\mathbf{x})$$

also

$$f(\mathbf{x}^0) - f(\mathbf{x}) < \frac{\delta}{r}\left(C' - f(\mathbf{x}^0)\right) \leq \varepsilon.$$

Damit ist $|f(\mathbf{x}) - f(\mathbf{x}^0)| < \varepsilon$.

$$\left.\begin{array}{c} \boxed{F \text{ konvex oder stetig differenzierbar}} \\ + \\ \boxed{\mathcal{M} \neq \emptyset \text{ beschränkt und abgeschlossen}} \end{array}\right\} \Rightarrow \boxed{\begin{array}{c} \text{(1) besitzt} \\ \text{eine} \\ \text{Lösung} \end{array}}$$

Welche Möglichkeiten bestehen nun, Lösungen von (1) zu charakterisieren? Für lokale Minimalpunkte im Inneren von $\mathcal{M}$ hat man die beiden folgenden, bekannten Sätze.

Wie üblich, bezeichnen $\nabla f(\mathbf{x}) = \left(\frac{\partial f}{\partial x_1}(\mathbf{x}), \ldots, \frac{\partial f}{\partial x_n}(\mathbf{x})\right)'$ den Gradienten und $\nabla^2 f(\mathbf{x}) = \left(\frac{\partial^2 f}{\partial x_i \partial x_j}(\mathbf{x})\right)_{i,j=1,\ldots,n}$ die Hessematrix einer Funktion f im Punkt $\mathbf{x}$.

Satz 6.2: *Es sei F partiell differenzierbar und $\mathbf{x}^*$ ein innerer Punkt von $\mathcal{M}$. Ist $\mathbf{x}^*$ lokaler Minimalpunkt von* (1), *so folgt* $\nabla F(\mathbf{x}^*) = \mathbf{0}$.

Satz 6.3: *Es sei F zweimal stetig differenzierbar und $\mathbf{x}^* \in \mathcal{M}$. Gilt $\nabla F(\mathbf{x}^*) = \mathbf{0}$ und ist $\nabla^2 F(\mathbf{x}^*)$ positiv definit, dann ist $\mathbf{x}^*$ ein lokaler Minimalpunkt von* (1).

Im Gegensatz zu der Situation bei linearen Optimierungsaufgaben müssen Lösungen des Minimierungsproblems (1) nicht notwendig auf dem Rand von $\mathcal{M}$ liegen. Für Lösungen, die im Inneren von $\mathcal{M}$ liegen, erhält man mit Satz 6.2 eine notwendige, und im Fall, daß das Minimierungsproblem (1) konvex ist, mit Satz 6.3 eine hinreichende Bedingung (vgl. Satz 1.2).

Wir werden jetzt auch Randlösungen von (1) in unsere Überlegungen einbeziehen und dazu Konvexitätseigenschaften voraussetzen.

Satz 6.4: *Es sei F stetig differenzierbar und $\mathcal{M}$ konvex. Ist $\mathbf{x}^*$ eine Lösung von* (1), *dann gilt*

$$\nabla F(\mathbf{x}^*)' \cdot (\mathbf{x} - \mathbf{x}^*) \geq 0 \textit{ für alle } \mathbf{x} \in \mathcal{M}.$$

Beweis: Es sei $\mathbf{x} \in \mathcal{M}$ beliebig. Für jedes $0 < t < 1$ liegt der Punkt

$$\mathbf{x}^* + t(\mathbf{x} - \mathbf{x}^*) = t\mathbf{x} + (1-t)\mathbf{x}^*$$

in $\mathcal{M}$, da $\mathcal{M}$ konvex ist. Nun ist $\mathbf{x}^*$ Minimalpunkt, also gilt $F(\mathbf{x}^*) \leq F(\mathbf{x}^* + t(\mathbf{x} - \mathbf{x}^*))$ und damit

$$\frac{1}{t}\Big(F(\mathbf{x}^* + t(\mathbf{x} - \mathbf{x}^*)) - F(\mathbf{x}^*)\Big) \geq 0 \text{ für alle } 0 < t < 1.$$

Hier wird der Grenzübergang $t \downarrow 0$ durchgeführt. Auf der linken Seite steht dann die Richtungsableitung von F im Punkt $\mathbf{x}^*$ in Richtung $\mathbf{x} - \mathbf{x}^*$, die bekanntlich gleich $\nabla F(\mathbf{x}^*)'(\mathbf{x} - \mathbf{x}^*)$ ist. Folglich gilt $\nabla F(\mathbf{x}^*)'(\mathbf{x} - \mathbf{x}^*) \geq 0$.

Der Gradient $\nabla F(\mathbf{x}^*)$ schließt also mit allen Vektoren $\mathbf{x} - \mathbf{x}^*$ einen Winkel $\leq 90^0$ ein. Graphisches Beispiel im $\mathbb{R}^2$:

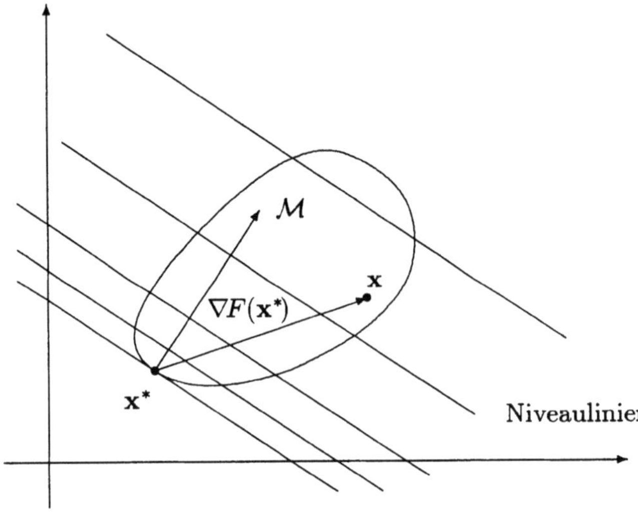

Für konvexe Minimierungsprobleme gilt auch die Umkehrung von Satz 6.4. Zum Beweis benötigen wir

Lemma 6.3: *Ist die Funktion f stetig differenzierbar und $\mathcal{D}_f$ konvex, so gilt: f ist genau dann konvex, wenn*

$$f(\mathbf{x}) \geq f(\mathbf{a}) + \nabla f(\mathbf{a})' \cdot (\mathbf{x} - \mathbf{a}) \text{ für alle } \mathbf{x}, \mathbf{a} \in \mathcal{D}_f. \tag{44}$$

Funktionen f einer Variablen sind also genau dann konvex, wenn für beliebiges $a \in \mathcal{D}_f$ die Tangente durch den Punkt $\big(a, f(a)\big)$ unterhalb des Graphen von f liegt.

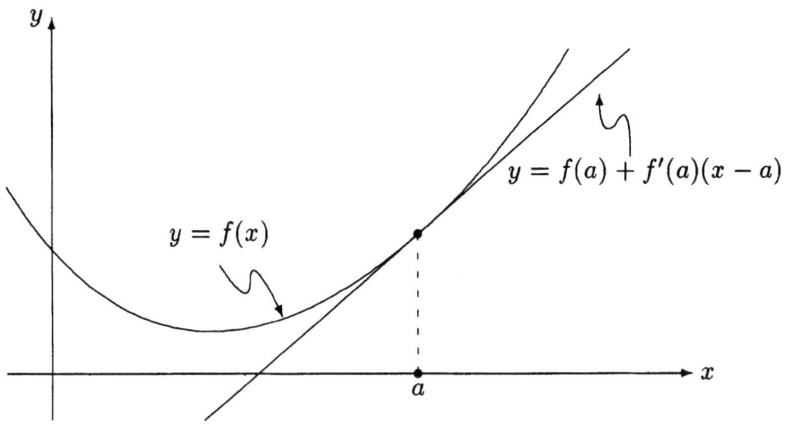

Beweis von Lemma 6.3:
a) Es sei f konvex, und es seien $\mathbf{x}, \mathbf{a} \in \mathcal{D}_f$. Für jedes $0 < t < 1$ gilt dann nach Definition 1.3

$$f\big(t\mathbf{x} + (1-t)\mathbf{a}\big) \leq tf(\mathbf{x}) + (1-t)f(\mathbf{a}) = f(\mathbf{a}) + t\big(f(\mathbf{x}) - f(\mathbf{a})\big)$$

und somit

$$f\big(t\mathbf{x} + (1-t)\mathbf{a}\big) - f(\mathbf{a}) \leq t\big(f(\mathbf{x}) - f(\mathbf{a})\big),$$

also

$$\frac{f\big(\mathbf{a} + t(\mathbf{x}-\mathbf{a})\big) - f(\mathbf{a})}{t} \leq f(\mathbf{x}) - f(\mathbf{a}).$$

Wie im Beweis von Satz 6.4 folgt hieraus

$$\nabla f(\mathbf{a})'(\mathbf{x}-\mathbf{a}) = \lim_{t \downarrow 0} \frac{1}{t}\Big(f\big(\mathbf{a} + t(\mathbf{x}-\mathbf{a})\big) - f(\mathbf{a})\Big) \leq f(\mathbf{x}) - f(\mathbf{a}),$$

was zu beweisen war.

b) Es gelte (44), und es seien $\mathbf{u}, \mathbf{v} \in \mathcal{D}_f$. Für $0 < \lambda < 1$ und $\mathbf{a} := \lambda\mathbf{u} + (1-\lambda)\mathbf{v}$ ist $\mathbf{a} \in \mathcal{D}_f$, so daß mit (44) folgt

$$f(\mathbf{u}) \geq f(\mathbf{a}) + \nabla f(\mathbf{a})'(\mathbf{u}-\mathbf{a}) \quad (45)$$

$$f(\mathbf{v}) \geq f(\mathbf{a}) + \nabla f(\mathbf{a})'(\mathbf{v}-\mathbf{a}). \quad (46)$$

Multiplikation von (45) mit λ und von (46) mit $1-\lambda$ und anschließende Addition ergibt

$$\lambda f(\mathbf{u}) + (1-\lambda)f(\mathbf{v}) \geq f(\mathbf{a}) + \nabla f(\mathbf{a})'\big(\lambda(\mathbf{u}-\mathbf{a}) + (1-\lambda)(\mathbf{v}-\mathbf{a})\big).$$

Wegen $\lambda(\mathbf{u}-\mathbf{a}) + (1-\lambda)(\mathbf{v}-\mathbf{a}) = \lambda\mathbf{u} + (1-\lambda)\mathbf{v} - \mathbf{a} = \mathbf{0}$ wird daraus

$$\lambda f(\mathbf{u}) + (1-\lambda)f(\mathbf{v}) \geq f(\mathbf{a}).$$

Damit ist f konvex.

Satz 6.5: *Das Minimalproblem* (1) *sei konvex, und* F *sei stetig differenzierbar. Ein Punkt* $\mathbf{x}^* \in \mathcal{M}$ *ist genau dann eine Lösung von* (1), *wenn gilt:*

$$\nabla F(\mathbf{x}^*)'(\mathbf{x} - \mathbf{x}^*) \geq 0 \text{ für alle } \mathbf{x} \in \mathcal{M}. \tag{47}$$

Beweis: Die Notwendigkeit der Bedingung (47) wurde bereits gezeigt (Satz 6.4). Es sei nun $\mathbf{x}^* \in \mathcal{M}$ mit der Eigenschaft (47). Nach Lemma 6.3 gilt dann für jedes $\mathbf{x} \in \mathcal{M}$

$$F(\mathbf{x}) \geq F(\mathbf{x}^*) + \nabla F(\mathbf{x}^*)'(\mathbf{x} - \mathbf{x}^*) \overset{(47)}{\geq} F(\mathbf{x}^*).$$

Also ist $\mathbf{x}^*$ ein Minimalpunkt von (1).

Lemma 6.4: *Es sei* F *partiell differenzierbar.*

a) Für einen inneren Punkt $\mathbf{x}^*$ *von* $\mathcal{M}$ *gilt* (47) *genau dann, wenn* $\nabla F(\mathbf{x}^*) = \mathbf{0}$.

b) Es sei $\mathcal{M} \subset \mathrm{IR}^n_+$. *Für einen Punkt* $\mathbf{x}^* \in \mathcal{M}$, *zu dem es eine Umgebung* $\mathcal{U}(\mathbf{x}^*)$ *mit* $\mathcal{U}(\mathbf{x}^*) \cap \mathrm{IR}^n_+ \subset \mathcal{M}$ *gibt, gilt* (47) *genau dann, wenn* $\nabla F(\mathbf{x}^*) \geq \mathbf{0}$ *und* $\nabla F(\mathbf{x}^*)'\mathbf{x}^* = 0$.

Beweis:
a) Für $\mathbf{x}^*$ gelte (47). Wir betrachten die i-te Komponente d_i von $\nabla F(\mathbf{x}^*)$. Es gibt ein $\delta > 0$, so daß

$$\mathbf{x} := \mathbf{x}^* + (0, \ldots, 0, \pm\delta, 0, \ldots, 0)' \in \mathcal{M},$$

und mit (47) folgt

$$\nabla F(\mathbf{x}^*)'(\mathbf{x} - \mathbf{x}^*) = \pm d_i \delta \geq 0,$$

was nur für $d_i = 0$ möglich ist. Damit gilt $\nabla F(\mathbf{x}^*) = \mathbf{0}$.

Umgekehrt impliziert $\nabla F(\mathbf{x}^*) = \mathbf{0}$ offensichtlich (47).

b) Für $\mathbf{x}^*$ gelte (47). Wir verfahren ähnlich wie beim Beweis von a). Wieder gibt es ein $\delta > 0$, so daß

$$\mathbf{x} := \mathbf{x}^* + (0, \ldots, 0, \delta, 0, \ldots, 0)' \in \mathcal{U}(\mathbf{x}^*),$$

und wegen $\mathbf{x}^* \geq \mathbf{0}$ ist $\mathbf{x} \in \mathcal{U}(\mathbf{x}^*) \cap \mathrm{IR}^n_+ \subset \mathcal{M}$. Dann folgt

$$\nabla F(\mathbf{x}^*)'(\mathbf{x} - \mathbf{x}^*) = d_i \delta \geq 0$$

nach (47), was nur für $d_i \geq 0$ möglich ist. Damit gilt $\nabla F(\mathbf{x}^*) \geq \mathbf{0}$. Ist $x_i^* > 0$, so gibt es ein $\varepsilon > 0$ mit

$$\mathbf{x} := \mathbf{x}^* - (0, \ldots, 0, \varepsilon, 0, \ldots, 0)' \in \mathcal{U}(\mathbf{x}^*) \cap \mathrm{IR}^n_+ \subset \mathcal{M}.$$

Da wieder $\nabla F(\mathbf{x}^*)'(\mathbf{x}-\mathbf{x}^*) = -d_i\varepsilon \geq 0$ ist, folgt $d_i = 0$. Damit gilt $\nabla F(\mathbf{x}^*)'\mathbf{x}^* = 0$. Die Umkehrung beweist man so: Für $\mathbf{x} \in \mathcal{M}$ ist

$$\nabla F(\mathbf{x}^*)'(\mathbf{x}-\mathbf{x}^*) = \nabla F(\mathbf{x}^*)'\mathbf{x} - \nabla F(\mathbf{x}^*)'\mathbf{x}^* \geq 0,$$

denn $\nabla F(\mathbf{x}^*) \geq \mathbf{0}$, $\mathbf{x} \geq \mathbf{0}$ und $\nabla F(\mathbf{x}^*)'\mathbf{x}^* = 0$ nach Voraussetzung. Also gilt (47).

Aus Satz 6.5 und Lemma 6.4 folgt sofort

Korollar 6.1: *Das Minimierungsproblem* (1) *sei konvex, und F sei stetig differenzierbar.*

a) *$\mathcal{M}$ sei offen. $\mathbf{x}^* \in \mathcal{M}$ ist genau dann eine Lösung von* (1), *wenn gilt* $\nabla F(\mathbf{x}^*) = \mathbf{0}$.

b) *$\mathcal{M}$ sei Durchschnitt einer offenen Teilmenge der $\mathbb{R}^n$ mit $\mathbb{R}^n_+$. $\mathbf{x}^* \in \mathcal{M}$ ist genau dann eine Lösung von* (1), *wenn gilt* $\nabla F(\mathbf{x}^*) \geq \mathbf{0}$ *und* $\nabla F(\mathbf{x}^*)'\mathbf{x}^* = 0$.

Beispiel 6.1: In (1) sei $n = 1$ und $F(x) = x^3$. Dann ist $\nabla F(x) = F'(x) = 3x^2$.

a) $\mathcal{M} = \mathbb{R}$
Notwendig für einen Minimalpunkt:

$$\begin{aligned} F'(x^*) &= 0 \\ \Leftrightarrow \quad x^* &= 0; \end{aligned}$$

aber nicht hinreichend! Grund:
F ist nicht konvex.

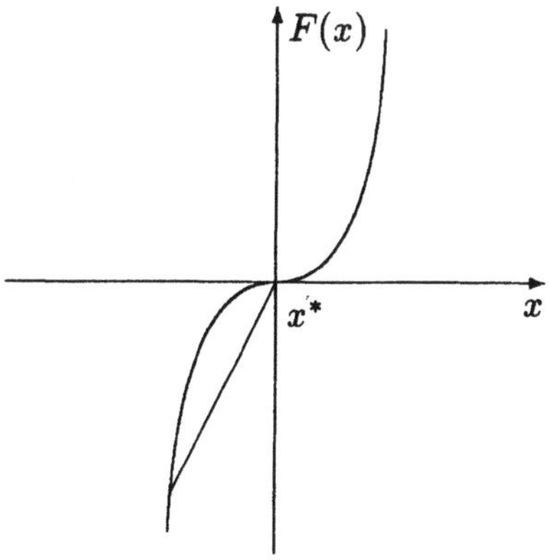

b) $\mathcal{M} = \mathbb{R}_+$
Notwendig für einen Minimalpunkt:

$$\begin{aligned} F'(x^*) &\geq 0, \; F'(x^*)x^* = 0 \\ \Leftrightarrow \quad x^* &= 0; \end{aligned}$$

auch hinreichend, denn
F ist konvex auf $\mathbb{R}_+$!

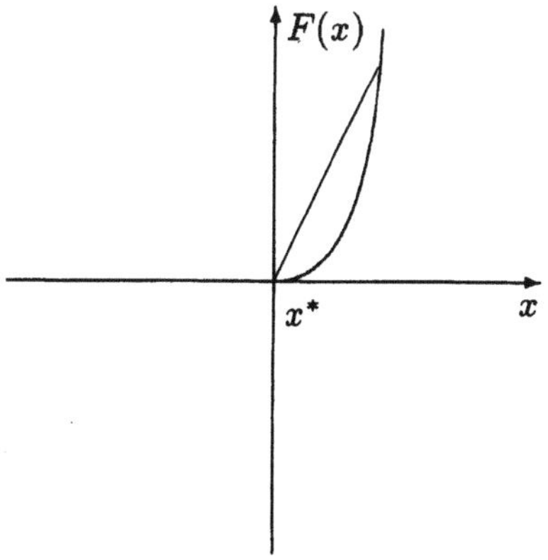

Schließlich erwähnen wir noch ein Resultat, mit dem sich oft die Konvexität einer Funktion sehr einfach nachweisen läßt.

Lemma 6.5: *Die Funktion f sei zweimal stetig differenzierbar und $\mathcal{D}_f$ konvex. Ist für jedes $\mathbf{x} \in \mathcal{D}_f$ die Hessematrix $\nabla^2 f(\mathbf{x})$ positiv semidefinit, so ist f konvex.*

Beweis: Wir benutzen Lemma 6.3 und den Satz von Taylor. Es seien also $\mathbf{x}, \mathbf{a} \in \mathcal{D}_f$. Dann gibt es ein $0 < \vartheta < 1$, so daß

$$f(\mathbf{x}) = f(\mathbf{a}) + \nabla f(\mathbf{a})'(\mathbf{x} - \mathbf{a}) + \frac{1}{2}(\mathbf{x} - \mathbf{a})'\nabla^2 f\big(\mathbf{a} + \vartheta(\mathbf{x} - \mathbf{a})\big)(\mathbf{x} - \mathbf{a}).$$

Nach Voraussetzung ist $\mathbf{a} + \vartheta(\mathbf{x} - \mathbf{a}) = \vartheta\mathbf{x} + (1 - \vartheta)\mathbf{a} \in \mathcal{M}$ und $\nabla^2 f\big(\mathbf{a} + \vartheta(\mathbf{x} - \mathbf{a})\big)$ positiv semidefinit. Damit folgt

$$f(\mathbf{x}) \geq f(\mathbf{a}) + \nabla f(\mathbf{a})'(\mathbf{x} - \mathbf{a}),$$

was zu zeigen war.

Übungsaufgaben

32. Man belege durch ein Beispiel, daß in Lemma 6.2 auf die Voraussetzung der Offenheit von $\mathcal{D}_f$ nicht verzichtet werden kann.

33. Bestimme die lokalen Minimalpunkte der Probleme

    a) $\min\ x_1^3 + x_2^3 - 3x_1x_2 \quad \text{bez. } \mathbf{x} \in \mathbb{R}^2$
    b) $\min\ x_1x_2(x_1 + x_2 - 3) \quad \text{bez. } \mathbf{x} \in \mathbb{R}^2_+$
    c) $\min\ x_1^2 + x_2^3 + x_1x_2 - x_1 - x_2 \quad \text{bez. } \mathbf{x} \in \mathbb{R}^2$

    und entscheide, ob es sich dabei um Lösungen handelt.

34. Ist in dem Programm (1) F eine Linearform ungleich der Nullform, dann liegt eine Lösung von (1) notwendig auf dem Rand von $\mathcal{M}$. Beweis?

35. Untersuche die folgenden Funktionen auf Konvexität!

    a) $f(x) = x^3 e^{-x}$,
    b) $f(\mathbf{x}) = x_1^a x_2^{1-a}, \quad \mathbf{0} < \mathbf{x} \in \mathbb{R}^2$
    c) $f(\mathbf{x}) = 5x_1^2 + 4x_1x_2 + x_2^2, \quad \mathbf{x} \in \mathbb{R}^2$
    d) $f(\mathbf{x}) = 23x_1^2 + x_2^2 + 6x_3^2 - 6x_1x_2 - 20x_1x_3 + 4x_2x_3, \quad \mathbf{x} \in \mathbb{R}^3$

36. Man bestimme sämtliche Lösungen der Probleme

    a) $\min\ 5x_1^2 + 4x_1x_2 + x_2^2 \quad \text{bez. } \mathbf{x} \in \mathbb{R}^2$
    b) $\min\ 23x_1^2 + x_2^2 + 6x_3^2 - 6x_1x_2 - 20x_1x_3 + 4x_2x_3 \quad \text{bez. } \mathbf{x} \in \mathbb{R}^3$
    c) $\min\ x_1^2+x_2^2+x_3^2+x_1x_2+x_1x_3+x_2x_3-7x_1-8x_2-9x_3+10 \quad \text{bez. } \mathbf{x} \in \mathbb{R}^3_+.$

    Hinweis: Korollar 6.1

37. Beweise Satz 6.3 mit Hilfe von Lemma 6.5 und Korollar 6.1a.

7 Iterative (numerische) Lösungsverfahren

Es gibt zwei Grundtypen numerischer Lösungsverfahren für Optimierungsprobleme:

I) Man stellt zunächst notwendige (und wenn möglich auch hinreichende) Bedingungen für eine Lösung $\mathbf{x}^*$ des Programms in Form eines Gleichungs-/ Ungleichungssystems auf. Die dadurch charakterisierten Punkte $\mathbf{x}^0$ berechnet man durch eine geeignetes numerisches Verfahren. Unter diesen sind Lösungen $\mathbf{x}^*$ von (1) auszusondern.

II) Ohne notwendige oder hinreichende Bedingungen zu betrachten, bestimmt man Lösungen $\mathbf{x}^*$ des Programms approximativ durch ein direktes iteratives Suchverfahren.

Auch sind gemischte Verfahren denkbar, wo Punkte $\mathbf{x}^0$ gemäß I durch ein Suchverfahren gemäß II bestimmt werden. Aus einer Vielzahl gangbarer Methoden werden wir in den nächsten Abschnitten zwei vom Typ I bzw. I/II vorstellen. Wesentlich für beide ist der folgende, durch die Untersuchungen in §6 nahe gelegte, Begriff.

Definition 7.1: Die Zielfunktion F in (1) sei partiell differenzierbar. $\mathbf{x}^0 \in \mathcal{M}$ heißt ein *stationärer Punkt* des Programms (1), wenn

$$\nabla F(\mathbf{x}^0)'(\mathbf{x} - \mathbf{x}^0) \geq 0 \text{ für alle } \mathbf{x} \in \mathcal{M}.$$

Nach Lemma 6.4a gilt:

Ein innerer Punkt $\mathbf{x}^0$ *von* $\mathcal{M}$ *ist genau dann stationär, wenn* $\nabla F(\mathbf{x}^0) = \mathbf{0}$.

Ist F stetig differenzierbar und $\mathcal{M}$ konvex, so gilt nach den Sätzen 6.4 und 6.5:

Jede Lösung von (1) *ist ein stationärer Punkt von* (1). *Bei konvexem* F *ist auch umgekehrt jeder stationäre Punkt von* (1) *eine Lösung von* (1).

Aufgabe der folgenden Iterationsverfahren ist die Ermittelung von stationären Punkten von (1).

7.1 Newton-Verfahren

Mit Hilfe des Newton-Verfahrens lassen sich in vielen Fällen innere stationäre Punkte des Programms (1) berechnen, nämlich als iterativ bestimmte Lösungen $\mathbf{x}^0$ der Vektorgleichung

$$\nabla F(\mathbf{x}) = \mathbf{0}. \tag{48}$$

Dabei wird F als stetig differenzierbar vorausgesetzt.

Die Folge $(\mathbf{x}^k)_{k=1,2,\ldots}$ wird nach dem Vorgange von Newton durch die folgende Rekursionsvorschrift konstruiert:

$$\mathbf{x}^1 = \text{gegebener (bel.) Startpunkt}$$

$$\mathbf{x}^{k+1} = \mathbf{x}^k - \left(\nabla^2 F(\mathbf{x}^k)\right)^{-1} \nabla F(\mathbf{x}^k), \quad k = 1, 2, \ldots \tag{49}$$

(49) ist natürlich nur dann sinnvoll, wenn für jedes $k = 1, 2, \ldots$ die Hessematrix $\nabla^2 F(\mathbf{x}^k)$ regulär ist. Wählt man den Startpunkt $\mathbf{x}^1$ genügend nahe einer Lösung $\mathbf{x}^0$ von (48), so konvergiert die Folge $(\mathbf{x}^k)$ gegen $\mathbf{x}^0$. Bevor wir diese Aussage exakt beweisen, geben wir eine heuristische Begründung.

Es sei $\widetilde{\mathbf{x}}$ eine Näherungslösung der Gleichung (48). Eine "Verbesserung" von $\widetilde{\mathbf{x}}$ kann man wie folgt erhalten:
Zunächst approximiere man die Funktion F durch ihr Taylorpolynom mit Entwicklungspunkt $\widetilde{\mathbf{x}}$

$$T_2(\mathbf{x}) = T_{2,\widetilde{\mathbf{x}}}(\mathbf{x}) = F(\widetilde{\mathbf{x}}) + \nabla F(\widetilde{\mathbf{x}})'(\mathbf{x} - \widetilde{\mathbf{x}}) + \frac{1}{2}(\mathbf{x} - \widetilde{\mathbf{x}})' \nabla^2 F(\widetilde{\mathbf{x}})(\mathbf{x} - \widetilde{\mathbf{x}})$$

bis einschließlich des quadratischen Gliedes. Die Hessematix $\nabla^2 F(\widetilde{\mathbf{x}})$ ist dabei nach dem Satz von Schwarz symmetrisch. Dann löse man an Stelle von (48) die Gleichung

$$\nabla T_2(\mathbf{x}) = \mathbf{0}. \tag{50}$$

Da für eine feste symmetrische (n, n)–Matrix D gilt:

$$\begin{aligned} \frac{\partial}{\partial x_i}(\mathbf{x}' D \mathbf{x}) &= \frac{\partial}{\partial x_i}\Big(\sum_{1 \le j,k \le n} d_{jk} x_j x_k \Big) \\ &= 2 d_{ii} x_i + \sum_{j \ne i} d_{ji} x_j + \sum_{k \ne i} d_{ik} x_k \overset{d_{ji} = d_{ij}}{=} 2 \sum_{k=1}^{n} d_{ik} x_k, \end{aligned} \tag{51}$$

erhält man:

$$\frac{\partial T_2}{\partial x_i}(\mathbf{x}) = \frac{\partial F}{\partial x_i}(\widetilde{\mathbf{x}}) + \sum_{k=1}^{n} \frac{\partial^2 F}{\partial x_i \partial x_k}(\widetilde{\mathbf{x}})(x_k - \widetilde{x}_k), \quad i = 1, \ldots, n$$

und also

$$\nabla T_2(\mathbf{x}) = \nabla F(\widetilde{\mathbf{x}}) + \nabla^2 F(\widetilde{\mathbf{x}})(\mathbf{x} - \widetilde{\mathbf{x}}).$$

Damit hat (50) die Lösung

$$\mathbf{x} = \widetilde{\mathbf{x}} - \left(\nabla^2 F(\widetilde{\mathbf{x}})\right)^{-1} \nabla F(\widetilde{\mathbf{x}}),$$

was genau der Vorschrift (49) entspricht. Das Glied $-\left(\nabla^2 F(\widetilde{\mathbf{x}})\right)^{-1} \nabla F(\widetilde{\mathbf{x}})$ ist als "Korrektur" der Näherungslösung $\widetilde{\mathbf{x}}$ anzusehen.

Da durch (50) die inneren stationären Punkte des Problems

$$\min T_2(\mathbf{x}) \quad \text{bez. } \mathbf{x} \in \mathcal{M}$$

charakterisiert sind, können die Näherungen $\mathbf{x}^{k+1}$ von $\mathbf{x}^0$ interpretiert werden als die stationären Punkte der das Programm (1) sukzessiv approximierenden Programme

$$\min T_{2,\mathbf{x}^k}(\mathbf{x}) \quad \text{bez. } \mathbf{x} \in \mathcal{M},$$

$k = 1, 2, \ldots$.

Satz 7.1: *F sei zweimal stetig differenzierbar. $\mathbf{x}^0$ sei ein stationärer Punkt des Programms (1) im Inneren von $\mathcal{M}$ mit regulärer Hessematrix $\nabla^2 F(\mathbf{x}^0)$. Dann gibt es eine Umgebung $\mathcal{U}$ von $\mathbf{x}^0$ mit der Eigenschaft: Liegt der Startpunkt $\mathbf{x}^1$ in $\mathcal{U}$, so konvergiert die Folge $(\mathbf{x}^k)_{k=1,2,\ldots}$ gegen $\mathbf{x}^0$.*

Beweis: Da F zweimal stetig differenzierbar ist, ist die Funktion $\mathbf{x} \to \det \nabla^2 F(\mathbf{x})$ stetig. Wegen $\det \nabla^2 F(\mathbf{x}^0) \neq 0$ gibt es daher eine Umgebung $\mathcal{V}$ von $\mathbf{x}^0$, für deren Punkte $\mathbf{x}$ stets $\nabla^2 F(\mathbf{x})$ regulär ist. Die Funktion $\mathbf{g} : \mathcal{V} \to \mathbb{R}^n$ sei nun definiert durch

$$\mathbf{g}(\mathbf{x}) = \mathbf{x} - \left(\nabla^2 F(\mathbf{x})\right)^{-1} \nabla F(\mathbf{x}).$$

Wir werden zunächst zeigen, daß gilt: $\lim\limits_{\mathbf{x} \to \mathbf{x}^0} \frac{\mathbf{g}(\mathbf{x}) - \mathbf{g}(\mathbf{x}^0)}{\|\mathbf{x} - \mathbf{x}^0\|} = \mathbf{0}$.

Dazu gehen wir aus von der bekannten Tatsache, daß für eine stetig differenzierbare Funktion f und $\mathbf{x}^0 \in \mathcal{D}_f$ gilt

$$\lim_{\mathbf{x} \to \mathbf{x}^0} \frac{f(\mathbf{x}) - f(\mathbf{x}^0) - \nabla f(\mathbf{x}^0)'(\mathbf{x} - \mathbf{x}^0)}{\|\mathbf{x} - \mathbf{x}^0\|} = 0.$$

Anwendung auf die Funktionen $\frac{\partial F}{\partial x_i}$, $i = 1, \ldots, n$, ergibt

$$\frac{\frac{\partial F}{\partial x_i}(\mathbf{x}) - \frac{\partial F}{\partial x_i}(\mathbf{x}^0) - \sum\limits_j \frac{\partial^2 F}{\partial x_i \partial x_j}(\mathbf{x}^0)(x_j - x_j^{(0)})}{\|\mathbf{x} - \mathbf{x}^0\|} \to 0 \text{ für } \mathbf{x} \to \mathbf{x}^0,$$

zusammengefasst also

$$\lim_{\mathbf{x} \to \mathbf{x}^0} \frac{\nabla F(\mathbf{x}) - \nabla F(\mathbf{x}^0) - \nabla^2 F(\mathbf{x}^0)(\mathbf{x} - \mathbf{x}^0)}{\|\mathbf{x} - \mathbf{x}^0\|} = \mathbf{0}.$$

Nach Voraussetzung ist $\nabla F(\mathbf{x}^0) = \mathbf{0}$, und man erhält

$$\lim_{\mathbf{x} \to \mathbf{x}^0} \frac{\nabla F(\mathbf{x}) - \nabla^2 F(\mathbf{x}^0)(\mathbf{x} - \mathbf{x}^0)}{\|\mathbf{x} - \mathbf{x}^0\|} = \mathbf{0}.$$

Um diese Beziehung ausnützen zu können, formen wir folgendermaßen um:

$$\begin{aligned}\mathbf{g}(\mathbf{x}) - \mathbf{g}(\mathbf{x}^0) &= \mathbf{x} - \mathbf{x}^0 - \left(\nabla^2 F(\mathbf{x})\right)^{-1} \nabla F(\mathbf{x}) \\ &= -\left(\nabla^2 F(\mathbf{x})\right)^{-1} \left[\nabla F(\mathbf{x}) - \nabla^2 F(\mathbf{x}^0)(\mathbf{x} - \mathbf{x}^0)\right] \\ &\quad -\left[\left(\nabla^2 F(\mathbf{x})\right)^{-1} - \left(\nabla^2 F(\mathbf{x}^0)\right)^{-1}\right] \nabla^2 F(\mathbf{x}^0)(\mathbf{x} - \mathbf{x}^0).\end{aligned}$$

Wegen $\lim\limits_{\mathbf{x}\to\mathbf{x}^0} \left(\nabla^2 F(\mathbf{x})\right)^{-1} = \left(\nabla^2 F(\mathbf{x}^0)\right)^{-1}$ ist

$$\lim_{\mathbf{x}\to\mathbf{x}^0} \frac{\left[\left(\nabla^2 F(\mathbf{x})\right)^{-1} - \left(\nabla^2 F(\mathbf{x}^0)\right)^{-1}\right] \nabla^2 F(\mathbf{x}^0)(\mathbf{x} - \mathbf{x}^0)}{\|\mathbf{x} - \mathbf{x}^0\|} = \mathbf{0},$$

und es ergibt sich

$$\lim_{\mathbf{x}\to\mathbf{x}^0} \frac{\mathbf{g}(\mathbf{x}) - \mathbf{g}(\mathbf{x}^0)}{\|\mathbf{x} - \mathbf{x}^0\|} = -\left(\nabla^2 F(\mathbf{x}^0)\right)^{-1} \cdot \mathbf{0} - \mathbf{0} = \mathbf{0}. \tag{52}$$

Damit kann der Beweis leicht zuende gebracht werden. Aus (52) folgt nämlich, daß ein $\delta > 0$ existiert, derart daß $\mathcal{U} := \mathcal{U}_\delta(\mathbf{x}^0) \subset \mathcal{V}$ und

$$\|\mathbf{g}(\mathbf{x}) - \mathbf{g}(\mathbf{x}^0)\| \leq \frac{1}{2}\|\mathbf{x} - \mathbf{x}^0\| \quad \text{für alle } \mathbf{x} \in \mathcal{U}.$$

Ist nun $\mathbf{x}^1 \in \mathcal{U}$, so folgt für $k = 1, 2, \ldots$:

$$\|\mathbf{x}^{k+1} - \mathbf{x}^0\| = \|\mathbf{g}(\mathbf{x}^k) - \mathbf{g}(\mathbf{x}^0)\| \leq \frac{1}{2}\|\mathbf{x}^k - \mathbf{x}^0\|,$$

und damit

$$\|\mathbf{x}^{k+1} - \mathbf{x}^0\| \leq \frac{1}{2^k}\|\mathbf{x}^1 - \mathbf{x}^0\| < \frac{1}{2^k}\delta < \delta.$$

Die Folge $(\mathbf{x}^k)$ ist daher in $\mathcal{U}$ enthalten, und es gilt $\lim\limits_{k\to\infty} \mathbf{x}^k = \mathbf{x}^0$.

Für hinreichend gute Startwerte konvergiert also das Newton-Verfahren. Hat man gar keine Vorstellung von einer geeigneten Wahl für $\mathbf{x}^1$, so läßt sich der Algorithmus immer in der folgenden Form anwenden.

Satz 7.2: *F sei zweimal stetig differenzierbar. Ist für einen Startpunkt $\mathbf{x}^1$ die Folge $(\mathbf{x}^k)$ definiert (d.h. $\nabla^2 F(\mathbf{x}^k)$ regulär für $k = 1, 2, \ldots$) und konvergiert sie gegen den Punkt $\mathbf{x}^0$ mit regulärer Hessematrix $\nabla^2 F(\mathbf{x}^0)$, so gilt $\nabla F(\mathbf{x}^0) = \mathbf{0}$.*

Beweis: Die Umgebung $\mathcal{V}$ von $\mathbf{x}^0$ und die Funktion $\mathbf{g} : \mathcal{V} \to \mathbb{R}^n$ seien wie im Beweis von Satz 7.1 gewählt. $\mathbf{g}$ ist stetig, also gilt

$$\mathbf{g}(\mathbf{x}^0) = \mathbf{g}(\lim_{k\to\infty} \mathbf{x}^k) = \lim_{k\to\infty} \mathbf{g}(\mathbf{x}^k) = \lim_{k\to\infty} \mathbf{x}^{k+1} = \mathbf{x}^0,$$

und es folgt $\nabla F(\mathbf{x}^0) = \mathbf{0}$.

Beispiel 7.1 (nach [13], p.141): Wir berechnen einen stationären Punkt des Problems

$$\min F(\mathbf{x}) := x_1^4 - 2x_1x_2 + 3x_2^3 - 3x_1 - x_2 + 6 \quad \text{bzgl. } \mathbf{x} \in \mathbb{R}^2 \tag{53}$$

approximativ bei Rundung zur 4-ten Nachkommastelle. Startpunkt sei $\mathbf{x}^1 = \begin{pmatrix}1\\1\end{pmatrix}$.
Mit

$$\nabla F(\mathbf{x}) = \begin{pmatrix} 4x_1^3 - 2x_2 - 3 \\ -2x_1 + 9x_2^2 - 1 \end{pmatrix}, \quad \nabla^2 F(\mathbf{x}) = \begin{pmatrix} 12x_1^2 & -2 \\ -2 & 18x_2 \end{pmatrix}$$

erhält man:

$$\begin{aligned}
\mathbf{x}^2 &= \mathbf{x}^1 - (\nabla^2 F(\mathbf{x}^1))^{-1} \nabla F(\mathbf{x}^1) \\
&= \begin{pmatrix} 1 \\ 1 \end{pmatrix} - \begin{pmatrix} 0.0849 & 0.0094 \\ 0.0094 & 0.0566 \end{pmatrix} \begin{pmatrix} -1 \\ 6 \end{pmatrix} = \begin{pmatrix} 1.0285 \\ 0.6698 \end{pmatrix} \\
\mathbf{x}^3 &= \mathbf{x}^2 - (\nabla^2 F(\mathbf{x}^2))^{-1} \nabla F(\mathbf{x}^2) \\
&= \begin{pmatrix} 1.0285 \\ 0.6698 \end{pmatrix} - \begin{pmatrix} 0.0809 & 0.0134 \\ 0.0134 & 0.0852 \end{pmatrix} \begin{pmatrix} 0.0122 \\ 0.9807 \end{pmatrix} = \begin{pmatrix} 1.0144 \\ 0.5861 \end{pmatrix} \\
\mathbf{x}^4 &= \mathbf{x}^3 - (\nabla^2 F(\mathbf{x}^3))^{-1} \nabla F(\mathbf{x}^3) \\
&= \begin{pmatrix} 1.0144 \\ 0.5861 \end{pmatrix} - \begin{pmatrix} 0.0835 & 0.0158 \\ 0.0158 & 0.0978 \end{pmatrix} \begin{pmatrix} 0.0031 \\ 0.0628 \end{pmatrix} = \begin{pmatrix} 1.0131 \\ 0.5799 \end{pmatrix} \\
\mathbf{x}^5 &= \mathbf{x}^4 - (\nabla^2 F(\mathbf{x}^4))^{-1} \nabla F(\mathbf{x}^4) \\
&= \begin{pmatrix} 1.0131 \\ 0.5799 \end{pmatrix} - \begin{pmatrix} 0.0838 & 0.0161 \\ 0.0161 & 0.0988 \end{pmatrix} \begin{pmatrix} -0.0005 \\ 0.0004 \end{pmatrix} = \begin{pmatrix} 1.0131 \\ 0.5799 \end{pmatrix}.
\end{aligned}$$

Wegen $\mathbf{x}^5 = \mathbf{x}^4$ ist bei der gewählten Rechengenauigkeit keine Verbesserung der Approximation möglich. Also ist $\mathbf{x}^0 \approx \begin{pmatrix} 1.0131 \\ 0.5799 \end{pmatrix}$ ein stationärer Punkt von (53). Da alle Hauptabschnittsdeterminanten von

$$\nabla^2 F(\mathbf{x}^0) \approx \begin{pmatrix} 12.3165 & -2 \\ -2 & 10.4382 \end{pmatrix}$$

positiv sind, ist nach Satz 6.3 $\mathbf{x}^0$ ein lokaler Minimalpunkt von (53). Das Problem (53) besitzt aber keine Lösung, denn

$$F(0, x_2) = 3x_2^3 - x_2 + 6, \quad x_2 \in \mathbb{R}$$

ist offensichtlich nicht nach unten beschränkt.

7.2 Abstiegsverfahren

Grundlegend für diesen Abschnitt sind die folgenden Begriffe.

Definition 7.2: Es sei $f : \mathbb{R}^n \to \mathbb{R}$ eine Funktion und $\tilde{\mathbf{x}} \in \mathbb{R}^n$. Ein Vektor $\mathbf{d} \in \mathbb{R}^n$ heißt *Abstiegsrichtung* von f in $\tilde{\mathbf{x}}$, wenn es eine Zahl $\vartheta > 0$ gibt, so daß

$$f(\tilde{\mathbf{x}} + \lambda \mathbf{d}) < f(\tilde{\mathbf{x}}) \quad \text{für alle } 0 < \lambda < \vartheta. \tag{54}$$

Definition 7.3: Es sei $\tilde{\mathbf{x}} \in \mathcal{M}$ ein zulässiger Punkt des Minimierungsproblems (1). Ein Vektor $\mathbf{d} \neq \mathbf{0}$ wird als *zulässige Richtung* in $\tilde{\mathbf{x}}$ bezeichnet, wenn es eine Zahl $\vartheta > 0$ gibt, so daß

$$\tilde{\mathbf{x}} + \lambda \mathbf{d} \in \mathcal{M} \quad \text{für alle } 0 < \lambda < \vartheta.$$

Damit ist auch klar, was unter einer *zulässigen Abstiegsrichtung* von F in $\tilde{\mathbf{x}}$ zu verstehen ist.

Abstiegsverfahren sind Iterationsverfahren des Typs

$$\mathbf{x}^{k+1} = \mathbf{x}^k + \lambda_k \mathbf{d}^k, \quad k = 1, 2, \ldots,$$

wobei $\mathbf{x}^1 \in \mathcal{M}$ ein Startpunkt, $\mathbf{d}^k$ eine zulässige Abstiegsrichtung von F in $\mathbf{x}^k$ und $\lambda_k \geq 0$ die *Schrittweite* ist. Die verschiedenen Verfahren unterscheiden sich in der Wahl der Abstiegsrichtungen und der Schrittweiten.

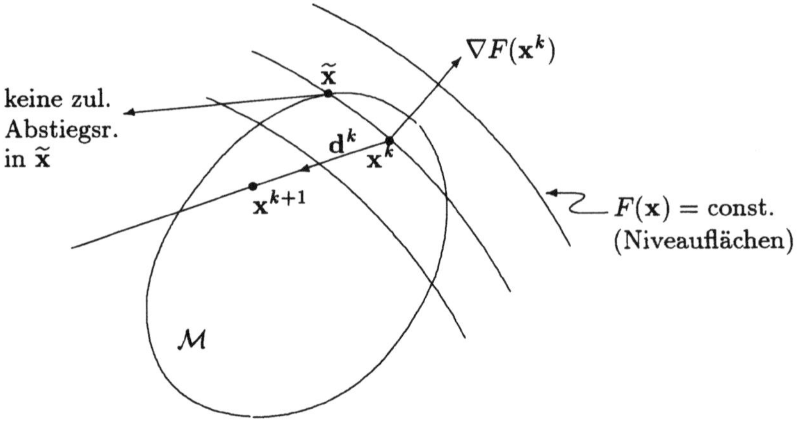

Bevor wir solche Verfahren näher beschreiben, geben wir eine Charakterisierung von Abstiegsrichtungen, im wesentlichen als solche Richtungen, die mit dem Gradienten einen stumpfen Winkel einschließen.

Lemma 7.1: *Es sei $f : \mathbb{R}^n \to \mathbb{R}$ stetig differenzierbar und $\tilde{\mathbf{x}} \in \mathbb{R}^n$.*

a) *Ist $\mathbf{d}$ eine Abstiegsrichtung von f in $\tilde{\mathbf{x}}$, so folgt $\nabla f(\tilde{\mathbf{x}})'\mathbf{d} \leq 0$.*

b) *Gilt $\nabla f(\tilde{\mathbf{x}})'\mathbf{d} < 0$, so ist $\mathbf{d}$ eine Abstiegsrichtung von f in $\tilde{\mathbf{x}}$.*

Beweis: Wir benutzen wieder die Beziehung

$$\nabla f(\widetilde{\mathbf{x}})'\mathbf{d} = \lim_{t \downarrow 0} \frac{1}{t}\big(f(\widetilde{\mathbf{x}} + t\mathbf{d}) - f(\widetilde{\mathbf{x}})\big)$$

für die Richtungsableitung von f im Punkt $\widetilde{\mathbf{x}}$ in Richtung $\mathbf{d}$.
a) Aus (54) folgt $\frac{1}{t}\big(f(\widetilde{\mathbf{x}}+t\mathbf{d}) - f(\widetilde{\mathbf{x}})\big) < 0$ für alle $0 < t < \vartheta$, durch Grenzübergang $t \downarrow 0$ also $\nabla f(\widetilde{\mathbf{x}})'\mathbf{d} \leq 0$.
b) Nach Voraussetzung ist $\lim_{t \downarrow 0} \frac{1}{t}\big(f(\widetilde{\mathbf{x}} + t\mathbf{d}) - f(\widetilde{\mathbf{x}})\big) < 0$. Aufgrund der Definition von $\lim_{t \downarrow 0}$ gibt es dann ein $\vartheta > 0$, so daß (54) erfüllt ist.

In Lemma 7.1a kann der Fall $\nabla f(\widetilde{\mathbf{x}})'\mathbf{d} = 0$ eintreten, wie das folgende Beispiel zeigt.

Beispiel 7.2:
Es sei $n = 1$, $f(x) = x^3$ und $\widetilde{x} = 0$.
$d = -1$ ist eine Abstiegsrichtung von f in $\widetilde{x}$, denn

$$f(\widetilde{x} + \lambda d) = -\lambda^3 < 0 = f(\widetilde{x}) \quad \text{für alle } \lambda > 0.$$

Jedoch gilt:

$$\nabla f(\widetilde{x})d = -f'(0) = 0.$$

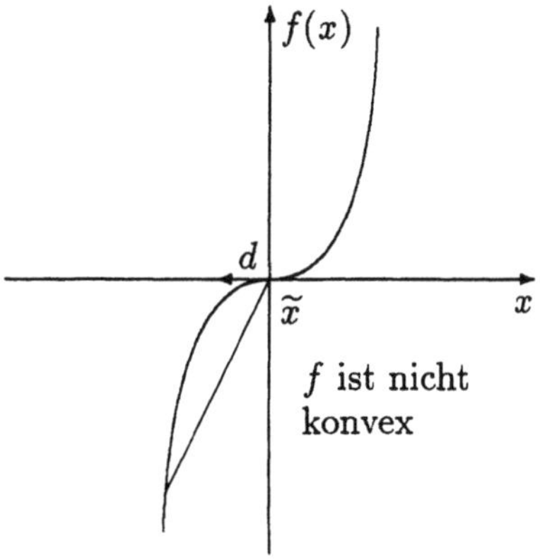

Lemma 7.2: $f : \mathbb{R}^n \to \mathbb{R}$ *sei stetig differenzierbar und konvex, und es sei* $\widetilde{\mathbf{x}} \in \mathbb{R}^n$. *Dann gilt:* $\mathbf{d}$ *ist genau dann eine Abstiegsrichtung von* f *in* $\widetilde{\mathbf{x}}$, *wenn* $\nabla f(\widetilde{\mathbf{x}})'\mathbf{d} < 0$.

Beweis: Eine Implikation ist bereits bewiesen. Es sei nun $\mathbf{d}$ eine Abstiegsrichtung von f in $\widetilde{\mathbf{x}}$. Dann gibt es ein $\vartheta > 0$, so daß

$$f(\widetilde{\mathbf{x}} + \lambda\mathbf{d}) < f(\widetilde{\mathbf{x}}) \quad \text{für alle } 0 < \lambda < \vartheta.$$

Man wähle ein festes $0 < \lambda_0 < \vartheta$. Wegen

$$0 < t\lambda_0 \leq \lambda_0 < \vartheta \quad \text{für alle } 0 < t \leq 1$$

folgt

$$f(\widetilde{\mathbf{x}} + t\lambda_0\mathbf{d}) < f(\widetilde{\mathbf{x}}) \quad \text{für alle } 0 < t \leq 1.$$

Man setze $\widetilde{\mathbf{y}} := \widetilde{\mathbf{x}} + \lambda_0\mathbf{d}$. Dann gilt

$$f(\widetilde{\mathbf{y}}) < f(\widetilde{\mathbf{x}})$$

und für jedes $0 < t < 1$ wegen der Konvexität von f

$$\begin{aligned} f(\widetilde{\mathbf{x}} + t(\widetilde{\mathbf{y}} - \widetilde{\mathbf{x}})) - f(\widetilde{\mathbf{x}}) &= f(t\widetilde{\mathbf{y}} + (1-t)\widetilde{\mathbf{x}}) - f(\widetilde{\mathbf{x}}) \\ &\leq tf(\widetilde{\mathbf{y}}) + (1-t)f(\widetilde{\mathbf{x}}) - f(\widetilde{\mathbf{x}}) \\ &= t\big(f(\widetilde{\mathbf{y}}) - f(\widetilde{\mathbf{x}})\big). \end{aligned}$$

Es folgt

$$\frac{f(\widetilde{\mathbf{x}} + t(\widetilde{\mathbf{y}} - \widetilde{\mathbf{x}})) - f(\widetilde{\mathbf{x}})}{t} \leq f(\widetilde{\mathbf{y}}) - f(\widetilde{\mathbf{x}}) \quad \text{für alle } 0 < t < 1$$

und durch Grenzübergang $t \downarrow 0$

$$\nabla f(\widetilde{\mathbf{x}})'(\widetilde{\mathbf{y}} - \widetilde{\mathbf{x}}) \leq f(\widetilde{\mathbf{y}}) - f(\widetilde{\mathbf{x}}) < 0.$$

Wegen $f(\widetilde{\mathbf{x}})'(\widetilde{\mathbf{y}} - \widetilde{\mathbf{x}}) = \nabla f(\widetilde{\mathbf{x}})'\lambda_0\mathbf{d}$ und $\lambda_0 > 0$ ist dann auch

$$\nabla f(\widetilde{\mathbf{x}})'\mathbf{d} < 0.$$

Lemma 7.3: *Es sei F stetig differnzierbar und $\mathcal{M}$ konvex. Ist $\widetilde{\mathbf{x}} \in \mathcal{M}$ kein stationärer Punkt von (1), dann gibt es eine zulässige Abstiegsrichtung von F in $\widetilde{\mathbf{x}}$.*

Beweis: Ist $\widetilde{\mathbf{x}} \in \mathcal{M}$ nicht stationär, so gibt es ein $\mathbf{x} \in \mathcal{M}$ mit $\nabla F(\widetilde{\mathbf{x}})'(\mathbf{x} - \widetilde{\mathbf{x}}) < 0$. Nach Lemma 7.1b ist $\mathbf{d} := \mathbf{x} - \widetilde{\mathbf{x}}$ eine Abstiegsrichtung von F in $\widetilde{\mathbf{x}}$. Diese ist zulässig, da wegen der Konvexität von $\mathcal{M}$ gilt

$$\widetilde{\mathbf{x}} + \lambda\mathbf{d} = \lambda\mathbf{x} + (1-\lambda)\widetilde{\mathbf{x}} \in \mathcal{M} \quad \text{für alle } 0 < \lambda < 1.$$

Wir setzen jetzt voraus, daß in dem Minimierungsproblem (1) F stetig differenzierbar und $\mathcal{M}$ konvex ist. Die Grundstruktur von Abstiegsverfahren zur Bestimmung stationärer Punkte von (1) ist wie folgt.

(1) Man wähle einen Startpunkt $\mathbf{x}^1 \in \mathcal{M}$ und setzte $k = 1$.

(2) Ist $\mathbf{x}^k \in \mathcal{M}$ stationär, dann erfolgt Abbruch.
Andernfalls wähle man eine zulässige Abstiegsrichtung $\mathbf{d}^k$ von F in $\mathbf{x}^k$ (vgl. Lemma 7.3).

(3) Bestimmung der Schrittweite λ_k nach einem geeigneten Verfahren.
Oft wird die folgende Variante benutzt:
Als Durchschnitt konvexer Mengen ist

$$\mathcal{M} \cap \{\mathbf{x}^k + \lambda\mathbf{d}^k : \lambda \geq 0\}$$

konvex und natürlich eindimensional, also von der Gestalt

$$\{\mathbf{x}^k + \lambda \mathbf{d}^k : \lambda \in \mathcal{I}_k\}$$

für ein bestimmtes Intervall $\mathcal{I}_k \subset \mathbb{R}$ mit dem linken Randpunkt 0. Die Funktion

$$\varphi_k(\lambda) = F(\mathbf{x}^k + \lambda \mathbf{d}^k), \quad \lambda \in \mathcal{I}_k$$

ist differenzierbar. Es sei vorausgesetzt, daß sie auf $\mathcal{I}_k$ ihr Minimum annimmt. Dann sei λ_k eine Minimalstelle von φ_k auf $\mathcal{I}_k$, also

$$F(\mathbf{x}^k + \lambda_k \mathbf{d}^k) = \min\{F(\mathbf{x}^k + \lambda \mathbf{d}^k) : \lambda \geq 0,\ \mathbf{x}^k + \lambda \mathbf{d}^k \in \mathcal{M}\}.$$

Zur Bestimmung von λ_k können die Methoden der Differentialrechnung einer Variablen herangezogen werden.

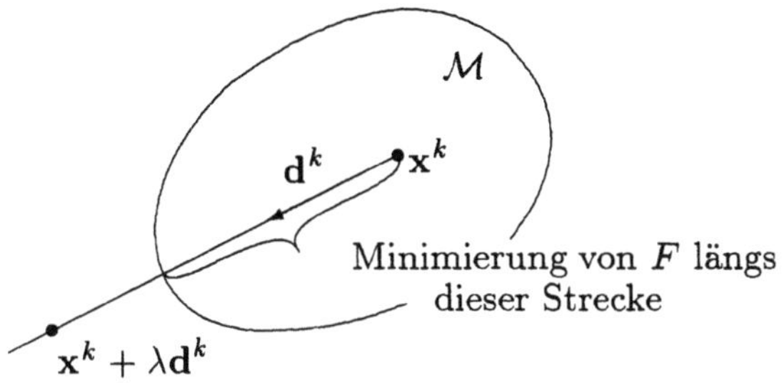

(4) Man setze $\mathbf{x}^{k+1} := \mathbf{x}^k + \lambda_k \mathbf{d}^k$ und gehe wieder zu **(2)**.

Bricht der Algorithmus nicht nach endlich vielen Schritten bei einem stationären Punkt $\mathbf{x}^k = \mathbf{x}^0$ ab, so liefert er eine unendliche Folge

$$\mathbf{x}^1, \mathbf{x}^2, \ldots, \mathbf{x}^k, \mathbf{x}^{k+1}, \ldots \quad \text{in } \mathcal{M}$$

mit

$$F(\mathbf{x}^1) > F(\mathbf{x}^2) > \ldots > F(\mathbf{x}^k) > F(\mathbf{x}^{k+1}) > \ldots .$$

Unter geeigneten Voraussetzungen läßt sich dann zeigen, daß die Folge $(\mathbf{x}^k)$ Häufungspunkte besitzt und jeder solche ein stationärer Punkt von (1) ist. Im nächsten Abschnitt werden wir einen Satz dieser Art für ein spezielles Abstiegsverfahren beweisen.

Beispiel 7.3 (nach [10], S.108ff.)**:** Zu lösen ist das Programm

$$\min x_1^2 + x_2^2 - 14x_1 - 14x_2 \quad \text{bzgl. } \mathbf{x} \in \mathcal{M}, \tag{55}$$

wobei $\mathcal{M} \subset \mathbb{R}^2$ eine konvexe Menge ist, derart daß $\mathcal{M} \cap \mathbb{R}^2_+$ aus allen Konvexkombinationen der Punkte $\mathbf{0}$, $\begin{pmatrix} 8 \\ 0 \end{pmatrix}$, $\begin{pmatrix} 0 \\ 6 \end{pmatrix}$ besteht.

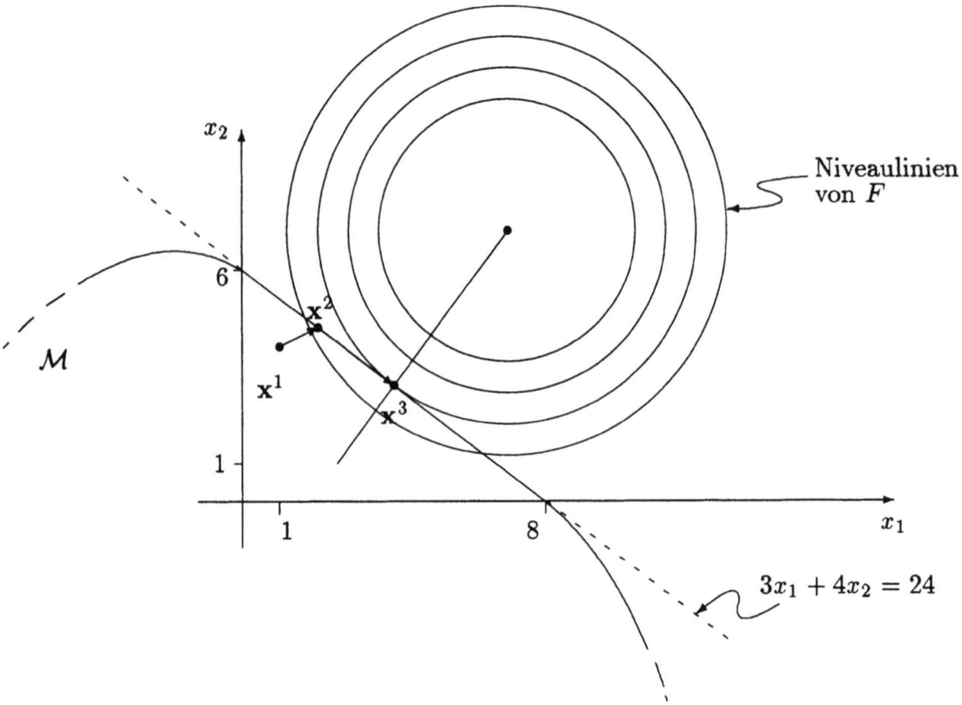

Die Niveaulinien der Zielfunktion

$$F(\mathbf{x}) = x_1^2 + x_2^2 - 14x_1 - 14x_2 = (x_1 - 7)^2 + (x_2 - 7)^2 - 98$$

sind konzentrische Kreise mit dem gemeinsamen Mittelpunkt $\begin{pmatrix}7\\7\end{pmatrix}$. Damit ist klar, daß der Fußpunkt des vom Punkt $\begin{pmatrix}7\\7\end{pmatrix}$ auf die Gerade durch $\begin{pmatrix}8\\0\end{pmatrix}$, $\begin{pmatrix}0\\6\end{pmatrix}$ gefällten Lotes Lösung von (55) ist.

Wir zeigen, wie man dieses Resultat mit dem oben angegebenen Verfahren erhält. Zunächst ist

$$\nabla F(\mathbf{x}) = \begin{pmatrix} 2x_1 - 14 \\ 2x_2 - 14 \end{pmatrix}, \quad \nabla^2 F(\mathbf{x}) = \begin{pmatrix} 2 & 0 \\ 0 & 2 \end{pmatrix}$$

und nach Lemma 6.5 F konvex. Jeder stationäre Punkt von (55) ist also eine Lösung von (55).

Als Startpunkt für den Algorithmus wählen wir $\mathbf{x}^1 = \begin{pmatrix}1\\4\end{pmatrix}$.

Allgemein ist in jedem inneren, nicht stationären Punkt das Negative des Gradienten eine zulässige Abstiegsrichtung (nach einer bekannten Eigenschaft des Gradienten sogar die mit dem stärksten Abstieg). Wegen $-\nabla F(\mathbf{x}^1) = \begin{pmatrix}12\\6\end{pmatrix} = 6\begin{pmatrix}2\\1\end{pmatrix}$

sei $\mathbf{d}^1 = \begin{pmatrix} 2 \\ 1 \end{pmatrix}$. Dann ist

$$\varphi_1(\lambda) = F(1+2\lambda, 4+\lambda) = 5\lambda^2 - 30\lambda - 53$$

und $\mathcal{I}_1 = [0, \frac{1}{2}]$ wegen

$$3(1+2\lambda) + 4(4+\lambda) \leq 24 \Leftrightarrow \lambda \leq \frac{1}{2}.$$

Nullstellen von $\varphi_1'(\lambda) = 10\lambda - 30$ liegen nicht in $\mathcal{I}_1$, also ist $\lambda_1 = \frac{1}{2}$ Randpunkt von $\mathcal{I}_1$. Es kommt $\mathbf{x}^2 = \mathbf{x}^1 + \lambda_1 \mathbf{d}^1 = \begin{pmatrix} 2 \\ \frac{9}{2} \end{pmatrix}$.

Die Abstiegsrichtung $-\nabla F(\mathbf{x}^2) = \begin{pmatrix} 10 \\ 5 \end{pmatrix}$ ist nicht zulässig, und wir wählen $\mathbf{d}^2 = \begin{pmatrix} 4 \\ -3 \end{pmatrix}$. Dann ist

$$\varphi_2(\lambda) = F(2+4\lambda, \frac{9}{2} - 3\lambda) = 25\lambda^2 - 25\lambda - \frac{267}{4}$$

und $\mathcal{I}_2 \supset [0, \frac{3}{2}]$ wegen

$$3(2+4\lambda) + 4(\frac{9}{2} - 3\lambda) = 24 \qquad \text{für alle } \lambda$$

$$\frac{9}{2} - 3\lambda \geq 0 \Leftrightarrow \lambda \leq \frac{3}{2}.$$

Damit liegt die Nullstelle von $\varphi_2'(\lambda) = 50\lambda - 25$ in $\mathcal{I}_2$, und es ist $\lambda_2 = \frac{1}{2}$. Es kommt $\mathbf{x}^3 = \mathbf{x}^2 + \lambda_2 \mathbf{d}^2 = \begin{pmatrix} 4 \\ 3 \end{pmatrix}$. Da

$$\nabla F(\mathbf{x}^3)'(\mathbf{x} - \mathbf{x}^3) = -6x_1 - 8x_2 + 48 \geq 0 \qquad \text{für alle } \mathbf{x} \in \mathcal{M},$$

ist $\mathbf{x}^3 = \mathbf{x}^0$ ein stationärer Punkt von (55).

7.2.1 Bedingte Gradienten-Methode

Über das Programm (1) setzen wir voraus:

F ist stetig differenzierbar

$\mathcal{M}$ ist konvex, beschränkt und abgeschlossen.

Abgeschlossene und beschränkte Teilmengen $\mathcal{A}$ des $\mathbb{R}^r$ heißen *kompakt*. Sie sind dadurch charakterisiert, daß jede Folge mit Gliedern in $\mathcal{A}$ einen Häufungspunkt in $\mathcal{A}$ besitzt. Diese Eigenschaft wird im folgenden eine entscheidende Rolle spielen.

Spezielle Abstiegsverfahren erhält man durch Festlegen der Abstiegsrichtung und der Schrittweite in jedem Iterationsschritt. Wir stellen ein Verfahren vor, welches sich hierzu des Gradienten bedient, unabhängig davon, ob das Negative des Gradientenvektors eine zulässige Richtung ist.

(1) Man wähle ein beliebiges $\mathbf{x}^1 \in \mathcal{M}$ und setze $k = 1$.

(2) Ist $\mathbf{x}^k \in \mathcal{M}$ stationär, dann ist der Algorithmus abzubrechen. Andernfalls löse man das Programm mit *linearer Zielfunktion*

$$\min \nabla F(\mathbf{x}^k)'\mathbf{x} \quad \text{bez. } \mathbf{x} \in \mathcal{M}.$$

Es besitzt eine Lösung $\mathbf{y}^k \in \mathcal{M}$ nach Satz 6.1.
Dann gilt $\nabla F(\mathbf{x}^k)'\mathbf{y}^k < \nabla F(\mathbf{x}^k)'\mathbf{x}^k$, da sonst

$$\nabla F(\mathbf{x}^k)'\mathbf{x}^k \leq \nabla F(\mathbf{x}^k)'\mathbf{y}^k \leq \nabla F(\mathbf{x}^k)'\mathbf{x} \quad \text{für alle } \mathbf{x} \in \mathcal{M}$$

und $\mathbf{x}^k$ doch stationär wäre. $\mathbf{d}^k := \mathbf{y}^k - \mathbf{x}^k$ ist also nach Lemma 7.1b eine Abstiegsrichtung von F in $\mathbf{x}^k$, und diese ist zulässig wegen der Konvexität von $\mathcal{M}$:

$$\mathbf{x}^k + \lambda\mathbf{d}^k = \lambda\mathbf{y}^k + (1-\lambda)\mathbf{x}^k \in \mathcal{M} \quad \text{für alle } 0 < \lambda < 1. \tag{56}$$

(3) λ_k sei eine Lösung des *eindimensionalen Optimierungsproblems*

$$\min F\big(\mathbf{x}^k + \lambda(\mathbf{y}^k - \mathbf{x}^k)\big) \quad \text{bez. } 0 \leq \lambda \leq 1,$$

d.h. eine Minimalstelle der Funktion

$$\varphi_k(\lambda) = F(\mathbf{x}^k + \lambda\mathbf{d}^k), \quad \lambda \in [0,1].$$

Eine solche existiert ebenfalls nach Satz 6.1

(4) Man setze $\mathbf{x}^{k+1} := \mathbf{x}^k + \lambda_k(\mathbf{y}^k - \mathbf{x}^k)$ und gehe wieder zu **(2)**.

Wegen (56) und da $\mathbf{d}^k$ eine Abstiegsrichtung von F in $\mathbf{x}^k$ ist, gilt: Ist $\mathbf{x}^k \in \mathcal{M}$ nicht stationär, so bestimmt der Algorithmus ein $\mathbf{x}^{k+1} \in \mathcal{M}$ mit $F(\mathbf{x}^{k+1}) < F(\mathbf{x}^k)$.

Satz 7.3: *In dem Minimierungsproblem* (1) *seien F stetig differenzierbar, $\mathcal{M}$ konvex, beschränkt und abgeschlossen. Bricht der vorstehend beschriebene Algorithmus nicht nach endlich vielen Schritten bei einem stationären Punkt $\mathbf{x}^k = \mathbf{x}^0$ von* (1) *ab, so liefert er eine unendliche Folge $(\mathbf{x}^k)_{k=1,2,\ldots}$ in $\mathcal{M}$, für die gilt: Jeder Häufungspunkt $\mathbf{x}^0$ der Folge $(\mathbf{x}^k)$ ist ein stationärer Punkt von* (1).

Beweis: Der Algorithmus breche nicht ab, und es sei $\mathbf{x}^0$ ein Häufungspunkt der Folge $(\mathbf{x}^k)$; solche existieren und liegen notwendig in $\mathcal{M}$, da $\mathcal{M}$ kompakt ist. Die Folge $\big(F(\mathbf{x}^k)\big)$ ist streng monoton fallend, also gilt

$$F(\mathbf{x}^0) < F(\mathbf{x}^k) \quad \text{für alle } k \geq 1. \tag{57}$$

Da $\mathbf{x}^0$ ein Häufungspunkt von $(\mathbf{x}^k)$ ist, gibt es eine gegen $\mathbf{x}^0$ konvergente Teilfolge $(\mathbf{x}^{k_j})$ von $(\mathbf{x}^k)$. Die zugehörige Folge $(\mathbf{y}^{k_j})$ besitzt einen Häufungspunkt $\mathbf{y}^0$ in der kompakten Menge $\mathcal{M}$. Daher kann man die Teilfolge $(\mathbf{x}^{k_j})$ so auswählen, daß zugleich gilt:

$$\lim_{j\to\infty} \mathbf{x}^{k_j} = \mathbf{x}^0 \quad \text{und} \quad \lim_{j\to\infty} \mathbf{y}^{k_j} = \mathbf{y}^0. \tag{58}$$

Nach Wahl von $\mathbf{y}^k$ hat man

$$\nabla F(\mathbf{x}^k)'\mathbf{y}^k \leq \nabla F(\mathbf{x}^k)'\mathbf{x} \quad \text{für alle } k \geq 1 \text{ und alle } \mathbf{x} \in \mathcal{M}.$$

Aufgrund der stetigen Differenzierbarkeit von F und (58) folgt hieraus

$$\nabla F(\mathbf{x}^0)'\mathbf{y}^0 \leq \nabla F(\mathbf{x}^0)'\mathbf{x} \quad \text{für alle } \mathbf{x} \in \mathcal{M}. \tag{59}$$

Wir zeigen nun, daß gilt

$$\nabla F(\mathbf{x}^0)'\mathbf{x}^0 \leq \nabla F(\mathbf{x}^0)'\mathbf{y}^0. \tag{60}$$

Angenommen, es ist $\nabla F(\mathbf{x}^0)'\mathbf{x}^0 > \nabla F(\mathbf{x}^0)'\mathbf{y}^0$, d.h. $\nabla F(\mathbf{x}^0)'(\mathbf{y}^0 - \mathbf{x}^0) < 0$. Nach Lemma 7.1b gibt es dann ein $0 < \lambda < 1$ mit

$$F\big(\mathbf{x}^0 + \lambda(\mathbf{y}^0 - \mathbf{x}^0)\big) < F(\mathbf{x}^0).$$

Wegen (58) und der Stetigkeit von F gibt es dann $j_0 \in \mathbb{N}$, so daß

$$F\big(\mathbf{x}^{k_j} + \lambda(\mathbf{y}^{k_j} - \mathbf{x}^{k_j})\big) < F(\mathbf{x}^0) \quad \text{für alle } j \geq j_0.$$

Nach Wahl von λ_{k_j} ist aber $F(\mathbf{x}^{k_j+1}) \leq F\big(\mathbf{x}^{k_j} + \lambda(\mathbf{y}^{k_j} - \mathbf{x}^{k_j})\big)$, und es folgt

$$F(\mathbf{x}^{k_j+1}) < F(\mathbf{x}^0) \quad \text{für alle } j \geq j_0,$$

im Widerspruch zu (57).

Damit ist (60) bewiesen, und zusammen mit (59) erhält man

$$\nabla F(\mathbf{x}^0)'\mathbf{x}^0 \leq \nabla F(\mathbf{x}^0)'\mathbf{x} \quad \text{für alle } \mathbf{x} \in \mathcal{M}.$$

$\mathbf{x}^0$ ist also ein stationärer Punkt von (1).

Bemerkung: Als monotone Folge mit einer konvergenten Teilfolge ist $\big(F(\mathbf{x}^k)\big)$ konvergent und

$$\lim_{k\to\infty} F(\mathbf{x}^k) = \lim_{j\to\infty} F(\mathbf{x}^{k_j}) = F(\mathbf{x}^0).$$

In Satz 7.1 gilt also zusätzlich: *Alle Häufungspunkte der Folge* $(\mathbf{x}^k)$ *haben denselben Zielfunktionswert* $\lim_{k\to\infty} F(\mathbf{x}^k)$.

Übungsaufgaben

38. Man berechne mit dem Newton-Verfahren auf k Dezimalen gerundet den in der Nähe von $\mathbf{x}^1$ gelegenen stationären Punkt des Problems:

    a) $\min \frac{1}{6}x^6 + \frac{1}{4}x^4 - 21x^2 - 45x + 1 \quad \text{bez. } x \in \mathbb{R};\ k = 2,\ x^{(1)} = -2$

    b) $\min \frac{1}{4}x^4 + \frac{2}{5}x^3 + \frac{3}{4}x^2 + \frac{8}{5}x + 1 \quad \text{bez. } x \in \mathbb{R};\ k = 2,\ x^{(1)} = -1$

    c) $\min x_1^2 + 2x_2^4 - 4x_1x_2 + 5x_1 \quad \text{bez. } \mathbf{x} \in \mathbb{R}^2;\ k = 3,\ \mathbf{x}^1 = (-1,-1)'$

    Entscheide jeweils, ob es sich um einen lokalen Minimalpunkt handelt.

39. Man zeige an Hand von Beispielen, daß zu der (nicht konvexen) Funktion

    $$f(\mathbf{x}) = x_1^2 - x_2^2, \quad \mathbf{x} \in \mathbb{R}^2$$

    Punkte $\widetilde{\mathbf{x}}$ und Abstiegsrichtungen $\mathbf{d}$ von f in $\widetilde{\mathbf{x}}$ existieren, so daß $\nabla f(\widetilde{\mathbf{x}})'\mathbf{d} = 0$.

40. Zu den Schritten **(2)**, **(3)** des allgemeinen Abstiegsverfahrens:

    a) *Gradienten-Methode*: Ist in **(2)** $\mathbf{x}^k \in \mathcal{M}$ nicht stationär und $-\nabla F(\mathbf{x}^k)$ eine zulässige Richtung in $\mathbf{x}^k$, so wähle man $\mathbf{d}^k := -\nabla F(\mathbf{x}^k)$. Man rechtfertige dieses Verfahren!

    b) Wie läßt sich die in **(3)** erklärte *optimale Schrittweite* λ_k bestimmen?

41. (Question 2.9 in [9], p.41) Auf das Problem

    $$\min x_1^2 + 2x_2^2 + 4x_1 + 4x_2 \quad \text{bez. } \mathbf{x} \in \mathbb{R}^2$$

    wende man die Gradienten-Methode mit optimaler Schrittweite an, ausgehend von dem Startpunkt $\mathbf{x}^1 = \mathbf{0}$. Man zeige, daß dabei die Folge $(\mathbf{x}^k)$ mit

    $$\mathbf{x}^k = \left(\frac{2}{3^{k-1}} - 2,\ \left(-\frac{1}{3}\right)^{k-1} - 1\right)', \quad k = 1,2,3,\ldots$$

    entsteht. Berechne $\lim_{k\to\infty} \mathbf{x}^k$ und vergleiche mit der Lösung des Problems!

42. (Question 2.8 in [9], p.41) Man zeige, daß bei Anwendung der Gradienten-Methode mit optimaler Schrittweite auf das Problem

    $$\min 2x_1^2 - 2x_1x_2 + x_2^2 + 2x_1 - 2x_2 \quad \text{bez. } \mathbf{x} \in \mathbb{R}^2$$

    gilt: Ist $\mathbf{x}^{2k-1} = \left(0, 1 - \frac{1}{5^{k-1}}\right)'$, so folgt $\mathbf{x}^{2k+1} = \left(0, 1 - \frac{1}{5^k}\right)'$ für $k = 1, 2, 3, \ldots$. Hieraus folgere man, daß die Lösung des Problems Häufungspunkt einer Iterationsfolge $(\mathbf{x}^k)$ ist.

43. Man löse das Programm

$$\begin{array}{ll} \min & 2x_1^2 - 2x_1x_2 + x_2^2 + 2x_1 - 2x_2 \\ \text{bez.} & 0 \le x_1 \le 2 \\ & 0 \le x_2 \le 2 \end{array}$$

nach der bedingten Gradienten-Methode, ausgehend von dem Startpunkt $\mathbf{x}^1 = \mathbf{0}$.

44. Gegeben sei das Optimierungsproblem

$$\begin{array}{ll} \min & (x_1 + 1)^2 + (x_2 - 1)^2 \\ \text{bez.} & 0 \le x_1 \le 2 \\ & 0 \le x_2 \le 2. \end{array}$$

a) Man skizziere den zulässigen Bereich $\mathcal{M}$ und die Niveaulinien der Zielfunktion F im $\mathbb{R}^2$ und bestimme die Optimallösung durch geometrische Überlegung.

b) Vom Startpunkt $\mathbf{x}^1 = (1, 0)'$ ausgehend, berechne man den nächsten Iterationspunkt einerseits nach der Gradienten-Methode mit optimaler Schrittweite und andererseits nach der bedingten Gradienten-Methode. Man trage die Resultate in die Skizze ein und vergleiche.

Dieses Beispiel zeigt, daß die durch die bedingte Gradienten-Methode gewonnene Richtung nicht mit der negativen Gradientenrichtung übereinzustimmen braucht, auch wenn letztere eine zulässige Richtung ist.

45. Ausgehend vom Startpunkt $\mathbf{x}^1 = \mathbf{0}$ berechne man nach einem Abstiegsverfahren die (eindeutig bestimmte) Lösung des Problems:

a) $\min\ 2x_1^2 + 10x_2^2 - 4x_1x_2 - 2x_1 - 2x_2 + 1 \quad \text{bez. } \mathbf{x} \in \mathbb{R}^2$

b) $\min\ x_1^4 + x_2^4 + 2x_1^2x_2^2 - 4x_2 + 3 \quad \text{bez. } \mathbf{x} \in \mathbb{R}^2$

c) $$\begin{array}{ll} \min & \frac{1}{2}x_1^2 + \frac{5}{2}x_2^2 + x_3^2 + 2x_1x_2 + x_2x_3 - 2x_1 - 4x_2 - 6x_3 \\ \text{bez.} & x_1 + x_2 + x_3 \le 5 \\ & 2x_1 + \phantom{x_2 +{}} x_3 \le 6 \\ & \mathbf{x} \ge \mathbf{0} \end{array}$$

46. Für die Gradienten-Metode mit optimaler Schrittweite beweise man: Ist $\mathbf{x}^{k+1}$ kein Randpunkt von $\mathcal{M}$, so verläuft die Bewegungsrichtung $\mathbf{d}^{k+1}$ senkrecht zur vorherigen Bewegungsrichtung $\mathbf{d}^k$, $k = 1, 2, \ldots$.

IIIb Minimierungsprobleme mit expliziten Restriktionen

8 Vorbemerkungen

Ausgangspunkt ist das Minimierungsproblem (1′). Ohne Einschränkung der Allgemeinheit dürfen die rechten Seiten in den Restriktionen gleich Null gesetzt werden. Ferner fassen wir die Funktionen f_i, g_i, h_i folgendermaßen zu Vektorfunktionen $\mathbf{f} : \mathbb{R}^n \to \mathbb{R}^{m_0}$, $\mathbf{g} : \mathbb{R}^n \to \mathbb{R}^{m_1}$ und $\mathbf{h} : \mathbb{R}^n \to \mathbb{R}^{m_2}$ zusammen:

$$\mathbf{f}(\mathbf{x}) = \begin{pmatrix} f_1(\mathbf{x}) \\ f_2(\mathbf{x}) \\ \vdots \\ f_{m_0}(\mathbf{x}) \end{pmatrix}, \quad \mathbf{g}(\mathbf{x}) = \begin{pmatrix} g_1(\mathbf{x}) \\ g_2(\mathbf{x}) \\ \vdots \\ g_{m_1}(\mathbf{x}) \end{pmatrix}, \quad \mathbf{h}(\mathbf{x}) = \begin{pmatrix} h_1(\mathbf{x}) \\ h_2(\mathbf{x}) \\ \vdots \\ h_{m_2}(\mathbf{x}) \end{pmatrix}.$$

Dann lautet das Programm (1′):

$$\begin{array}{llcl} \min & F(\mathbf{x}) & & \qquad (1'\text{a}) \\ \text{bez.} & \mathbf{f}(\mathbf{x}) & \leq & \mathbf{0} \qquad (1'\text{b}) \\ & \mathbf{g}(\mathbf{x}) & = & \mathbf{0} \qquad (1'\text{c}) \\ & \mathbf{h}(\mathbf{x}) & \geq & \mathbf{0}. \qquad (1'\text{d}) \end{array}$$

Wir nennen $\mathbf{f}$ *stetig, stetig differenzierbar, konvex,...*, wenn alle Komponentenfunktionen $f_1, \ldots, f_{m_0}$ stetig, stetig differenzierbar, konvex,... sind. Entsprechendes gelte für $\mathbf{g}, \mathbf{h}$.
Offensichtlich gilt:

Lemma 8.1: *Sind* $\mathbf{f}, \mathbf{g}, \mathbf{h}$ *stetig, so ist der zulässige Bereich von* (1′) *abgeschlossen.*

In den folgenden Abschnitten untersuchen wir die Lösbarkeit des Problems (1′) unter Differenzierbarkeits- oder/und Konvexitätsvoraussetzungen an die beteiligten Funktionen. Werden nur Differenzierbarkeitsvoraussetzungen gemacht, so genügt es, das Problem (1′a,b,c) zu betrachten, denn $-\mathbf{h}$ hat dieselben Differenzierbarkeitseigenschaften wie $\mathbf{h}$.
Anders verhält es sich bei Konvexitätsvoraussetzungen. Hier ist es wesentlich, die Konvexität des zulässigen Bereiches von (1′) zu erzwingen. Satz 1.1 behandelt das Programm (1′a,b) (mit zusätzlichen Vorzeichenrestriktionen). Es erhebt sich die Frage, wie sich das Resultat auf das volle Programm (1′) ausdehnen läßt, indem

man die weiteren Restriktionen (1'c,d) auf die Gestalt (1'b) bringt. In (1'd) hätte man die Voraussetzung zu machen, daß $-\mathbf{h}$ konvex, d.h. $\mathbf{h}$ konkav ist. Was (1'c) betrifft, so gibt Aufschluß:

Lemma 8.2: *Eine Funktion $g : \mathbb{R}^n \to \mathbb{R}$ ist genau dann zugleich konvex und konkav, wenn sie affin-linear ist.*

Beweis: Eine Richtung wurde bereits in Lemma 1.1 bewiesen. Sind g und $-g$ konvex, so gilt nach Definition 1.3 für alle $\mathbf{x}, \mathbf{y} \in \mathbb{R}^n$:

$$g(\lambda\mathbf{x} + (1-\lambda)\mathbf{y}) = \lambda g(\mathbf{x}) + (1-\lambda)g(\mathbf{y}) \quad \text{für alle } 0 \le \lambda \le 1.$$

Wir setzen $G(\mathbf{x}) := g(\mathbf{x}) - g(\mathbf{0})$. Dann erhält man

$$\begin{aligned} G(\lambda\mathbf{x}) &= g(\lambda\mathbf{x}) - g(\mathbf{0}) = g\big(\lambda\mathbf{x} + (1-\lambda)\mathbf{0}\big) - g(\mathbf{0}) \\ &= \lambda g(\mathbf{x}) + (1-\lambda)g(\mathbf{0}) - g(\mathbf{0}) = \lambda G(\mathbf{x}) \end{aligned}$$

für alle $\mathbf{x} \in \mathbb{R}^n$ und alle $0 \le \lambda \le 1$. Diese Beziehung läßt sich leicht auf alle $\lambda \ge 0$ ausdehnen: Für $\lambda > 1$ gilt nämlich $0 < \frac{1}{\lambda} < 1$ und

$$G(\lambda\mathbf{x}) = \lambda \cdot \frac{1}{\lambda} G(\lambda\mathbf{x}) = \lambda G(\frac{1}{\lambda} \cdot \lambda\mathbf{x}) = \lambda G(\mathbf{x}).$$

Für $\mathbf{x}, \mathbf{y} \in \mathbb{R}^n$ haben wir nun

$$\begin{aligned} G(\mathbf{x}+\mathbf{y}) &= g(\mathbf{x}+\mathbf{y}) - g(\mathbf{0}) = g(\frac{1}{2} \cdot 2\mathbf{x} + \frac{1}{2} \cdot 2\mathbf{y}) - g(\mathbf{0}) \\ &= \frac{1}{2} g(2\mathbf{x}) + \frac{1}{2} g(2\mathbf{y}) - g(\mathbf{0}) \\ &= \frac{1}{2} G(2\mathbf{x}) + \frac{1}{2} G(2\mathbf{y}) = G(\mathbf{x}) + G(\mathbf{y}). \end{aligned}$$

Insbesondere folgt $G(\mathbf{x}) + G(-\mathbf{x}) = G\big(\mathbf{x} + (-\mathbf{x})\big) = G(\mathbf{0}) = 0$, also $G(-\mathbf{x}) = -G(\mathbf{x})$; damit gilt auch für $\lambda < 0$

$$G(\lambda\mathbf{x}) = G\big(-\lambda(-\mathbf{x})\big) = -\lambda G(-\mathbf{x}) = \lambda G(\mathbf{x}).$$

Bezeichnen nun $\mathbf{u}^1, \dots, \mathbf{u}^n$ die kanonischen Einheitsvektoren des $\mathbb{R}^n$, und setzen wir

$$a_1 := G(\mathbf{u}^1), \dots, a_n := G(\mathbf{u}^n) \quad \text{sowie} \quad \mathbf{a} := (a_1, \dots, a_n)',$$

so gilt für jedes $\mathbf{x} = (x_1, \dots, x_n)' \in \mathbb{R}^n$ nach dem Bewiesenen:

$$\begin{aligned} G(\mathbf{x}) &= G(\sum_{j=1}^n x_j \mathbf{u}^j) = \sum_{j=1}^n G(x_j \mathbf{u}^j) = \sum_{j=1}^n x_j G(\mathbf{u}^j) \\ &= \sum_{j=1}^n a_j x_j = \mathbf{a}'\mathbf{x}. \end{aligned}$$

Mit $b := g(\mathbf{0})$ folgt schließlich

$$g(\mathbf{x}) = G(\mathbf{x}) + g(\mathbf{0}) = \mathbf{a}'\mathbf{x} + b \quad \text{für alle } \mathbf{x} \in \mathbb{R}^n,$$

d.h. g ist affin-linear.

Damit ist klar, daß bei Konvexitätsvoraussetzungen der natürliche Ausgangspunkt das Programm (1'a,b) – eventuell mit zusätzlichen Vorzeichenrestriktionen oder affin-linearen Gleichungsrestriktionen – ist.

Mit den Lemmata 6.1, 6.2 und 8.1 sowie Satz 6.1 erhält man die folgende Übersicht:

$$\begin{array}{ccc}
\boxed{\mathbf{f},\mathbf{g} \text{ stetig differenzierbar}} & \Rightarrow & \mathbf{f},\mathbf{g} \text{ stetig} \\
+ & & \Downarrow \\
\boxed{\mathcal{M} \neq \emptyset \text{ beschränkt}} & & \mathcal{M} \text{ abgeschlossen} \\
+ & & \\
\boxed{F \text{ stetig differenzierbar}} & \Rightarrow & F \text{ stetig}
\end{array}
\left.\begin{array}{c} \\ \\ \\ \\ \\ \end{array}\right\} \Rightarrow \boxed{\begin{array}{c}(1'\text{a,b,c}) \\ \text{besitzt eine} \\ \text{Lösung}\end{array}}$$

$$\begin{array}{ccc}
\boxed{\mathbf{f} \text{ konvex}} & \Rightarrow & \mathbf{f} \text{ stetig} \\
+ & & \Downarrow \\
\boxed{\mathcal{M} \neq \emptyset \text{ beschränkt}} & & \mathcal{M} \text{ abgeschlossen} \\
+ & & \\
\boxed{F \text{ konvex}} & \Rightarrow & F \text{ stetig}
\end{array}
\left.\begin{array}{c} \\ \\ \\ \\ \\ \end{array}\right\} \Rightarrow \boxed{\begin{array}{c}(1'\text{a,b}) \\ \text{besitzt eine} \\ \text{Lösung}\end{array}}$$

Übungsaufgaben

47. Es sei $\mathcal{D}$ eine konvexe Teilmenge des $\mathbb{R}^n$ und $f : \mathcal{D} \to \mathbb{R}$ eine konvexe Funktion. Man zeige, daß dann für jedes $b \in \mathbb{R}$ die sog. Niveaumenge (level set)

$$\mathcal{L}_b = \{\mathbf{x} \in \mathcal{D} : \ f(\mathbf{x}) \leq b\}$$

konvex ist. Ist diese Bedingung auch hinreichend für die Konvexität von f auf $\mathcal{D}$?

48. Klassifiziere die folgenden Minimierungsprobleme hinsichtlich der Eigenschaften von Zielfunktion und zulässigem Bereich sowie der Existenz von Lösungen:

a) min $x_1 x_2^2$
bez. $x_1^2 + x_2^2 = 3$

b) min $e^{x_1 x_2} - x_1^2 - x_2^2$
bez. $x_1^2 + x_2^2 \leq 2$

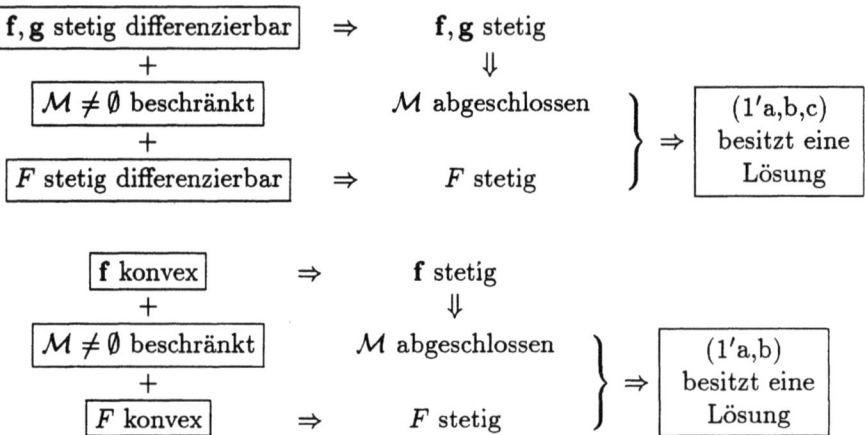

c) min $x_1^2 + \frac{1}{2}x_2^2 + x_1x_2 - 5x_1 - 5x_2$
bez. $x_1^2 + x_2^2 \leq 5$
$3x_1 + x_2 \leq 6$

d) min $x_1^3 + x_2^2 - 3x_1 - 2x_2 + 1$ bez. $\mathbf{x} \in \mathbb{R}^2$

49. Setzt man $g(\mathbf{x}) := g_1(\mathbf{x})^2 + g_2(\mathbf{x})^2 + \ldots + g_{m_1}(\mathbf{x})^2$, so ist (1'c) offensichtlich äquivalent zu der einzigen Gleichungsrestriktion $g(\mathbf{x}) = 0$. Man zeige: Es gibt keinen regulären Punkt in Bezug auf $g(\mathbf{x}) = 0$.

9 Problem (1'a,c) für differenzierbare Funktionen

Wir betrachten das Programm mit Gleichungsrestriktionen

$$\min \quad F(\mathbf{x}) \qquad (1'a)$$
$$\text{bez.} \quad \mathbf{g}(\mathbf{x}) = \mathbf{0}, \qquad (1'c)$$

wobei F, $\mathbf{g} = (g_1, \ldots, g_{m_1})'$ stetig differenzierbar auf $\mathbb{R}^n$ und $m_1 < n$ sind.
Die Bedingung $m_1 < n$ ist in den meisten Anwendungen von vornherein erfüllt; gegebenenfalls erntferne man unnötige (durch die anderen implizierte) Gleichungsrestriktionen in (1'c).

Jede Lösung von (1'a,c) ist insbesondere ein *lokaler* Minimalpunkt von (1'a,c), d.h. ein Punkt $\mathbf{x}^* \in \mathbb{R}^n$, für den gilt:

i) $\mathbf{g}(\mathbf{x}^*) = \mathbf{0}$

ii) Es gibt eine Umgebung $\mathcal{U}(\mathbf{x}^*)$ von $\mathbf{x}^*$, so daß

$$F(\mathbf{x}^*) \le F(\mathbf{x})$$

für alle $\mathbf{x} \in \mathcal{U}(\mathbf{x}^*)$ mit $\mathbf{g}(\mathbf{x}) = \mathbf{0}$

(vgl. Definition 1.1). Das Auffinden von letzteren wird in der Differentialrechnung von Funktionen mit mehreren Variablen behandelt, wo diese Punkte *lokale Minimalstellen von F unter den Nebenbedingungen* $\mathbf{g}(\mathbf{x}) = \mathbf{0}$ genannt werden. Um die dort erzielten Resultate wiedergeben zu können, benötigen wir die folgenden Begriffe.

Definition 9.1: Ein Punkt $\mathbf{x}^0 \in \mathbb{R}^n$ heißt *regulär in Bezug auf* (1'c), wenn $\mathbf{g}(\mathbf{x}^0) = \mathbf{0}$ und die sogenannte Funktionalmatrix (oder Jacobische Matrix)

$$\frac{\partial \mathbf{g}}{\partial \mathbf{x}}(\mathbf{x}) = \begin{pmatrix} \frac{\partial g_1}{\partial x_1}(\mathbf{x}) & \frac{\partial g_1}{\partial x_2}(\mathbf{x}) & \cdots & \frac{\partial g_1}{\partial x_n}(\mathbf{x}) \\ \frac{\partial g_2}{\partial x_1}(\mathbf{x}) & \frac{\partial g_2}{\partial x_2}(\mathbf{x}) & \cdots & \frac{\partial g_2}{\partial x_n}(\mathbf{x}) \\ \vdots & \vdots & & \vdots \\ \frac{\partial g_{m_1}}{\partial x_1}(\mathbf{x}) & \frac{\partial g_{m_1}}{\partial x_2}(\mathbf{x}) & \cdots & \frac{\partial g_{m_1}}{\partial x_n}(\mathbf{x}) \end{pmatrix} = \begin{pmatrix} \nabla g_1(\mathbf{x})' \\ \nabla g_2(\mathbf{x})' \\ \vdots \\ \nabla g_{m_1}(\mathbf{x})' \end{pmatrix}$$

für $\mathbf{x} = \mathbf{x}^0$ den Höchstrang m_1 hat.

Beispiel 9.1: Im Fall von affin–linearen Gleichungsrestriktionen

$$g_i(\mathbf{x}) = (\mathbf{a}^i)'\mathbf{x} - b_i, \quad i = 1, 2, \ldots m_1$$

erhält man $\nabla g_i(\mathbf{x}) = \mathbf{a}^i$ für $i = 1, 2, \ldots, m_1$ und daher die konstante Funktionalmatrix

$$\frac{\partial \mathbf{g}}{\partial \mathbf{x}}(\mathbf{x}) = \begin{pmatrix} (\mathbf{a}^1)' \\ (\mathbf{a}^2)' \\ \vdots \\ (\mathbf{a}^{m_1})' \end{pmatrix} =: A \quad \text{für alle } \mathbf{x}.$$

Beispiel 9.2: Im Fall $m_1 = 1$ mit $\mathbf{g}(\mathbf{x}) = g(\mathbf{x})$ ist

$$\frac{\partial \mathbf{g}}{\partial \mathbf{x}}(\mathbf{x}) = \nabla g(\mathbf{x})'$$

und folglich ein Punkt $\mathbf{x}^0$ genau dann regulär in Bezug auf (1'c), wenn $g(\mathbf{x}^0) = 0$ und $\nabla g(\mathbf{x}^0) \neq \mathbf{0}$.

Definition 9.2: Die *Lagrange-Funktion* L *zu* (1'a,c) ist definiert für alle Paare $\mathbf{x} \in \mathbb{R}^n, \boldsymbol{\lambda} \in \mathbb{R}^{m_1}$ durch

$$L = L(\mathbf{x}, \boldsymbol{\lambda}) = F(\mathbf{x}) + \boldsymbol{\lambda}'\mathbf{g}(\mathbf{x}) = F(\mathbf{x}) + \sum_{i=1}^{m_1} \lambda_i g_i(\mathbf{x}).$$

$\lambda_1, \lambda_2, \ldots, \lambda_{m_1}$ heißen *Lagrange-Multiplikatoren.*

Unter dem *Gradienten von* L *bez.* $\mathbf{x}$ verstehen wir den n–Vektor

$$\nabla_{\mathbf{x}} L(\mathbf{x}, \boldsymbol{\lambda}) := \left(\frac{\partial L}{\partial x_1}(\mathbf{x}, \boldsymbol{\lambda}), \ldots, \frac{\partial L}{\partial x_n}(\mathbf{x}, \boldsymbol{\lambda}) \right)'$$

und entsprechend unter dem *Gradienten von* L *bez.* $\boldsymbol{\lambda}$ den m_1–Vektor

$$\nabla_{\boldsymbol{\lambda}} L(\mathbf{x}, \boldsymbol{\lambda}) := \left(\frac{\partial L}{\partial \lambda_1}(\mathbf{x}, \boldsymbol{\lambda}), \ldots, \frac{\partial L}{\partial \lambda_{m_1}}(\mathbf{x}, \boldsymbol{\lambda}) \right)'.$$

Aus Definition 9.2 folgt sofort:

$$\frac{\partial L}{\partial x_k} = \frac{\partial F}{\partial x_k} + \sum_{i=1}^{m_1} \lambda_i \frac{\partial g_i}{\partial x_k}, \qquad k = 1, 2, \ldots, n$$

$$\frac{\partial L}{\partial \lambda_i} = g_i, \qquad i = 1, 2, \ldots, m_1.$$

Die Gradienten von L bez. $\mathbf{x}$ und $\boldsymbol{\lambda}$ lauten also:

$$\nabla_{\mathbf{x}} L(\mathbf{x}, \boldsymbol{\lambda}) = \nabla F(\mathbf{x}) + \sum_{i=1}^{m_1} \lambda_i \nabla g_i(\mathbf{x}) \tag{61}$$

$$\nabla_{\boldsymbol{\lambda}} L(\mathbf{x}, \boldsymbol{\lambda}) = \mathbf{g}(\mathbf{x}) \tag{62}$$

Analog verstehen wir unter der *Hessematrix von L bez.* $\mathbf{x}$ die (n,n)–Matrix

$$\nabla^2_{\mathbf{x}} L(\mathbf{x},\boldsymbol{\lambda}) := \left(\frac{\partial^2 L}{\partial x_j \partial x_k}(\mathbf{x},\boldsymbol{\lambda})\right)_{j,k=1,\ldots,n},$$

und es gilt

$$\nabla^2_{\mathbf{x}} L(\mathbf{x},\boldsymbol{\lambda}) = \nabla^2 F(\mathbf{x}) + \sum_{i=1}^{m_1} \lambda_i \nabla^2 g_i(\mathbf{x}).$$

Mit Hilfe der Theorie impliziter Funktionen lassen sich nun aus den Sätzen 6.2 und 6.3 die folgenden notwendigen resp. hinreichenden Optimalitätsbedingungen für reguläre Punkte des Programms (1'a,c) herleiten.

Satz 9.1: *Es sei* $\mathbf{x}^*$ *ein lokaler Minimalpunkt von* (1'a,c). *Ist* $\mathbf{x}^*$ *regulär in Bezug auf* (1'c), *dann gibt es einen Vektor* $\boldsymbol{\lambda}^* \in \mathbb{R}^{m_1}$ *von Lagrange-Multiplikatoren, so daß* $\nabla_{\mathbf{x}} L(\mathbf{x}^*,\boldsymbol{\lambda}^*) = \mathbf{0}$.

Angewendet wird dieser Satz folgendermaßen:
Die für reguläre Punkte $\mathbf{x} = (x_1,\ldots,x_n)'$ notwendige Optimalitätsbedingung $\nabla_{\mathbf{x}} L(\mathbf{x},\boldsymbol{\lambda}) = \mathbf{0}$ besteht nach (61) in dem LGS für $\boldsymbol{\lambda} = (\lambda_1,\ldots,\lambda_{m_1})'$

$$\left(\frac{\partial \mathbf{g}}{\partial \mathbf{x}}(\mathbf{x})\right)' \boldsymbol{\lambda} = \sum_{i=1}^{m_1} \lambda_i \nabla g_i(\mathbf{x}) = -\nabla F(\mathbf{x}).$$

Wegen $\operatorname{Rg} \frac{\partial \mathbf{g}}{\partial \mathbf{x}}(\mathbf{x}) = m_1$ ist es genau dann lösbar, wenn $\operatorname{Rg}\left(\frac{\partial \mathbf{g}}{\partial \mathbf{x}}(\mathbf{x})', -\nabla F(\mathbf{x})\right) = m_1$. Durch elementare Umformungen gelangt man folglich zu $n - m_1$ Gleichungen in $x_1,\ldots,x_n$, die zusammen mit den m_1 Gleichungen $\mathbf{g}(\mathbf{x}) = \mathbf{0}$ ein notwendiges Gleichungssystem für $\mathbf{x}$ bilden.
Anders ausgedrückt: Eliminiert man die Lagrange-Multiplikatoren aus

$$\nabla_{\mathbf{x}} L(\mathbf{x},\boldsymbol{\lambda}) = \mathbf{0}, \tag{63}$$

so erhält man zusammen mit

$$\nabla_{\boldsymbol{\lambda}} L(\mathbf{x},\boldsymbol{\lambda}) = \mathbf{0} \tag{64}$$

(vgl. (62)) ein notwendiges Gleichungssystem für einen lokalen Minimalpunkt von (1'a,c).
Das resultierende System von n Gleichungen in den n Unbekannten $x_1,\ldots,x_n$ wird im allgemeinen mit iterativen Methoden gelöst, in speziellen Fällen ist eine algebraische Auflösung möglich.

Der Nachweis, daß sich unter den solcherart berechneten Punkten tatsächlich lokale Minimalstellen befinden, läßt sich oft erbringen mit

Satz 9.2: *Es seien $F, \mathbf{g}$ zweimal stetig differenzierbar und $\mathbf{x}^* \in \mathbb{R}^n$ ein regulärer Punkt in Bezug auf* (1'c). *Gibt es einen Vektor $\boldsymbol{\lambda}^* \in \mathbb{R}^{m_1}$ von Lagrange-Multiplikatoren, so daß $\nabla_{\mathbf{x}} L(\mathbf{x}^*, \boldsymbol{\lambda}^*) = \mathbf{0}$ und $\nabla^2_{\mathbf{x}} L(\mathbf{x}^*, \boldsymbol{\lambda}^*)$ positiv definit ist auf dem Teilraum $\{\mathbf{x} \in \mathbb{R}^n : \frac{\partial \mathbf{g}}{\partial \mathbf{x}}(\mathbf{x}^*)\mathbf{x} = \mathbf{0}\}$ des $\mathbb{R}^n$, dann ist $\mathbf{x}^*$ ein lokaler Minimalpunkt von* (1'a,c).

Übungsaufgaben

50. Man bestimme die lokalen Maximalpunkte des Problems

$$\begin{array}{ll} \max & x_1x_2 + x_1x_3 + x_2x_3 \\ \text{bez.} & x_1 + x_2 + x_3 = 3. \end{array}$$

51. Bestimme sämtliche lokalen Minimalpunkte und sämtliche Lösungen des Programms aus Aufgabe 48a).

52. Man löse das Programm aus Aufgabe 48b).

10 Problem (1'a,b,c) für differenzierbare Funktionen

Vorgelegt sei das Programm mit Gleichungs- und Ungleichungsrestriktionen

$$\begin{aligned} \min \quad & F(\mathbf{x}) & & & (1'a)\\ \text{bez.} \quad & \mathbf{f}(\mathbf{x}) & \leq & \ \mathbf{0} & (1'b)\\ & \mathbf{g}(\mathbf{x}) & = & \ \mathbf{0}, & (1'c) \end{aligned}$$

wobei F, $\mathbf{f} = (f_1, \ldots, f_{m_0})'$, $\mathbf{g} = (g_1, \ldots, g_{m_1})'$ stetig differenzierbar auf $\mathbb{R}^n$ und m_0 beliebig, $m_1 < n$ sind.
Man beachte, daß (1'a,b,c) für $m_0 = 0$ in (1'a,c), für $m_1 = 0$ in (1'a,b) übergeht. Das bedeutet einerseits, daß alle Definitionen dieses Abschnittes mit denen von §9 verträglich sein müssen, und andererseits, daß das Programm (1'a,b) mitbehandelt wird.

Wir werden die im letzten Abschnitt beschriebene Lagrange-Methode auf das Problem (1'a,b,c) verallgemeinern. Dazu erweitern wir zunächst die Definitionen (9.1) und (9.2).

Definition 10.1: Es sei $\mathbf{x}^0 \in \mathbb{R}^n$ mit $\mathbf{f}(\mathbf{x}^0) \leq \mathbf{0}$ und $\mathbf{g}(\mathbf{x}^0) = \mathbf{0}$, und wir setzen $\mathcal{J}(\mathbf{x}^0) := \{j : 1 \leq j \leq m_0, f_j(\mathbf{x}^0) = 0\}$. Dann heißt $\mathbf{x}^0$ *regulär in Bezug auf* (1'b,c), wenn die Vektoren

$$\nabla f_j(\mathbf{x}^0),\ j \in \mathcal{J}(\mathbf{x}^0), \quad \nabla g_i(\mathbf{x}^0),\ i = 1, \ldots, m_1$$

linear unabhängig sind.

Beispiel 10.1: In (1'a,b) seien $n = 2$, $m_0 = 2$ und

$$f_1(\mathbf{x}) = (x_1 - 1)^2 + (x_2 - 2)^2 - 4, \quad f_2(\mathbf{x}) = 1 - (x_1 - 1)^2 - (x_2 - 1)^2.$$

Dann gilt $\nabla f_1(\mathbf{x}) = 2\begin{pmatrix} x_1 - 1 \\ x_2 - 2 \end{pmatrix}$, $\nabla f_2(\mathbf{x}) = -2\begin{pmatrix} x_1 - 1 \\ x_2 - 1 \end{pmatrix}$.

Wir betrachten den Punkt $\mathbf{x}^0 = \begin{pmatrix} 1 \\ 0 \end{pmatrix}$. Wegen $f_1(\mathbf{x}^0) = f_2(\mathbf{x}^0) = 0$ ist $\mathcal{J}(\mathbf{x}^0) = \{1, 2\}$. Die Vektoren

$$\nabla f_1(\mathbf{x}^0) = \begin{pmatrix} 0 \\ -4 \end{pmatrix}, \quad \nabla f_2(\mathbf{x}^0) = \begin{pmatrix} 0 \\ 2 \end{pmatrix}$$

sind offensichtlich linear abhängig. Daher ist $\mathbf{x}^0$ nicht regulär.

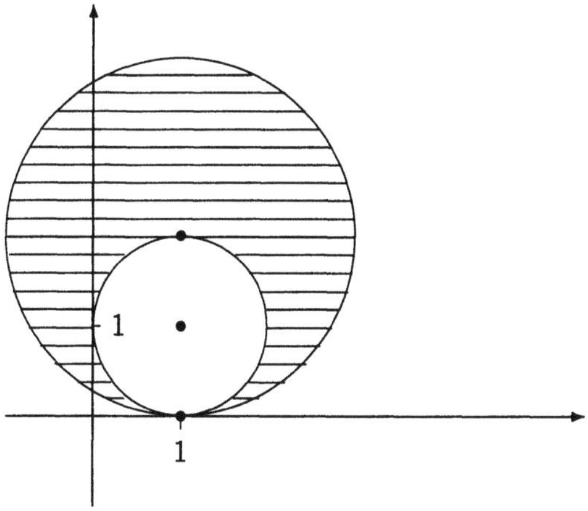

Aus der Abbildung des zulässigen Bereiches ersieht man unmittelbar, daß in $\mathbf{x}^0$ keine zulässige Richtung existiert (vgl. Definition 7.3).

Die in dem Beispiel bemerkte Erscheinung kann bei regulären Punkten nicht auftreten. Das ist eine Teilaussage von

Lemma 10.1: *Für das Problem* (1'a,b) *gilt:*

a) *Jeder Punkt* $\mathbf{x}^0$ *mit* $\mathbf{f}(\mathbf{x}^0) < \mathbf{0}$ *ist regulär in Bezug auf* (1'b).

b) *Ist* $\mathbf{x}^0$ *ein regulärer Punkt in Bezug auf* (1'b), *dann gibt es eine zulässige Richtung* $\mathbf{d}$ *in* $\mathbf{x}^0$ *und ein* $\vartheta > 0$, *so daß*

$$\mathbf{f}(\mathbf{x}^0 + \lambda \mathbf{d}) < \mathbf{0} \quad \text{für alle } 0 < \lambda < \vartheta. \tag{65}$$

Beweis: a) ist trivial, da nach Voraussetzung $\mathcal{J}(\mathbf{x}^0) = \emptyset$.
b) Es sei $\mathbf{x}^0$ regulär in Bezug auf (1'b). Dann sind die Vektoren $\nabla f_j(\mathbf{x}^0)$, $j \in \mathcal{J}(\mathbf{x}^0)$, linear unabhängig. Für beliebig vorgegebene Zahlen β_j, $j \in \mathcal{J}(\mathbf{x}^0)$, ist folglich

$$\operatorname{Rg} \begin{pmatrix} \vdots \\ \nabla f_j(\mathbf{x}^0)' \\ \vdots \end{pmatrix}_{j \in \mathcal{J}(\mathbf{x}^0)} = \operatorname{Rg} \left(\begin{array}{c|c} \vdots & \vdots \\ \nabla f_j(\mathbf{x}^0)' & \beta_j \\ \vdots & \vdots \end{array} \right)_{j \in \mathcal{J}(\mathbf{x}^0)}$$

und somit das LGS

$$\nabla f_j(\mathbf{x}^0)'\mathbf{x} = \beta_j, \quad j \in \mathcal{J}(\mathbf{x}^0)$$

lösbar. Insbesondere gibt es einen Vektor $\mathbf{d} \neq \mathbf{0}$, so daß

$$\nabla f_j(\mathbf{x}^0)'\mathbf{d} < 0 \quad \text{für alle } j \in \mathcal{J}(\mathbf{x}^0).$$

Für jedes $j \in \mathcal{J}(\mathbf{x}^0)$ ist dann nach Lemma 7.1b $\mathbf{d}$ eine Abstiegsrichtung von f_j in $\mathbf{x}^0$, d.h. es gibt ein $\vartheta_j > 0$ mit

$$f_j(\mathbf{x}^0 + \lambda \mathbf{d}) < 0 \quad \text{für alle } 0 < \lambda < \vartheta_j. \tag{66}$$

Für jedes $j \notin \mathcal{J}(\mathbf{x}^0)$ ist $f_j(\mathbf{x}^0) < 0$; wegen der Stetigkeit von f_j in $\mathbf{x}^0$ gibt es eine ganze Umgebung von $\mathbf{x}^0$, auf der f_j nur negative Werte annimmt, insbesondere also ein $\vartheta_j > 0$ mit der Eigenschaft (66). Wählt man nun $\vartheta := \min\limits_{1 \le j \le m_0} \vartheta_j$, so gilt (65). Selbstverständlich ist damit $\mathbf{d}$ eine zulässige Richtung in $\mathbf{x}^0$.

Definition 10.2: Die *Lagrange-Funktion* L *zu* (1'a,b,c) ist definiert für alle $\mathbf{x} \in \mathbb{R}^n, \boldsymbol{\lambda} \in \mathbb{R}^{m_0}, \boldsymbol{\mu} \in \mathbb{R}^{m_1}$ durch

$$L(\mathbf{x}, \boldsymbol{\lambda}, \boldsymbol{\mu}) = F(\mathbf{x}) + \boldsymbol{\lambda}'\mathbf{f}(\mathbf{x}) + \boldsymbol{\mu}'\mathbf{g}(\mathbf{x})$$

Damit ist auch klar, was unter den Gradienten von L bez. $\mathbf{x}, \boldsymbol{\lambda}$ und $\boldsymbol{\mu}$ zu verstehen ist:

$$\begin{aligned}
\nabla_{\mathbf{x}} L(\mathbf{x}, \boldsymbol{\lambda}, \boldsymbol{\mu}) &= \nabla F(\mathbf{x}) + \sum_{j=1}^{m_0} \lambda_j \nabla f_j(\mathbf{x}) + \sum_{i=1}^{m_1} \mu_i \nabla g_i(\mathbf{x}) \\
\nabla_{\boldsymbol{\lambda}} L(\mathbf{x}, \boldsymbol{\lambda}, \boldsymbol{\mu}) &= \mathbf{f}(\mathbf{x}) \\
\nabla_{\boldsymbol{\mu}} L(\mathbf{x}, \boldsymbol{\lambda}, \boldsymbol{\mu}) &= \mathbf{g}(\mathbf{x}).
\end{aligned}$$

In Verallgemeinerung von Satz 9.1 gilt nun

Satz 10.1: Notwendige Optimalitätsbedingungen
Es sei $\mathbf{x}^*$ *ein lokaler Minimalpunkt von* (1'a,b,c). *Ist* $\mathbf{x}^*$ *regulär in Bezug auf* (1'b,c), *dann existieren Vektoren* $\boldsymbol{\lambda}^* \in \mathbb{R}^{m_0}$, $\boldsymbol{\mu}^* \in \mathbb{R}^{m_1}$ *von Lagrange-Multiplikatoren, so daß*

$$\begin{aligned}
\nabla_{\mathbf{x}} L(\mathbf{x}^*, \boldsymbol{\lambda}^*, \boldsymbol{\mu}^*) &= \mathbf{0} \\
(\boldsymbol{\lambda}^*)'\mathbf{f}(\mathbf{x}^*) &= 0
\end{aligned}$$

und

$$\boldsymbol{\lambda}^* \geq \mathbf{0}.$$

Beweis: Wir führen m_0 zusätzliche Variablen $y_1, y_2, \ldots, y_{m_0}$ ein und setzen

$$\begin{aligned}
\widetilde{\mathbf{x}} &:= \begin{pmatrix} \mathbf{x} \\ \mathbf{y} \end{pmatrix} \in \mathbb{R}^{n+m_0} \\
\widetilde{F}(\widetilde{\mathbf{x}}) &:= F(\mathbf{x}) \\
\widetilde{g}_i(\widetilde{\mathbf{x}}) &:= g_i(\mathbf{x}), \quad i = 1, \ldots, m_1 \\
\widetilde{g}_{m_1+j}(\widetilde{\mathbf{x}}) &:= f_j(\mathbf{x}) + y_j^2, \quad j = 1, \ldots, m_0.
\end{aligned}$$

An Stelle von (1'a,b,c) betrachten wir nun das Programm

$$\min \quad \widetilde{F}(\widetilde{\mathbf{x}}) \tag{$\widetilde{1}$a}$$
$$\text{bez.} \quad \widetilde{\mathbf{g}}(\widetilde{\mathbf{x}}) = \mathbf{0}, \tag{$\widetilde{1}$c}$$

wobei $\widetilde{\mathbf{g}} := (\widetilde{g}_1, \ldots, \widetilde{g}_{m_1+m_0})'$.
Nach Voraussetzung gibt es eine Umgebung $\mathcal{U}$ von $\mathbf{x}^*$, so daß

$$F(\mathbf{x}^*) \le F(\mathbf{x}) \quad \text{für alle } \mathbf{x} \in \mathcal{U} \text{ mit } \mathbf{f}(\mathbf{x}) \le \mathbf{0},\ \mathbf{g}(\mathbf{x}) = \mathbf{0}.$$

Wählt man $\mathbf{y}^* = (y_1^*, \ldots, y_{m_0}^*)'$ mit

$$y_j^* := \sqrt{-f_j(\mathbf{x}^*)}, \quad j = 1, \ldots, m_0,$$

und eine beliebige Umgebung $\mathcal{V}$ von $\mathbf{y}^*$, so gilt $\widetilde{\mathbf{g}}(\widetilde{\mathbf{x}}^*) = \mathbf{0}$ und

$$\widetilde{F}(\widetilde{\mathbf{x}}^*) \le \widetilde{F}(\widetilde{\mathbf{x}}) \quad \text{für alle } \widetilde{\mathbf{x}} \in \mathcal{U} \times \mathcal{V} \text{ mit } \widetilde{\mathbf{g}}(\widetilde{\mathbf{x}}) = \mathbf{0},$$

wobei $\mathcal{U} \times \mathcal{V} := \{\widetilde{\mathbf{x}} :\ \mathbf{x} \in \mathcal{U},\ \mathbf{y} \in \mathcal{V}\}$ eine Umgebung von $\widetilde{\mathbf{x}}^*$ ist. Also ist $\widetilde{\mathbf{x}}^*$ ein lokaler Minimalpunkt von ($\widetilde{1}$a,c). Um Satz 9.1 anwenden zu können, haben wir zu zeigen, daß $\widetilde{\mathbf{x}}^*$ regulär in Bezug auf ($\widetilde{1}$c) ist. Nun ist

$$\frac{\partial \widetilde{\mathbf{g}}}{\partial \widetilde{\mathbf{x}}}(\widetilde{\mathbf{x}}^*) = \left(\begin{array}{c|ccc} \dfrac{\partial \mathbf{g}}{\partial \mathbf{x}}(\mathbf{x}^*) & & \mathcal{O} & \\ \hline & 2y_1^* & & \\ \dfrac{\partial \mathbf{f}}{\partial \mathbf{x}}(\mathbf{x}^*) & & \ddots & \\ & & & 2y_{m_0}^* \end{array}\right).$$

Da $\mathbf{x}^*$ nach Voraussetzung regulär in Bezug auf (1'b,c) und für $j \notin \mathcal{J}^* := \mathcal{J}(\mathbf{x}^*)$ notwendig $y_j^* \neq 0$ ist, hat $\dfrac{\partial \widetilde{\mathbf{g}}}{\partial \widetilde{\mathbf{x}}}(\widetilde{\mathbf{x}}^*)$ tatsächlich den Höchstrang $m_1 + m_0$.
Die Lagrange-Funktion $\widetilde{L}$ zu ($\widetilde{1}$a,c) ist definiert für alle $\widetilde{\mathbf{x}} = \begin{pmatrix} \mathbf{x} \\ \mathbf{y} \end{pmatrix} \in \mathbb{R}^{n+m_0}$, $\widetilde{\boldsymbol{\mu}} = \begin{pmatrix} \boldsymbol{\mu} \\ \boldsymbol{\lambda} \end{pmatrix} \in \mathbb{R}^{m_1+m_0}$ durch

$$\widetilde{L}(\widetilde{\mathbf{x}}, \widetilde{\boldsymbol{\mu}}) = \widetilde{F}(\widetilde{\mathbf{x}}) + \widetilde{\boldsymbol{\mu}}'\widetilde{\mathbf{g}}(\widetilde{\mathbf{x}}) = F(\mathbf{x}) + \boldsymbol{\mu}'\mathbf{g}(\mathbf{x}) + \sum_{j=1}^{m_0} \lambda_j \big(f_j(\mathbf{x}) + y_j^2\big),$$

und es gilt für $k = 1, \ldots, n$

$$\frac{\partial \widetilde{L}}{\partial x_k}(\widetilde{\mathbf{x}}, \widetilde{\boldsymbol{\mu}}) = \frac{\partial F}{\partial x_k}(\mathbf{x}) + \sum_{i=1}^{m_1} \mu_i \frac{\partial g_i}{\partial x_k}(\mathbf{x}) + \sum_{j=1}^{m_0} \lambda_j \frac{\partial f_j}{\partial x_k}(\mathbf{x}) = \frac{\partial L}{\partial x_k}(\mathbf{x}, \boldsymbol{\lambda}, \boldsymbol{\mu}) \tag{67}$$

sowie für $j = 1, \ldots, m_0$

$$\frac{\partial \widetilde{L}}{\partial y_j}(\widetilde{\mathbf{x}}, \widetilde{\boldsymbol{\mu}}) = 2\lambda_j y_j. \tag{68}$$

Nach Satz 9.1 gibt es nun ein $\widetilde{\boldsymbol{\mu}}^* = \begin{pmatrix} \boldsymbol{\mu}^* \\ \boldsymbol{\lambda}^* \end{pmatrix} \in \mathbb{R}^{m_1+m_0}$, so daß

$$\nabla_{\widetilde{\mathbf{x}}} \widetilde{L}(\widetilde{\mathbf{x}}^*, \widetilde{\boldsymbol{\mu}}^*) = \mathbf{0}.$$

Wegen (67), (68) hat man damit

$$\begin{aligned} \nabla_{\mathbf{x}} L(\mathbf{x}^*, \boldsymbol{\lambda}^*, \boldsymbol{\mu}^*) &= \mathbf{0} \qquad (69) \\ 2\lambda_j^* y_j^* &= 0, \quad j = 1, \ldots, m_0. \end{aligned}$$

Nach Wahl von y_j^* hat man dann auch

$$\lambda_j^* f_j(\mathbf{x}^*) = 0, \quad j = 1, \ldots, m_0 \tag{70}$$

und somit $(\boldsymbol{\lambda}^*)'\mathbf{f}(\mathbf{x}^*) = 0$.

Den noch ausstehenden Beweis, daß $\boldsymbol{\lambda}^* \geq \mathbf{0}$ ist, werden wir nur für den Fall $m_1 = 0$ vollständig führen, für den anderen Fall im Anschluß skizzieren.

Angenommen, es gibt ein j_0 mit $\lambda_{j_0}^* < 0$. Dann ist $j_0 \in \mathcal{J}^*$ wegen (70), und es lassen sich Zahlen $\delta_j > 0$, $j \in \mathcal{J}^*$, so wählen, daß gilt

$$\sum_{j \in \mathcal{J}^*} \lambda_j^* \delta_j < 0.$$

Da $\mathbf{x}^*$ regulär ist, gibt es (vgl. den Beweis von Lemma 10.1) einen Vektor $\mathbf{d} \in \mathbb{R}^n$, so daß

$$\begin{aligned} \nabla f_j(\mathbf{x}^*)'\mathbf{d} &= -\delta_j, \quad j \in \mathcal{J}^* \qquad (71) \\ \nabla g_i(\mathbf{x}^*)'\mathbf{d} &= 0, \quad i = 1, \ldots, m_1. \qquad (72) \end{aligned}$$

Mit (69), (70) folgt

$$\begin{aligned} \nabla F(\mathbf{x}^*)'\mathbf{d} &= -\sum_{j \in \mathcal{J}^*} \lambda_j^* \nabla f_j(\mathbf{x}^*)'\mathbf{d} - \sum_{i=1}^{m_1} \mu_i^* \nabla g_i(\mathbf{x}^*)'\mathbf{d} \\ &= \sum_{j \in \mathcal{J}^*} \lambda_j^* \delta_j < 0 \qquad (73) \end{aligned}$$

Also ist $\mathbf{d}$ eine Abstiegsrichtung von F in $\mathbf{x}^*$. Nach dem Beweis von Lemma 10.1 gibt es ein $\vartheta > 0$, so daß

$$\mathbf{f}(\mathbf{x}^* + \lambda \mathbf{d}) < \mathbf{0} \quad \text{für alle } 0 < \lambda < \vartheta.$$

In dem Fall $m_1 = 0$ ist damit $\mathbf{d}$ eine zulässige Abstiegsrichtung von F in $\mathbf{x}^*$, was der lokalen Minimalität von $\mathbf{x}^*$ widerspricht.

In dem Fall $m_1 > 0$ führt das Konzept der "zulässigen Richtung" aufgrund der Gekrümmtheit des zulässigen Bereiches nicht mehr zum Ziel.

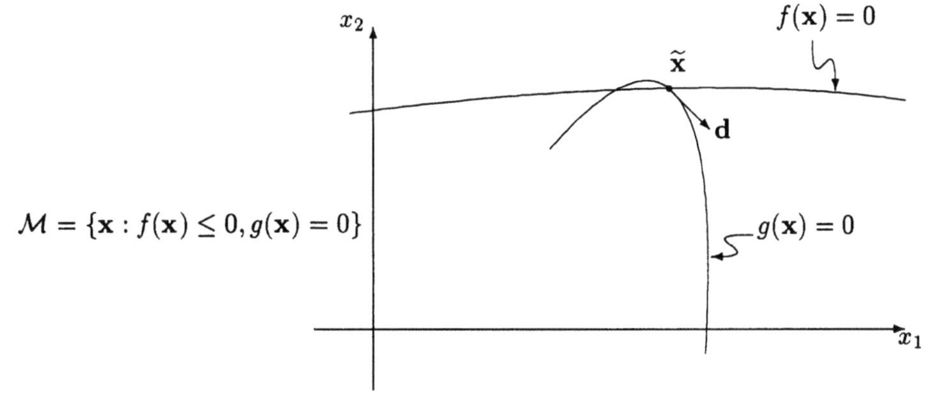

Daher ersetzt man die Geradenpunkte $\widetilde{\mathbf{x}} + \lambda\mathbf{d}$, welche im allgemeinen auch für noch so kleine $\lambda > 0$ unzulässig sein können, und zwar für jede Wahl von $\mathbf{d}$, durch Punkte $\mathbf{x}(\lambda)$ von allgemeineren Kurven mit dem Anfangspunkt $\widetilde{\mathbf{x}}$ und dem Tangentenvektor $\mathbf{d}$ in $\widetilde{\mathbf{x}}$.

Definition 10.3: Es sei $f : \mathbb{R}^n \to \mathbb{R}$ eine Funktion und $\widetilde{\mathbf{x}} \in \mathbb{R}^n$. Ein Vektor $\mathbf{d} \in \mathbb{R}^n$ heißt *Tangential-Abstiegsrichtung* von f in $\widetilde{\mathbf{x}}$, falls es eine auf einem Intervall $\mathcal{I}$ mit dem linken Randpunkt 0 definierte, $\mathbb{R}^n$-wertige Funktion ("Kurve") $\mathbf{x}(\lambda)$ gibt, mit den folgenden Eigenschaften:

$$\lim_{\lambda \downarrow 0} \mathbf{x}(\lambda) = \mathbf{x}(0) = \widetilde{\mathbf{x}} \tag{74}$$

$$\frac{\mathrm{d}\mathbf{x}}{\mathrm{d}\lambda}(0) := \lim_{\lambda \downarrow 0} \tfrac{1}{\lambda}\big(\mathbf{x}(\lambda) - \mathbf{x}(0)\big) = \mathbf{d} \tag{75}$$

$$\text{es gibt ein } \vartheta > 0, \text{ so daß } f\big(\mathbf{x}(\lambda)\big) < f(\widetilde{\mathbf{x}}) \text{ für alle } 0 < \lambda < \vartheta. \tag{76}$$

Definition 10.4: Es sei $\widetilde{\mathbf{x}} \in \mathcal{M}$ ein zulässiger Punkt des Minimierungsproblems (1). Ein Vektor $\mathbf{d} \neq \mathbf{0}$ heißt *zulässige Tangentialrichtung* in $\widetilde{\mathbf{x}}$, falls es eine Kurve $\mathbf{x}(\lambda)$, $\lambda \in \mathcal{I}$, gibt mit den Eigenschaften (74), (75) und:

$$\text{es gibt ein } \vartheta > 0, \text{ so daß } \mathbf{x}(\lambda) \in \mathcal{M} \text{ für alle } 0 < \lambda < \vartheta. \tag{77}$$

Gibt es eine solche Kurve, die außerdem (76) mit F an Stelle von f erfüllt, so nennt man $\mathbf{d}$ eine *zulässige Tangential-Abstiegsrichtung* von F in $\widetilde{\mathbf{x}}$.

Diese Definitionen verallgemeinern die Definitionen 7.2 und 7.3.

Lemma 10.2: *Es sei $f : \mathbb{R}^n \to \mathbb{R}$ stetig differenzierbar und $\widetilde{\mathbf{x}} \in \mathbb{R}^n$.*

a) *Ist $\mathbf{d}$ eine Tangential-Abstiegsrichtung von f in $\widetilde{\mathbf{x}}$, so folgt $\nabla f(\widetilde{\mathbf{x}})'\mathbf{d} \leq 0$.*

b) *Ist $f(\widetilde{\mathbf{x}})'\mathbf{d} < 0$, so gilt für jede Kurve $\mathbf{x}(\lambda)$, $\lambda \in \mathcal{I}$, mit den Eigenschaften (74), (75) notwendig auch (76).*

Beweis: Für jede Kuve $\mathbf{x}(\lambda)$ mit den Eigenschaften (74), (75) gilt nach der Kettenregel

$$\nabla f(\tilde{\mathbf{x}})'\mathbf{d} = \lim_{\lambda \downarrow 0} \frac{1}{\lambda}\Big(f\big(\mathbf{x}(\lambda)\big) - f(\tilde{\mathbf{x}})\Big).$$

Damit läßt sich der Beweis ebenso wie für Lemma 7.1 führen.

In Anwendung auf das Problem (1'a,b,c) ergibt sich aus Lemma 10.2b, daß für eine zulässige Tangentialrichtung $\mathbf{d}$ in $\tilde{\mathbf{x}}$ gelten muß:

$$\begin{aligned} \nabla f_j(\tilde{\mathbf{x}})'\mathbf{d} &\leq 0 \quad \text{für alle } j \in \mathcal{J}(\tilde{\mathbf{x}}) \\ \nabla g_i(\tilde{\mathbf{x}})'\mathbf{d} &= 0 \quad \text{für alle } i = 1, \ldots, m_1. \end{aligned}$$

Umgekehrt hat man

Lemma 10.3: *Es sei* $\tilde{\mathbf{x}}$ *ein zulässiger Punkt des Problems* (1'a,b,c), *für den die Gradientenvektoren*

$$\nabla g_i(\tilde{\mathbf{x}}), \quad i = 1, \ldots, m_1$$

linear unabhängig sind. Jeder Vektor $\mathbf{d} \neq \mathbf{0}$, *der*

$$\begin{aligned} \nabla f_j(\tilde{\mathbf{x}})'\mathbf{d} &< 0 \quad \textit{für alle } j \in \mathcal{J}(\tilde{\mathbf{x}}) \\ \nabla g_i(\tilde{\mathbf{x}})'\mathbf{d} &= 0 \quad \textit{für alle } i = 1, \ldots, m_1 \end{aligned}$$

erfüllt, ist dann eine zulässige Tangentialrichtung in $\tilde{\mathbf{x}}$.

Der wesentliche Teil des *Beweises* besteht in der Konstruktion einer Kurve $\mathbf{x}(\lambda)$ mit den Eigenschaften (74), (75), welche

$$g_i\big(\mathbf{x}(\lambda)\big) = 0 \text{ für } 0 < \lambda < \vartheta \text{ und } i = 1, \ldots, m_1$$

erfüllt. Diese Konstruktion, welche die lineare Unabhängigkeit der Gradienten benötigt, ist technisch recht aufwendig, weshalb wir hier nicht darauf eingehen und auf die Literatur verweisen. (Siehe etwa [3], p.141.)

Nach Lemma 10.2b gilt dann (mit hinreichend klein gewähltem $\vartheta > 0$)

$$f_j\big(\mathbf{x}(\lambda)\big) < 0 \quad \text{für } 0 < \lambda < \vartheta$$

und $j \in \mathcal{J}(\tilde{\mathbf{x}})$. Da $f_j\big(\mathbf{x}(\lambda)\big)$ in $\lambda = 0$ stetig ist, erhält man diese Beziehung auch für $j \notin \mathcal{J}(\tilde{\mathbf{x}})$. Somit ist $\mathbf{d}$ eine zulässige Tangentialrichtung in $\tilde{\mathbf{x}}$.

Nach diesen Vorbereitungen läßt sich der Beweis von Satz 10.1 für $m_1 > 0$ ebenso zu Ende bringen wie im Fall $m_1 = 0$. Denn wegen (71), (72) und Lemma 10.3 ist $\mathbf{d}$ eine zulässige Tangentialrichtung in $\mathbf{x}^*$, wegen (73) und Lemma 10.2 sogar eine zulässige Tangential-Abstiegsrichtung von F in $\mathbf{x}^*$. Das widerspricht aber der lokalen Minimalität von $\mathbf{x}^*$.

Fügt man zu den Bedingungen in Satz 10.1 die trivialerweise notwendigen hinzu, so lautet die *vollständige Liste der notwendigen Optimalitätsbedingungen* für einen regulären Punkt $\mathbf{x}^*$

in vektorieller Darstellung

$$\nabla_{\mathbf{x}} L(\mathbf{x}^*, \boldsymbol{\lambda}^*, \boldsymbol{\mu}^*) = \mathbf{0} \tag{78}$$

$$\left.\begin{aligned} \nabla_{\boldsymbol{\lambda}} L(\mathbf{x}^*, \boldsymbol{\lambda}^*, \boldsymbol{\mu}^*) &\leq \mathbf{0} \\ \boldsymbol{\lambda}^* &\geq \mathbf{0} \\ (\boldsymbol{\lambda}^*)' \nabla_{\boldsymbol{\lambda}} L(\mathbf{x}^*, \boldsymbol{\lambda}^*, \boldsymbol{\mu}^*) &= 0 \end{aligned}\right\} \tag{79}$$

$$\left.\begin{aligned} \nabla_{\boldsymbol{\mu}} L(\mathbf{x}^*, \boldsymbol{\lambda}^*, \boldsymbol{\mu}^*) &= \mathbf{0} \\ \boldsymbol{\mu}^* &\ \text{frei} \end{aligned}\right\} \tag{80}$$

oder äquivalent

in Komponentendarstellung

$$\nabla F(\mathbf{x}^*) + \sum_{j=1}^{m_0} \lambda_j^* \nabla f_j(\mathbf{x}^*) + \sum_{i=1}^{m_0} \mu_i^* \nabla g_i(\mathbf{x}^*) = \mathbf{0} \tag{78'}$$

$$\left.\begin{aligned} f_j(\mathbf{x}^*) &\leq 0 \\ \lambda_j^* &\geq 0 \\ \lambda_j^* f_j(\mathbf{x}^*) &= 0 \end{aligned}\right\} j = 1, \ldots, m_0 \tag{79'}$$

$$\left.\begin{aligned} g_i(\mathbf{x}^*) &= 0 \\ \mu_i^* &\ \text{frei} \end{aligned}\right\} i = 1, \ldots, m_1 \tag{80'}$$

Dabei beachte man, daß für $\boldsymbol{\lambda}^* \geq \mathbf{0}$ und $\mathbf{f}(\mathbf{x}^*) \leq \mathbf{0}$

$$(\boldsymbol{\lambda}^*)' \mathbf{f}(\mathbf{x}^*) = 0$$

gleichbedeutend ist mit

$$\lambda_j^* f_j(\mathbf{x}^*) = 0 \quad \text{für alle } j = 1, \ldots, m_0.$$

Die Bedingungen (78) – (80) werden *Kuhn-Tucker-Bedingungen* genannt. Bei der Bestimmung von Optimalpunkten aus den Kuhn-Tucker-Bedingungen schreibt man der Einfachheit halber $\mathbf{x}, \boldsymbol{\lambda}, \boldsymbol{\mu}$ an Stelle von $\mathbf{x}^*, \boldsymbol{\lambda}^*, \boldsymbol{\mu}^*$ (vgl. (63), (64)).

Beispiel 10.2 (nach [5], S.300f.)**:** Zu lösen ist das Problem

$$\begin{aligned} \text{min} \quad F(\mathbf{x}) &= x_1^2 + x_2^2 \\ \text{bez.} \quad f_1(\mathbf{x}) &= x_1^2 + x_2^2 - 5 \leq 0 \\ f_2(\mathbf{x}) &= -x_1 \leq 0 \\ f_3(\mathbf{x}) &= -x_2 \leq 0 \\ g_1(\mathbf{x}) &= x_1 + 2x_2 - 4 = 0. \end{aligned}$$

Es sei $\mathbf{x}$ ein zulässiger Punkt. Dann gilt

$$f_3(\mathbf{x}) \neq 0 \quad \text{und} \quad \begin{pmatrix} f_1(\mathbf{x}) \\ f_2(\mathbf{x}) \end{pmatrix} \neq \mathbf{0},$$

denn: $f_3(\mathbf{x}) = 0$ impliziert wegen $g_1(\mathbf{x}) = 0$ $\mathbf{x} = \begin{pmatrix} 4 \\ 0 \end{pmatrix}$, was $f_1(\mathbf{x}) \leq 0$ widerspricht; und $f_1(\mathbf{x}) = f_2(\mathbf{x}) = 0$ impliziert $\mathbf{x} = \begin{pmatrix} 0 \\ \pm\sqrt{5} \end{pmatrix}$, was $g_1(\mathbf{x}) = 0$ widerspricht. Also ist

$$\mathcal{J}(\mathbf{x}) = \emptyset, \{1\} \text{ oder } \{2\}.$$

Betrachtet man die Gradienten

$$\nabla f_1(\mathbf{x}) = \begin{pmatrix} 2x_1 \\ 2x_2 \end{pmatrix}, \quad \nabla f_2(\mathbf{x}) = \begin{pmatrix} -1 \\ 0 \end{pmatrix}, \quad \nabla g_1(\mathbf{x}) = \begin{pmatrix} 1 \\ 2 \end{pmatrix},$$

so erkennt man, daß $\mathbf{x}$ nur dann nicht regulär sein kann, wenn $\mathcal{J}(\mathbf{x}) = \{1\}$ und $x_2 = 2x_1$. Da dies $x_1^2 = 1$ nach sich zieht und $g_1(\mathbf{x}) = 0$ widerspricht, ist folglich jeder zulässige Punkt regulär.
Wegen der Bedingung $f_1(\mathbf{x}) = 0$ ist der zulässige Bereich des vorgelegten Problems beschränkt. Nach §8 muß daher eine Lösung existieren. Jede solche erfüllt die Kuhn-Tucker-Bedingungen und hat unter allen Punkten mit dieser Eigenschaft minimalen Zielfunktionswert.
Zunächst sind also alle "Kuhn-Tucker-Punkte" $\mathbf{x}$ zu bestimmen.

1. $\mathcal{J}(\mathbf{x}) = \emptyset$
Wegen (79′) ist hier $\lambda_1 = \lambda_2 = \lambda_3 = 0$, und (78′) lautet

$$\begin{pmatrix} 2x_1 \\ 2x_2 \end{pmatrix} + \mu_1 \begin{pmatrix} 1 \\ 2 \end{pmatrix} = \mathbf{0}.$$

Zusammen mit $g_1(\mathbf{x}) = 0$ führt das auf

$$\begin{aligned} -2x_1 + x_2 &= 0 \\ x_1 + 2x_2 &= 4 \end{aligned}$$

und $\mathbf{x} = (\frac{4}{5}, \frac{8}{5})'$.

2. $\mathcal{J}(\mathbf{x}) = \{1\}$
Hier hat man $\lambda_2 = \lambda_3 = 0$ und

$$\begin{aligned} x_1^2 + x_2^2 &= 5 \\ x_1 + 2x_2 &= 4 \end{aligned}$$

mit den Lösungen $\mathbf{x} = (2, 1)'$ und $\mathbf{x} = (-\frac{2}{5}, \frac{11}{5})'$. Die zweite Lösung entfällt, wegen $f_2(\mathbf{x}) \leq 0$. Für die erste Lösung lautet (78′)

$$\begin{pmatrix} 4 \\ 2 \end{pmatrix} - \lambda_1 \begin{pmatrix} 4 \\ 2 \end{pmatrix} + \mu_1 \begin{pmatrix} 1 \\ 2 \end{pmatrix} = \mathbf{0},$$

was nur für $\lambda_1 = -1$ möglich ist und damit (79′) widerspricht.

3. $\mathcal{J}(\mathbf{x}) = \{2\}$
Hier hat man $\lambda_1 = \lambda_3 = 0$ und

$$\begin{aligned} -x_1 &= 0 \\ x_1 + 2x_2 &= 4 \end{aligned}$$

mit der Lösung $\mathbf{x} = (0, 2)'$. Einsetzen in (78') ergibt

$$\begin{pmatrix} 0 \\ 4 \end{pmatrix} + \lambda_2 \begin{pmatrix} -1 \\ 0 \end{pmatrix} + \mu_1 \begin{pmatrix} 1 \\ 2 \end{pmatrix} = \mathbf{0},$$

was nur für $\lambda_2 = -2$ möglich ist und damit (79') widerspricht.

Insgesamt ist dann $\mathbf{x}^* = (\frac{4}{5}, \frac{8}{5})'$ der einzige Kuhn-Tucker-Punkt und zugleich die (einzige) Lösung des Problems. Das Ergebnis stimmt mit der graphischen Lösung überein:

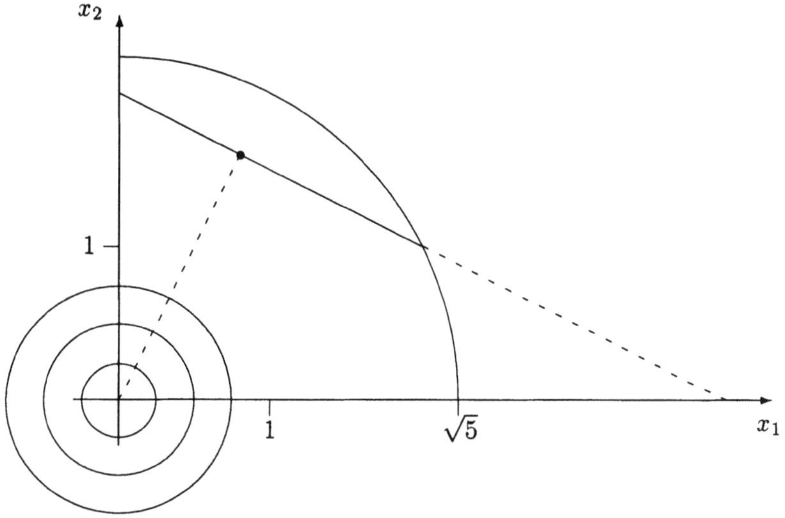

Satz 10.2: Hinreichende Bedingungen für lokale Minimalität
Es seien $F, \mathbf{f}, \mathbf{g}$ zweimal stetig differenzierbar und $\mathbf{x}^* \in \mathbb{R}^n$ ein zulässiger Punkt des Problems (1'a,b,c). Hinreichend dafür, daß $\mathbf{x}^*$ ein lokaler Minimalpunkt von (1'a,b,c) ist, ist die Existenz von Vektoren $\boldsymbol{\lambda}^* \in \mathbb{R}^{m_0}$ und $\boldsymbol{\mu}^* \in \mathbb{R}^{m_1}$, so daß gilt

$$\begin{aligned} \nabla_{\mathbf{x}} L(\mathbf{x}^*, \boldsymbol{\lambda}^*, \boldsymbol{\mu}^*) &= \mathbf{0} \\ (\boldsymbol{\lambda}^*)'\mathbf{f}(\mathbf{x}^*) &= 0 \\ \boldsymbol{\lambda}^* &\geq \mathbf{0} \end{aligned}$$

und, mit der Abkürzung $\mathcal{J}^{**} := \{j : \ 1 \leq j \leq m_0, \ \lambda_j^* \neq 0\}$, weiter:

i) *die Vektoren*

$$\nabla f_j(\mathbf{x}^*),\ j \in \mathcal{J}^{**}, \quad \nabla g_i(\mathbf{x}^*),\ i = 1, \ldots, m_1$$

sind linear unabhängig

ii) *die Hessematrix* $\nabla^2_{\mathbf{x}} L(\mathbf{x}^*, \boldsymbol{\lambda}^*, \boldsymbol{\mu}^*)$ *ist positiv definit auf dem Teilraum*

$$\{\mathbf{x} \in \mathbb{R}^n : \ \nabla f_j(\mathbf{x}^*)'\mathbf{x} = 0,\ j \in \mathcal{J}^{**},\ \nabla g_i(\mathbf{x}^*)'\mathbf{x} = 0,\ i = 1, \ldots, m_1\}.$$

Beweis: Es genügt, den Beweis unter der Voraussetzung

$$\boldsymbol{\lambda}^* > \mathbf{0} \tag{81}$$

zu führen. Der allgemeine Fall ergibt sich nämlich hieraus, indem man in $\boldsymbol{\lambda}^*$ alle Komponenten mit $\lambda_j^* = 0$ fortläßt und an Stelle von (1'a,b,c) das Problem

$$\left.\begin{array}{ll} \min & F(\mathbf{x}) \\ \text{bez.} & f_j(\mathbf{x}) \leq 0,\ j \in \mathcal{J}^{**} \\ & g_i(\mathbf{x}) \leq 0,\ i = 1, \ldots, m_1 \end{array}\right\} \tag{$*$}$$

betrachtet. In der Tat ist dann die Voraussetzung (81) erfüllt und, wenn der Satz für diesen Fall bewiesen ist, $\mathbf{x}^*$ ein lokaler Minimalpunkt des Problems ($*$), also erst recht ein lokaler Minimalpunkt von (1'a,b,c).
Wir setzen also (81) voraus und betrachten wie im Beweis von Satz 10.1 das Problem ($\widetilde{1}$a,c). Mit den dortigen Bezeichnungen gilt dann:

$$\mathcal{J}^{**} = \mathcal{J}^* = \{1, \ldots, m_0\}$$

$$\widetilde{\mathbf{x}}^* := \begin{pmatrix} \mathbf{x}^* \\ \mathbf{y}^* \end{pmatrix} = \begin{pmatrix} \mathbf{x}^* \\ \mathbf{0} \end{pmatrix} \text{ ist regulär in Bezug auf } (\widetilde{1}\text{c})$$

$$\widetilde{\boldsymbol{\mu}}^* := \begin{pmatrix} \boldsymbol{\mu}^* \\ \boldsymbol{\lambda}^* \end{pmatrix} \text{ erfüllt } \nabla_{\widetilde{\mathbf{x}}} \widetilde{L}(\widetilde{\mathbf{x}}^*, \widetilde{\boldsymbol{\mu}}^*) = \mathbf{0} \quad \text{(vgl. (67), (68)).}$$

Um Satz 9.2 anwenden zu können, ist zu zeigen, daß die Hessematrix $\nabla^2_{\widetilde{\mathbf{x}}} \widetilde{L}(\widetilde{\mathbf{x}}^*, \widetilde{\boldsymbol{\mu}}^*)$ auf dem Teilraum $\mathcal{T} := \{\widetilde{\mathbf{x}} : \ \frac{\partial \widetilde{\mathbf{g}}}{\partial \widetilde{\mathbf{x}}}(\widetilde{\mathbf{x}}^*)\widetilde{\mathbf{x}} = \mathbf{0}\}$ des $\mathbb{R}^{n+m_0}$ positiv definit ist. Nun ist

$$\nabla^2_{\widetilde{\mathbf{x}}} \widetilde{L}(\widetilde{\mathbf{x}}^*, \widetilde{\boldsymbol{\mu}}^*) = \left(\begin{array}{c|ccc} \nabla^2_{\mathbf{x}} L(\mathbf{x}^*, \boldsymbol{\lambda}^*, \boldsymbol{\mu}^*) & & \mathcal{O} & \\ \hline & 2\lambda_1^* & & \\ \mathcal{O} & & \ddots & \\ & & & 2\lambda_{m_0}^* \end{array}\right)$$

und folglich

$$\widetilde{\mathbf{x}}'\nabla^2_{\widetilde{\mathbf{x}}}\widetilde{L}(\widetilde{\mathbf{x}}^*,\widetilde{\boldsymbol{\mu}}^*)\widetilde{\mathbf{x}} = \mathbf{x}'\nabla^2_{\mathbf{x}}L(\mathbf{x}^*,\boldsymbol{\lambda}^*,\boldsymbol{\mu}^*)\mathbf{x} + 2\sum_{j=1}^{m_0}\lambda_j^* y_j^2 \quad \text{für } \widetilde{\mathbf{x}} = \begin{pmatrix}\mathbf{x}\\ \mathbf{y}\end{pmatrix}. \tag{82}$$

Es sei jetzt $\mathbf{0} \neq \widetilde{\mathbf{x}} \in \mathcal{T}$, also

$$\nabla g_i(\mathbf{x}^*)'\mathbf{x} = 0,\ i = 1,\dots,m_1$$
$$\nabla f_j(\mathbf{x}^*)'\mathbf{x} = 0,\ j = 1,\dots,m_0.$$

Im Fall $\mathbf{x} \neq \mathbf{0}$ ist nach (ii) $\mathbf{x}'\nabla^2_{\mathbf{x}}L(\mathbf{x}^*,\boldsymbol{\lambda}^*,\boldsymbol{\mu}^*)\mathbf{x} > 0$, im Fall $\mathbf{x} = \mathbf{0}$ ist $\mathbf{y} \neq \mathbf{0}$ und nach (81) $\sum_{j=1}^{m_0} \lambda_j^* y_j^2 > 0$. In jedem Fall folgt mit (82), daß $\widetilde{\mathbf{x}}'\nabla^2_{\widetilde{\mathbf{x}}}\widetilde{L}(\widetilde{\mathbf{x}}^*,\widetilde{\boldsymbol{\mu}}^*)\widetilde{\mathbf{x}} > 0$.

Nach Satz 9.2 ist damit $\widetilde{\mathbf{x}}^*$ ein lokaler Minimalpunkt von ($\widetilde{1}$a,c). Also existiert eine Umgebung $\widetilde{\mathcal{U}}$ von $\widetilde{\mathbf{x}}^*$, so daß

$$\widetilde{F}(\widetilde{\mathbf{x}}^*) \leq \widetilde{F}(\widetilde{\mathbf{x}}) \quad \text{für alle } \widetilde{\mathbf{x}} \in \widetilde{\mathcal{U}} \text{ mit } \widetilde{\mathbf{g}}(\widetilde{\mathbf{x}}) = \mathbf{0}.$$

Es gibt Umgebungen $\mathcal{U}_1$ von $\mathbf{x}^*$, $\mathcal{V}$ von $\mathbf{y}^*$, so daß $\mathcal{U}_1 \times \mathcal{V} \subset \widetilde{\mathcal{U}}$. Die Vektorfunktion

$$\mathbf{y}(\mathbf{x}) := \begin{pmatrix}\sqrt{-f_1(\mathbf{x})}\\ \vdots \\ \sqrt{-f_{m_0}(\mathbf{x})}\end{pmatrix}, \quad \mathbf{x} \in \mathbb{R}^n \text{ mit } \mathbf{f}(\mathbf{x}) \leq \mathbf{0}$$

ist stetig, und es gilt $\mathbf{y}(\mathbf{x}^*) = \mathbf{y}^*$. Daher gibt es eine Umgebung $\mathcal{U}_2$ von $\mathbf{x}^*$, so, daß $\mathbf{y}(\mathbf{x}) \in \mathcal{V}$ für alle $\mathbf{x} \in \mathcal{U}_2$ mit $\mathbf{f}(\mathbf{x}) \leq \mathbf{0}$. Für die Umgebung $\mathcal{U} := \mathcal{U}_1 \cap \mathcal{U}_2$ von $\mathbf{x}^*$ folgt dann:

$$F(\mathbf{x}^*) \leq F(\mathbf{x}) \quad \text{für alle } \mathbf{x} \in \mathcal{U} \text{ mit } \mathbf{f}(\mathbf{x}) \leq \mathbf{0},\ \mathbf{g}(\mathbf{x}) = \mathbf{0}.$$

In der Tat, es sei $\mathbf{x} \in \mathcal{U}$ mit $\mathbf{f}(\mathbf{x}) \leq \mathbf{0}$ und $\mathbf{g}(\mathbf{x}) = \mathbf{0}$. Dann ist $\mathbf{x} \in \mathcal{U}_2$ und folglich $\mathbf{y}(\mathbf{x}) \in \mathcal{V}$. Für $\widetilde{\mathbf{x}} := \begin{pmatrix}\mathbf{x}\\ \mathbf{y}(\mathbf{x})\end{pmatrix}$ gilt nun $\widetilde{\mathbf{x}} \in \mathcal{U}_1 \times \mathcal{V} \subset \widetilde{\mathcal{U}}$ und $\widetilde{\mathbf{g}}(\widetilde{\mathbf{x}}) = \mathbf{0}$, also folgt $F(\mathbf{x}^*) = \widetilde{F}(\widetilde{\mathbf{x}}^*) \leq \widetilde{F}(\widetilde{\mathbf{x}}) = F(\mathbf{x})$.
Damit ist $\mathbf{x}^*$ ein lokaler Minimalpunkt von (1'a,b,c).

Beispiel 10.3: Wir bestimmen einen lokalen Optimalpunkt des Problems

$$\begin{array}{ll} \min & 2x_1^2 + 2x_1x_2 + x_2^2 - 10x_1 - 10x_2 \\ \text{bez.} & x_1^2 + x_2^2 \leq 5 \\ & 3x_1 + x_2 \leq 6. \end{array}$$

Hier ist $m_0 = 2$, $m_1 = 0$ und $f_1(\mathbf{x}) = x_1^2 + x_2^2 - 5$, $f_2(\mathbf{x}) = 3x_1 + x_2 - 6$ sowie

$$\begin{aligned} L(\mathbf{x},\boldsymbol{\lambda}) &= 2x_1^2 + 2x_1x_2 + x_2^2 - 10x_1 - 10x_2 \\ &\quad + \lambda_1(x_1^2 + x_2^2 - 5) + \lambda_2(3x_1 + x_2 - 6) \\ \frac{\partial L}{\partial x_1} &= 4x_1 + 2x_2 - 10 + 2\lambda_1 x_1 + 3\lambda_2 \\ \frac{\partial L}{\partial x_2} &= 2x_1 + 2x_2 - 10 + 2\lambda_1 x_2 + \lambda_2. \end{aligned}$$

Für einen zulässigen Punkt $\mathbf{x}$ lauten die nicht trivialen Kuhn-Tucker-Bedingungen:

$$\begin{gathered}
4x_1 + 2x_2 - 10 + 2\lambda_1 x_1 + 3\lambda_2 = 0 \\
2x_1 + 2x_2 - 10 + 2\lambda_1 x_2 + \lambda_2 = 0 \\
\lambda_1 \geq 0, \ \lambda_2 \geq 0 \\
\lambda_1(x_1^2 + x_2^2 - 5) = 0 \\
\lambda_2(3x_1 + x_2 - 6) = 0.
\end{gathered}$$

Man prüft leicht nach, daß für $\lambda_1 = 0$ aus diesen Gleichungen ein Widerspruch zu $f_1(\mathbf{x}) \leq 0$ resultiert. Setzt man $\lambda_1 \neq 0$, $\lambda_2 = 0$ an, so erhält man aus der ersten, zweiten und vierten Gleichung:

$$\begin{gathered}
x_1^2 - x_2^2 - x_1 x_2 - 5x_1 + 5x_2 = 0 \\
x_1^2 + x_2^2 - 5 = 0,
\end{gathered}$$

woraus

$$x_1^2 - x_2^2 - 5x_1 = (x_1 - 5)x_2$$

und durch Quadrieren und anschließendes Einsetzen von $x_2^2 = 5 - x_1^2$ folgt

$$x_1^4 - 6x_1^3 + 5x_1^2 + 20x_1 - 20 = 0.$$

Man errät die rationale Nullstelle $x_1^* = 1$, zu der $x_2^* = 2$, $\lambda_1^* = 1$, $\lambda_2^* = 0$ gehören. Tatsächlich ist $\mathbf{x}^* = \binom{1}{2}$ ein Kuhn-Tucker-Punkt, und wir prüfen die Bedingungen von Satz 10.2 nach.
Zunächst ist $\mathcal{J}^{**} = \{1\}$ und

i) $\nabla f_1(\mathbf{x}^*) = \begin{pmatrix} 2x_1^* \\ 2x_2^* \end{pmatrix} = \begin{pmatrix} 2 \\ 4 \end{pmatrix} \neq \mathbf{0}.$

Weiter ist $\dfrac{\partial^2 L}{\partial x_1^2} = 4 + 2\lambda_1$, $\dfrac{\partial^2 L}{\partial x_1 \partial x_2} = \dfrac{\partial^2 L}{\partial x_2 \partial x_1} = 2$, $\dfrac{\partial^2 L}{\partial x_2^2} = 2 + \lambda_1$ und

ii) $\nabla_{\mathbf{x}}^2 L(\mathbf{x}^*, \boldsymbol{\lambda}^*) = \begin{pmatrix} 6 & 2 \\ 2 & 4 \end{pmatrix}$ positiv definit auf dem Teilraum $\{\mathbf{x} : \ \nabla f_1(\mathbf{x}^*)'\mathbf{x} = 0\} = \{\mathbf{x} : \ x_1 + 2x_2 = 0\}$,

ja sogar auf ganz $\mathbb{R}^2$, da alle Hauptabschnittsdeterminanten positiv sind. Damit ist $\mathbf{x}^*$ ein lokaler Minimalpunkt.

10.1 Anwendung auf Problem (1'a,b,+)

Es ist klar, wie man aus den Sätzen 10.1 und 10.2 notwendige resp. hinreichende Bedingungen für einen lokalen Optimalpunkt des Problems (1'a,b) erhält. Weniger offensichtlich ist die Anwendung auf das Problem mit Ungleichungs- und Vorzeichenrestriktionen

$$\begin{aligned} \min \quad & F(\mathbf{x}) & & & (1'a)\\ \text{bez.} \quad & \mathbf{f}(\mathbf{x}) & \leq & \ \mathbf{0} & (1'b)\\ & \mathbf{x} & \geq & \ \mathbf{0}, & (1'+) \end{aligned}$$

der wir uns jetzt zuwenden wollen.

Setzt man

$$f_{m_0+1}(\mathbf{x}) = -x_1, f_{m_0+2}(\mathbf{x}) = -x_2, \ldots, f_{m_0+n}(\mathbf{x}) = -x_n$$

und $\widehat{\mathbf{f}} = (f_1, f_2, \ldots, f_{m_0+n})'$, so ist (1'a,b,+) äquivalent zu dem Programm

$$\begin{aligned} \min \quad & F(\mathbf{x}) & & & (1'a)\\ \text{bez.} \quad & \widehat{\mathbf{f}}(\mathbf{x}) & \leq & \ \mathbf{0}, & (1'\widehat{b}) \end{aligned}$$

auf das die bisher entwickelte Theorie anwendbar ist.

Lemma 10.4: *Es sei $\mathbf{x}^0 \in \mathbb{R}^n$ mit $\mathbf{f}(\mathbf{x}^0) \leq \mathbf{0}$ und $\mathbf{x}^0 \geq \mathbf{0}$. Setzt man $\mathcal{J}_1(\mathbf{x}^0) := \{j :\ 1 \leq j \leq m_0,\ f_j(\mathbf{x}^0) = 0\}$, $\mathcal{J}_2(\mathbf{x}^0) := \{k :\ 1 \leq k \leq n,\ x_k^{(0)} = 0\}$, so gilt: $\mathbf{x}^0$ ist genau dann regulär in Bezug auf $(1'\widehat{b})$, wenn die Vektoren*

$$\begin{pmatrix} \vdots \\ \frac{\partial f_j}{\partial x_k}(\mathbf{x}^0) \\ \vdots \end{pmatrix}_{k \notin \mathcal{J}_2(\mathbf{x}^0)}, \quad j \in \mathcal{J}_1(\mathbf{x}^0)$$

linear unabhängig sind.

Beweis: Wegen

$$\{j :\ 1 \leq j \leq m_0 + n,\ f_j(\mathbf{x}^0) = 0\} = \mathcal{J}_1(\mathbf{x}^0) \cup \{m_0 + k :\ k \in \mathcal{J}_2(\mathbf{x}^0)\}$$

und

$$\nabla f_{m_0+k}(\mathbf{x}^0) = (0, \ldots, 0, -1, 0, \ldots, 0)' = -\mathbf{u}^k, \quad k = 1, \ldots, n$$

ist gemäß Definition 10.1 $\mathbf{x}^0$ genau dann regulär in Bezug auf $(1'\widehat{b})$, wenn die Vektoren

$$\nabla f_j(\mathbf{x}^0),\ j \in \mathcal{J}_1(\mathbf{x}^0), \quad -\mathbf{u}^k,\ k \in \mathcal{J}_2(\mathbf{x}^0)$$

linear unabhängig sind. Hieraus folgt die Behauptung, denn

$$\operatorname{Rg}\left(\nabla f_j(\mathbf{x}^0),\ j \in \mathcal{J}_1(\mathbf{x}^0);\ -\mathbf{u}^k,\ k \in \mathcal{J}_2(\mathbf{x}^0)\right)$$

berechnet sich aus der Summe von

$$\mathrm{Rg}\left(\frac{\partial f_j}{\partial x_k}(\mathbf{x}^0)\right)_{k\notin \mathcal{J}_2(\mathbf{x}^0),j\in\mathcal{J}_1(\mathbf{x}^0)}$$

und der Anzahl der Elemente in $\mathcal{J}_2(\mathbf{x}^0)$.

Zulässige Punkte $\mathbf{x}^0$ des Problems (1′a,b,+), welche die Bedingung in Lemma 10.4 erfüllen, nennen wir *regulär in Bezug auf* (1′b,+). Trivialerweise ist jeder Punkt $\mathbf{x}^0 \in \mathbb{R}^n$ mit $\mathbf{x}^0 \geq \mathbf{0}$ und $\mathbf{f}(\mathbf{x}^0) < \mathbf{0}$ regulär in Bezug auf (1′b,+).

Korollar 10.1: *Es sei* $\mathbf{x}^*$ *eine (lokale) Lösung der Aufgabe* (1′a,b,+). *Ist* $\mathbf{x}^*$ *regulär in Bezug auf* (1′b,+), *dann existiert ein Vektor* $\boldsymbol{\lambda}^* \in \mathbb{R}^{m_0}$, *so daß mit der Lagrange-Funktion* L *zum Problem* (1′a,b) *gilt:*

$$\begin{gathered}\nabla_{\mathbf{x}}L(\mathbf{x}^*,\boldsymbol{\lambda}^*) \geq \mathbf{0}\\ (\boldsymbol{\lambda}^*)'\mathbf{f}(\mathbf{x}^*) = 0,\ (\mathbf{x}^*)'\nabla_{\mathbf{x}}L(\mathbf{x}^*,\boldsymbol{\lambda}^*) = 0\\ \boldsymbol{\lambda}^* \geq \mathbf{0}.\end{gathered}$$

Beweis: Bezeichnet $\widehat{L}$ die Lagrange-Funktion zu (1′a,$\widehat{\text{b}}$), so gilt für $\mathbf{x} \in \mathbb{R}^n$, $\widehat{\boldsymbol{\lambda}} = (\lambda_1,\lambda_2,\ldots,\lambda_{m_0+n})' \in \mathbb{R}^{m_0+n}$, wenn man $\boldsymbol{\lambda} = (\lambda_1,\ldots,\lambda_{m_0})'$ und $\boldsymbol{\mu} = (\lambda_{m_0+1},\ldots,\lambda_{m_0+n})'$ setzt:

$$\begin{aligned}\widehat{L}(\mathbf{x},\widehat{\boldsymbol{\lambda}}) &= F(\mathbf{x}) + \sum_{j=1}^{m_0}\lambda_j f_j(\mathbf{x}) - \sum_{k=1}^{n}\lambda_{m_0+k}x_k\\ &= L(\mathbf{x},\boldsymbol{\lambda}) - \boldsymbol{\mu}'\mathbf{x}\end{aligned}$$

also

$$\nabla_{\mathbf{x}}\widehat{L}(\mathbf{x},\widehat{\boldsymbol{\lambda}}) = \nabla_{\mathbf{x}}L(\mathbf{x},\boldsymbol{\lambda}) - \boldsymbol{\mu}. \tag{83}$$

Nach Voraussetzung und Satz 10.1 existiert nun ein $\widehat{\boldsymbol{\lambda}}^* \in \mathbb{R}^{m_0+n}$, so daß

$$\nabla_{\mathbf{x}}\widehat{L}(\mathbf{x}^*,\widehat{\boldsymbol{\lambda}}^*) = \mathbf{0} \tag{84}$$

$$(\widehat{\boldsymbol{\lambda}}^*)'\widehat{\mathbf{f}}(\mathbf{x}^*) = 0 \tag{85}$$

$$\widehat{\boldsymbol{\lambda}}^* \geq \mathbf{0}. \tag{86}$$

Mit der Zerlegung $\widehat{\boldsymbol{\lambda}}^* = \begin{pmatrix}\boldsymbol{\lambda}^*\\ \boldsymbol{\mu}^*\end{pmatrix}$ ergibt sich aus (83) und (84)

$$\nabla_{\mathbf{x}}L(\mathbf{x}^*,\boldsymbol{\lambda}^*) = \boldsymbol{\mu}^*, \tag{87}$$

insbesondere wegen (86)

$$\nabla_{\mathbf{x}}L(\mathbf{x}^*,\boldsymbol{\lambda}^*) \geq \mathbf{0}.$$

Wegen (86) und $\widehat{\mathbf{f}}(\mathbf{x}^*) \leq \mathbf{0}$ zerfällt (85) in

$$(\boldsymbol{\lambda}^*)'\mathbf{f}(\mathbf{x}^*) = 0 \text{ und } (\boldsymbol{\mu}^*)'(-\mathbf{x}^*) = 0.$$

Unter Berücksichtigung von (87) schreibt sich die zweite Gleichung als

$$(\mathbf{x}^*)'\nabla_{\mathbf{x}} L(\mathbf{x}^*, \boldsymbol{\lambda}^*) = 0,$$

womit alles gezeigt ist.

Im Hinblick auf Korollar 10.1 nennt man L auch die *Lagrange-Funktion zu* (1'a,b,+).
Fügt man zu den Bedingungen in Korollar 10.1 die trivialerweise gültigen hinzu und benutzt dabei die Identität $\mathbf{f}(\mathbf{x}) = \nabla_{\boldsymbol{\lambda}} L(\mathbf{x}, \boldsymbol{\lambda})$, so erhält man die notwendigen Optimalitätsbedingungen für einen regulären Punkt $\mathbf{x}^*$:

$$\mathbf{x}^* \geq \mathbf{0}, \; \nabla_{\mathbf{x}} L(\mathbf{x}^*, \boldsymbol{\lambda}^*) \geq \mathbf{0}, \; (\mathbf{x}^*)'\nabla_{\mathbf{x}} L(\mathbf{x}^*, \boldsymbol{\lambda}^*) = 0 \tag{88}$$

$$\boldsymbol{\lambda}^* \geq \mathbf{0}, \; \nabla_{\boldsymbol{\lambda}} L(\mathbf{x}^*, \boldsymbol{\lambda}^*) \leq \mathbf{0}, \; (\boldsymbol{\lambda}^*)'\nabla_{\boldsymbol{\lambda}} L(\mathbf{x}^*, \boldsymbol{\lambda}^*) = 0 \tag{89}$$

oder ausführlich geschrieben

$$\left.\begin{array}{rcl} x_k^* & \geq & 0 \\ \frac{\partial L}{\partial x_k}(\mathbf{x}^*, \boldsymbol{\lambda}^*) & \geq & 0 \\ x_k^* \cdot \frac{\partial L}{\partial x_k}(\mathbf{x}^*, \boldsymbol{\lambda}^*) & = & 0 \end{array}\right\} \quad k = 1, 2, \ldots, n \tag{88'}$$

$$\left.\begin{array}{rcl} \lambda_j^* & \geq & 0 \\ \frac{\partial L}{\partial \lambda_j}(\mathbf{x}^*, \boldsymbol{\lambda}^*) & \leq & 0 \\ \lambda_j^* \cdot \frac{\partial L}{\partial \lambda_j}(\mathbf{x}^*, \boldsymbol{\lambda}^*) & = & 0 \end{array}\right\} \quad j = 1, 2, \ldots, m_0. \tag{89'}$$

In dem Fall, daß F und $\mathbf{f}$ zusätzlich konvex sind, erweisen sich die *Kuhn-Tucker-Bedingungen* (88), (89) nicht nur als notwendig, sondern auch als hinreichend für eine (globale) Lösung des Problems (1'a,b,+). Außerdem läßt sich in diesem Fall die Regularitätsvoraussetzung erheblich abschwächen. Wir werden diese Resultate in §12 vorstellen.
Hier bringen wir noch ein Beispiel, welches zeigt, daß man auf die Regularitätsvoraussetzung in Korollar 10.1 nicht verzichten kann.

Beispiel 10.4: Wir betrachten das Problem

$$\begin{array}{lrcl} \min & F(\mathbf{x}) & = & -x_1^2 - x_2^2 \quad (\text{äquivalent: } \max\, x_1^2 + x_2^2) \\ \text{bez.} & f_1(\mathbf{x}) & \leq & 0 \\ & \mathbf{x} & \geq & \mathbf{0}, \end{array}$$

wobei $f_1(\mathbf{x}) := \begin{cases} x_2 - (x_1 - 1)^2, & x_1 \leq 1 \\ x_2 + (x_1 - 1)^2, & x_1 \geq 1 \end{cases}$

Die graphische Lösung zeigt, daß $\mathbf{x}^* = \binom{1}{0}$ eine Lösung ist.

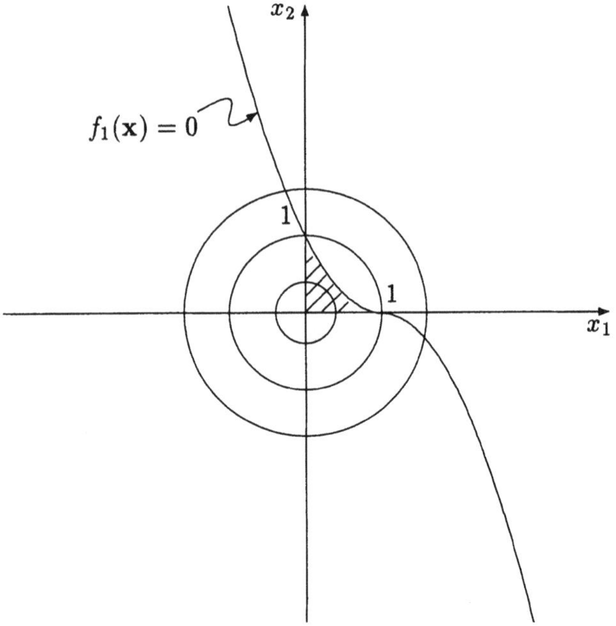

Jedoch ist $\mathbf{x}^*$ kein Kuhn-Tucker-Punkt, denn wegen

$$L(\mathbf{x}, \lambda_1) = F(\mathbf{x}) + \lambda_1 f_1(\mathbf{x})$$

und also

$$\nabla_{\mathbf{x}} L(\mathbf{x}, \lambda_1) = \nabla F(\mathbf{x}) + \lambda_1 \nabla f_1(\mathbf{x}) = \begin{pmatrix} -2x_1 \\ -2x_2 \end{pmatrix} + \lambda_1 \begin{pmatrix} 2|x_1 - 1| \\ 1 \end{pmatrix}$$

ist

$$\nabla_{\mathbf{x}} L(\mathbf{x}^*, \lambda_1) = \begin{pmatrix} -2 \\ 0 \end{pmatrix} + \lambda_1 \begin{pmatrix} 0 \\ 1 \end{pmatrix} = \begin{pmatrix} -2 \\ \lambda_1 \end{pmatrix} \not\geq \mathbf{0}$$

für alle $\lambda_1 \in \mathbb{R}$. Tatsächlich ist $\mathbf{x}^*$ nicht regulär, da in Lemma 10.4 $\mathcal{J}_1(\mathbf{x}^*) = \{1\}$, $\mathcal{J}_2(\mathbf{x}^*) = \{2\}$ und $\frac{\partial f_1}{\partial x_1}(\mathbf{x}^*) = 0$ wird.
Im Hinblick auf den späteren Satz 12.1 bemerken wir, daß F und f_1 nicht konvex sind.

Übungsaufgaben

53. Man zeige, daß in Beispiel 10.1 außer dem betrachteten Punkt $\mathbf{x}^0 = \binom{1}{0}$ jeder Punkt des zulässigen Bereiches regulär ist.

54. Gegeben seien die beiden Optimierungsprobleme

 a) max $\quad x_1 + x_2$
 bez. $\quad x_2 - (1 - x_1)^5 \leq 0$

b) max $x_1 + x_2$
bez. $x_2 - (1 - x_1)^5 \leq 0$
$x_1 \geq 0,\ x_2 \geq 0.$

Man klassifiziere diese Programme wie in Aufgabe 48 und untersuche die Punkte der zulässigen Bereiche auf Regularität. Dann berechne man sämtliche lokalen Maximalpunkte. Welche davon sind Lösungen?

55. Man überzeuge sich, daß jedes der folgenden Optimierungsprobleme eine Lösung besitzt, und berechne diese mit Hilfe der Kuhn-Tucker-Bedingungen!

a) max $x_1^2 + x_2^2$
bez. $2x_1 + x_2 \leq 3$
$\mathbf{x} \geq \mathbf{0}$

b) min $x_1 - x_2^2$
bez. $x_1 + x_2 \geq 3$
$3x_1 + x_2 \leq 6$
$\mathbf{x} \geq \mathbf{0}$

c) max $x_1 + x_2$
bez. $x_2 \leq 2$
$x_1 - x_2^2 = 0$

d) max $2x_1x_2 + x_1 + 2x_2 + 1$
bez. $x_1 + x_2^2 \leq 1$
$\mathbf{x} \geq \mathbf{0}$

e) min $6x_1x_2 + x_2^2 - 2x_1 - 4x_2$
bez. $2x_1 - 2x_2 \geq -1$
$2x_1 + x_2^2 \leq 1$

f) min $x_1 + 2x_2 - x_2^2$
bez. $x_1 + x_2 \geq 2$
$5x_1 + x_2 \leq 12$
$\mathbf{x} \geq \mathbf{0}$

g) max $8x_1^2 + x_2^2 - 64x_1 - 10x_2 + 153$
bez. $x_1 - x_2^2 \geq -3$
$x_1 + x_2 = 6$
$\mathbf{x} \geq \mathbf{0}$

11 Problem (1'a,b,+) für konvexe Funktionen

Wir betrachten wieder das Programm

$$\begin{array}{llcll} \min & F(\mathbf{x}) & & & (1'a) \\ \text{bez.} & \mathbf{f}(\mathbf{x}) & \leq & \mathbf{0} & (1'b) \\ & \mathbf{x} & \geq & \mathbf{0}, & (1'+) \end{array}$$

wobei F, $\mathbf{f} = (f_1, \ldots, f_m)'$ jetzt aber als konvex vorausgesetzt sind; m (der Einfachheit halber an die Stelle von m_0 gesetzt) sei beliebig.
Unter dieser Voraussetzung ist nach Satz 1.1 das Minimierungsproblem (1'a,b,+) konvex und nach Satz 1.2 folglich jede lokale Lösung zugleich eine (globale) Lösung. Wie wir in §10 gesehen haben, lassen sich im Fall der stetigen Differenzierbarkeit von F, $\mathbf{f}$ die lokalen Lösungen durch Anwendung der klassischen Multiplikatorenmethode von Lagrange bestimmen. Es ist daher naheliegend, durch Verallgemeinerung dieser Methode eine Charakterisierung der Lösungen von (1'a,b,+) anzustreben. Das ist tatsächlich möglich und der Inhalt des Theorems von *Kuhn* und *Tucker*, welches eine zentrale Bedeutung für die konvexe Programmierung erlangt hat. Die Sattelpunkt–Form dieses Theorems setzt nur die Konvexität von F, $\mathbf{f}$ voraus und wird in diesem Abschnitt behandelt.

Zunächst wiederholen wir mit

Definition 11.1: Die *Lagrange-Funktion zum Problem* (1'a,b,+) ist definiert für alle $\mathbf{x} \in \mathbb{R}^n$, $\boldsymbol{\lambda} \in \mathbb{R}^m$ durch

$$L(\mathbf{x}, \boldsymbol{\lambda}) = F(\mathbf{x}) + \boldsymbol{\lambda}'\mathbf{f}(\mathbf{x}) = F(\mathbf{x}) + \sum_{j=1}^{m} \lambda_j f_j(\mathbf{x}).$$

$\lambda_1, \lambda_2, \ldots, \lambda_m$ heißen die *Lagrange-Multiplikatoren* zu (1'a,b,+).

Zur Charakterisierung der Lösungen von (1'a,b,+) führen wir einen neuen Begriff ein.

Definition 11.2: Ein Punkt $\begin{pmatrix} \mathbf{x}^* \\ \boldsymbol{\lambda}^* \end{pmatrix} \in \mathbb{R}^{n+m}$ mit $\mathbf{x}^* \geq \mathbf{0}$, $\boldsymbol{\lambda}^* \geq \mathbf{0}$ heißt *Sattelpunkt* von L (bez. der Teilmenge $\mathbb{R}_+^{n+m}$ von $\mathbb{R}^{n+m}$), wenn gilt:

$$L(\mathbf{x}^*, \boldsymbol{\lambda}) \leq L(\mathbf{x}^*, \boldsymbol{\lambda}^*) \leq L(\mathbf{x}, \boldsymbol{\lambda}^*) \quad \text{für alle } \mathbf{x} \geq \mathbf{0},\ \boldsymbol{\lambda} \geq \mathbf{0}. \tag{90}$$

Der folgende Satz sagt aus, daß jeder Sattelpunkt von L eine Lösung von (1'a,b,+) liefert. Die Konvexität von F, $\mathbf{f}$ ist dabei nicht erforderlich.

Satz 11.1: *Ist* $\begin{pmatrix} \mathbf{x}^* \\ \boldsymbol{\lambda}^* \end{pmatrix}$ *ein Sattelpunkt von* $L(\mathbf{x}, \boldsymbol{\lambda})$, *so ist* $\mathbf{x}^*$ *eine Lösung von* (1'a,b,+).

Beweis: Nach Voraussetzung gilt:

$$\left.\begin{array}{c} F(\mathbf{x}^*) + \boldsymbol{\lambda}'\mathbf{f}(\mathbf{x}^*) \leq F(\mathbf{x}^*) + (\boldsymbol{\lambda}^*)'\mathbf{f}(\mathbf{x}^*) \leq F(\mathbf{x}) + (\boldsymbol{\lambda}^*)'\mathbf{f}(\mathbf{x}) \\ \text{für alle } \mathbf{x} \geq \mathbf{0},\ \boldsymbol{\lambda} \geq \mathbf{0} \end{array}\right\} \qquad (90')$$

Betrachten wir zunächst den linken Teil von (90'), der besagt:

$$\boldsymbol{\lambda}'\mathbf{f}(\mathbf{x}^*) \leq (\boldsymbol{\lambda}^*)'\mathbf{f}(\mathbf{x}^*) \quad \text{für alle } \boldsymbol{\lambda} \geq \mathbf{0} \qquad (91)$$

Da $(\boldsymbol{\lambda}^*)'\mathbf{f}(\mathbf{x}^*)$ eine feste Schranke ist, folgt hieraus $f_j(\mathbf{x}^*) \leq 0$, $j = 1, \ldots, m$, d.h. $\mathbf{f}(\mathbf{x}^*) \leq \mathbf{0}$. Wegen $\mathbf{x}^* \geq \mathbf{0}$ ist somit $\mathbf{x}^*$ ein zulässiger Punkt von (1'a,b,+).
Aus $\boldsymbol{\lambda}^* \geq \mathbf{0}$, $\mathbf{f}(\mathbf{x}^*) \leq \mathbf{0}$ folgt $(\boldsymbol{\lambda}^*)'\mathbf{f}(\mathbf{x}^*) \leq 0$, und aus (91) mit $\boldsymbol{\lambda} = \mathbf{0}$ folgt $(\boldsymbol{\lambda}^*)'\mathbf{f}(\mathbf{x}^*) \geq 0$; zusammengefaßt ergibt sich

$$(\boldsymbol{\lambda}^*)'\mathbf{f}(\mathbf{x}^*) = 0. \qquad (92)$$

Unter Berücksichtigung von (92) besagt der rechte Teil von (90'):

$$F(\mathbf{x}^*) \leq F(\mathbf{x}) + (\boldsymbol{\lambda}^*)'\mathbf{f}(\mathbf{x}) \quad \text{für alle } \mathbf{x} \geq \mathbf{0}. \qquad (93)$$

Es sei nun $\mathbf{x}$ ein zulässiger Punkt von (1'a,b,+). Wegen $\mathbf{f}(\mathbf{x}) \leq \mathbf{0}$ ist dann $(\boldsymbol{\lambda}^*)'\mathbf{f}(\mathbf{x}) \leq 0$, und (93) ergibt

$$F(\mathbf{x}^*) \leq F(\mathbf{x}).$$

Damit ist $\mathbf{x}^*$ eine Lösung von (1'a,b,+).

Beispiel 11.1: In (1'a,b,+) sei $n = m = 1$ und $F(x) = -x$, $f_1(x) = x^2$. Offensichtlich besteht hier der zulässige Bereich nur aus dem Punkt $x^* = 0$, der dann trivialerweise eine Lösung ist.
Wir betrachten jetzt die Lagrange-Funktion

$$L(x, \lambda) = -x + \lambda x^2$$

und fragen, ob es ein $\lambda^* \geq 0$ gibt, so daß $\begin{pmatrix} x^* \\ \lambda^* \end{pmatrix} = \begin{pmatrix} 0 \\ \lambda^* \end{pmatrix}$ ein Sattelpunkt von L ist. Nach (90) müßte gelten:

$$0 \leq -x + \lambda^* x^2 \quad \text{für alle } x \geq 0,$$

d.h. $\lambda^* \geq \frac{1}{x}$ für alle $x > 0$, was für ein endliches λ^* nicht möglich ist. Damit ist Satz 11.1 nicht ohne weiteres umkehrbar.

Als hinreichende Voraussetzung für die Umkehrbarkeit von Satz 11.1 erweist sich die

Regularitätsbedingung (R): Es gibt einen zulässigen Punkt $\mathbf{x}^0$ von (1'a,b,+) mit $\mathbf{f}(\mathbf{x}^0) < \mathbf{0}$.

In Beispiel 11.1 ist (R) nicht erfüllt!

Satz 11.2: *Das Programm* (1'a,b,+) *erfülle die Bedingung* (R). *Dann gibt es zu jeder Lösung* $\mathbf{x}^*$ *von* (1'a,b,+) *einen Vektor* $\boldsymbol{\lambda}^* \geq \mathbf{0}$ *von Lagrange-Multiplikatoren, so daß* $\begin{pmatrix}\mathbf{x}^*\\ \boldsymbol{\lambda}^*\end{pmatrix}$ *Sattelpunkt von* $L(\mathbf{x}, \boldsymbol{\lambda})$ *ist.*

In dem Beweis dieses Satzes benutzen wir den wichtigen, anschaulich klaren

Satz 11.3: Separationssatz für konvexe Mengen
Es seien $\mathcal{A}$ *und* $\mathcal{B}$ *zwei konvexe, echte Teilmengen des* $\mathbb{R}^r$, *die keinen Punkt gemeinsam haben. Dann existiert eine Hyperebene* $\mathbf{l}'\mathbf{x} = d$, *die* $\mathcal{A}$ *und* $\mathcal{B}$ *trennt; d.h. es gibt einen Vektor* $\mathbf{0} \neq \mathbf{l} \in \mathbb{R}^r$ *und eine reelle Zahl* d, *so daß*

$$\mathbf{l}'\mathbf{y} \geq d \geq \mathbf{l}'\mathbf{z} \quad \textit{für alle } \mathbf{y} \in \mathcal{A},\ z \in \mathcal{B}.$$

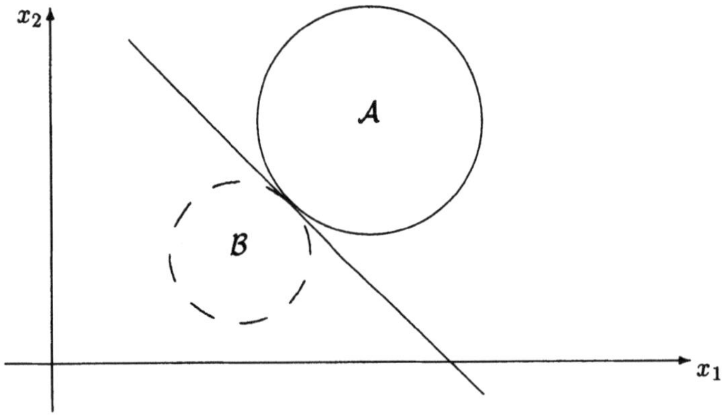

Den Separationssatz werden wir hier nicht beweisen, sondern verweisen auf die Literatur (etwa [12]).

Beweis von Satz 11.2: Es sei $\mathbf{x}^*$ eine Lösung der Aufgabe (1'a,b,+). Wir definieren zwei Teilmengen $\mathcal{A}$, $\mathcal{B}$ des $\mathbb{R}^{m+1}$ durch

$$\begin{aligned}\mathcal{A} &= \{\begin{pmatrix}y_0\\ \mathbf{y}\end{pmatrix} : y_0 \geq F(\mathbf{x}),\ \mathbf{y} \geq \mathbf{f}(\mathbf{x}) \text{ für mindestens ein } \mathbf{x} \geq \mathbf{0}\}\\ \mathcal{B} &= \{\begin{pmatrix}z_0\\ \mathbf{z}\end{pmatrix} : z_0 < F(\mathbf{x}^*),\ \mathbf{z} \leq \mathbf{0}\}.\end{aligned}$$

$\mathcal{A}$ ist konvex; denn sind $\begin{pmatrix}y_0^{(1)}\\ \mathbf{y}^1\end{pmatrix}, \begin{pmatrix}y_0^{(2)}\\ \mathbf{y}^2\end{pmatrix} \in \mathcal{A}$ und $0 < \lambda < 1$, so gilt

$$\begin{pmatrix}y_0^{(1)}\\ \mathbf{y}^1\end{pmatrix} \geq \begin{pmatrix}F(\mathbf{x}^1)\\ \mathbf{f}(\mathbf{x}^1)\end{pmatrix}, \quad \begin{pmatrix}y_0^{(2)}\\ \mathbf{y}^2\end{pmatrix} \geq \begin{pmatrix}F(\mathbf{x}^2)\\ \mathbf{f}(\mathbf{x}^2)\end{pmatrix}$$

für gewisse $\mathbf{x}^1 \geq \mathbf{0}$, $\mathbf{x}^2 \geq \mathbf{0}$, und mit $\mathbf{x}^3 := \lambda\mathbf{x}^1 + (1-\lambda)\mathbf{x}^2 \geq \mathbf{0}$ folgt aufgrund der Konvexität von F, $\mathbf{f}$:

$$\lambda\begin{pmatrix} y_0^{(1)} \\ \mathbf{y}^1 \end{pmatrix} + (1-\lambda)\begin{pmatrix} y_0^{(2)} \\ \mathbf{y}^2 \end{pmatrix} \geq \begin{pmatrix} \lambda F(\mathbf{x}^1) + (1-\lambda)F(\mathbf{x}^2) \\ \lambda \mathbf{f}(\mathbf{x}^1) + (1-\lambda)\mathbf{f}(\mathbf{x}^2) \end{pmatrix} \geq \begin{pmatrix} F(\mathbf{x}^3) \\ \mathbf{f}(\mathbf{x}^3) \end{pmatrix}.$$

Noch leichter sieht man, daß $\mathcal{B}$ konvex ist. Es gilt $\mathcal{A} \cap \mathcal{B} = \emptyset$, denn aus der Annahme $\begin{pmatrix} y^0 \\ \mathbf{y} \end{pmatrix} \in \mathcal{A} \cap \mathcal{B}$ folgt, daß es ein $\mathbf{x} \geq \mathbf{0}$ gibt, so daß

$$F(\mathbf{x}) \leq y_0 < F(\mathbf{x}^*) \text{ und } \mathbf{f}(\mathbf{x}) \leq \mathbf{y} \leq \mathbf{0},$$

im Widerspruch zur Minimalität von $\mathbf{x}^*$. Offensichtlich ist $\emptyset \neq \mathcal{B} \neq \mathbb{R}^{m+1}$ und folglich $\mathcal{A} \neq \mathbb{R}^{m+1}$.

Damit ist der Separationssatz anwendbar. Es gibt also ein $\mathbf{0} \neq \begin{pmatrix} l_0 \\ \mathbf{l} \end{pmatrix} \in \mathbb{R}^{m+1}$, derart daß

$$l_0 y_0 + \mathbf{l}'\mathbf{y} \geq l_0 z_0 + \mathbf{l}'\mathbf{z} \quad \text{für alle} \begin{pmatrix} y_0 \\ \mathbf{y} \end{pmatrix} \in \mathcal{A}, \begin{pmatrix} z_0 \\ \mathbf{z} \end{pmatrix} \in \mathcal{B}. \tag{94}$$

Da die Komponenten der Vektoren in $\mathcal{B}$ unabhängig voneinander negative Werte beliebiger Größe annehmen können, folgt (mit einem fest gewählten Vektor von $\mathcal{A}$) aus (94) zunächst $\begin{pmatrix} l_0 \\ \mathbf{l} \end{pmatrix} \geq \mathbf{0}$.

Mit der abgeschlossenen Menge

$$\overline{\mathcal{B}} := \{\begin{pmatrix} z_0 \\ \mathbf{z} \end{pmatrix} : \ z_0 \leq F(\mathbf{x}^*), \ \mathbf{z} \leq \mathbf{0}\}$$

läßt sich (94) erweitern zu

$$l_0 y_0 + \mathbf{l}'\mathbf{y} \geq l_0 z_0 + \mathbf{l}'\mathbf{z} \quad \text{für alle} \begin{pmatrix} y_0 \\ \mathbf{y} \end{pmatrix} \in \mathcal{A}, \begin{pmatrix} z_0 \\ \mathbf{z} \end{pmatrix} \in \overline{\mathcal{B}}. \tag{$\overline{94}$}$$

Sind nämlich $\begin{pmatrix} y_0 \\ \mathbf{y} \end{pmatrix} \in \mathcal{A}$ und $\mathbf{z} \leq \mathbf{0}$ fest sowie $z_0 < F(\mathbf{x}^*)$ variabel, so gilt wegen (94):

$$l_0 F(\mathbf{x}^*) + \mathbf{l}'\mathbf{z} = \lim_{z_0 \to F(\mathbf{x}^*)} (l_0 z_0 + \mathbf{l}'\mathbf{z}) \leq l_0 z_0 + \mathbf{l}'\mathbf{z}.$$

In ($\overline{94}$) darf $\begin{pmatrix} y_0 \\ \mathbf{y} \end{pmatrix} = \begin{pmatrix} F(\mathbf{x}) \\ \mathbf{f}(\mathbf{x}) \end{pmatrix}$, $\begin{pmatrix} z_0 \\ \mathbf{z} \end{pmatrix} = \begin{pmatrix} F(\mathbf{x}^*) \\ \mathbf{0} \end{pmatrix}$ gesetzt werden, was

$$l_0 F(\mathbf{x}) + \mathbf{l}'\mathbf{f}(\mathbf{x}) \geq l_0 F(\mathbf{x}^*) \quad \text{für alle } \mathbf{x} \geq \mathbf{0} \tag{95}$$

ergibt.

Hieraus schließen wir, daß $l_0 > 0$. Aus der Annahme $l_0 = 0$ folgt nämlich $\mathbf{0} \leq \mathbf{l} \neq \mathbf{0}$ und mit (R) dann $\mathbf{l}'\mathbf{f}(\mathbf{x}^0) < 0$, was (95) widerspricht.
Wir setzen nun $\boldsymbol{\lambda}^* := \frac{1}{l_0}\mathbf{l}$, womit $\boldsymbol{\lambda}^* \geq \mathbf{0}$ und (95) übergeht in

$$F(\mathbf{x}) + (\boldsymbol{\lambda}^*)'\mathbf{f}(\mathbf{x}) \geq F(\mathbf{x}^*) \quad \text{für alle } \mathbf{x} \geq \mathbf{0}. \tag{93}$$

Mit $\mathbf{x} = \mathbf{x}^*$ erhält man hieraus $(\boldsymbol{\lambda}^*)'\mathbf{f}(\mathbf{x}^*) \geq 0$, was zusammen mit $\boldsymbol{\lambda}^* \geq \mathbf{0}$, $\mathbf{f}(\mathbf{x}^*) \leq \mathbf{0}$ auf

$$(\boldsymbol{\lambda}^*)'\mathbf{f}(\mathbf{x}^*) = 0 \tag{92}$$

führt. Aus (92), (93) und

$$\boldsymbol{\lambda}'\mathbf{f}(\mathbf{x}^*) \leq 0 \quad \text{für alle } \boldsymbol{\lambda} \geq 0$$

folgt:

$$\left.\begin{array}{c} F(\mathbf{x}^*) + \boldsymbol{\lambda}'\mathbf{f}(\mathbf{x}^*) \leq F(\mathbf{x}^*) + (\boldsymbol{\lambda}^*)'\mathbf{f}(\mathbf{x}^*) \leq F(\mathbf{x}) + (\boldsymbol{\lambda}^*)'\mathbf{f}(\mathbf{x}) \\ \text{für alle } \mathbf{x} \geq \mathbf{0},\ \boldsymbol{\lambda} \geq \mathbf{0}; \end{array}\right\} \tag{90'}$$

d.h. $\begin{pmatrix}\mathbf{x}^*\\ \mathbf{y}^*\end{pmatrix}$ ist ein Sattelpunkt von L.

Mit den Sätzen 11.1 und 11.2 hat man

Satz 11.4: Sattelpunkt-Form des Kuhn-Tucker-Theorems
Ist für die Aufgabe (1'a,b,+) *die Bedingung* (R) *erfüllt, so gilt:* $\mathbf{x}^* \geq \mathbf{0}$ *ist genau dann eine Lösung von* (1'a,b,+), *wenn es ein* $\boldsymbol{\lambda}^* \geq \mathbf{0}$ *gibt, für das* $\begin{pmatrix}\mathbf{x}^*\\ \boldsymbol{\lambda}^*\end{pmatrix}$ *Sattelpunkt von* $L(\mathbf{x}, \boldsymbol{\lambda})$ *ist.*

Und aus Satz 11.2 und den Formeln (92), (93) folgt

Korollar 11.1: *Unter der Voraussetzung* (R) *existiert zu jeder Lösung* $\mathbf{x}^*$ *von* (1'a,b,+) *ein* $\boldsymbol{\lambda}^* \geq \mathbf{0}$, *so daß*

$$F(\mathbf{x}^*) = \min\{F(\mathbf{x}) + (\boldsymbol{\lambda}^*)'\mathbf{f}(\mathbf{x}) : \ \mathbf{x} \geq \mathbf{0}\}.$$

11.1 Abschwächung der Regularitätsvoraussetzung (R)

Durch die Voraussetzung (R) werden Nebenbedingungen $g(\mathbf{x}) = 0$ mit affinlinearer Funktion $g(\mathbf{x})$ ausgeschlossen, die in (1'a,b,+) in der Form $g(\mathbf{x}) \leq 0$, $-g(\mathbf{x}) \leq 0$ enthalten sein können. Tatsächlich bleibt aber Satz 11.2 und damit auch Satz 11.4 und Korollar 11.1 gültig, wenn man eine schwächere Regularitätsvoraussetzung zugrunde legt, die von diesem Mangel frei ist.

Um bequem formulieren zu können, werden die Komponenten $f_1, \ldots, f_m$ der Vektorfunktion $\mathbf{f}$ so umnumeriert, daß gilt:

- $f_1, \ldots, f_r$ sind affin–linear, d.h. zu jedem $j = 1, \ldots, r$ gibt es $\mathbf{a}^j \in \mathbb{R}^n$, $b_j \in \mathbb{R}$ mit
$$f_j(\mathbf{x}) = (\mathbf{a}^j)'\mathbf{x} - b_j \quad \text{für alle } \mathbf{x} \in \mathbb{R}^n.$$
- $f_{r+1}, \ldots, f_m$ sind nicht affin–linear.

Dabei ist $0 \leq r \leq m$. Faßt man zusammen

$$A = \begin{pmatrix} (\mathbf{a}^1)' \\ (\mathbf{a}^2)' \\ \vdots \\ (\mathbf{a}^r)' \end{pmatrix}, \quad \mathbf{b} = \begin{pmatrix} b_1 \\ b_2 \\ \vdots \\ b_r \end{pmatrix}, \quad \mathbf{f}^* = \begin{pmatrix} f_{r+1} \\ f_{r+2} \\ \vdots \\ f_m \end{pmatrix},$$

so schreiben sich die Nebenbedingungen (1'b) als

$$\begin{aligned} A\mathbf{x} &\leq \mathbf{b} \\ \mathbf{f}^*(\mathbf{x}) &\leq \mathbf{0}, \end{aligned}$$

und es lautet die abgeschwächte

Regularitätsbedingung (R'): Es gibt einen zulässigen Punkt $\mathbf{x}^0$ von (1'a,b,+) mit $\mathbf{f}^*(\mathbf{x}^0) < \mathbf{0}$.

Den Beweis, daß in Satz 11.2 tatsächlich die Voraussetzung (R') genügt, werden wir hier nicht in voller Allgemeinheit führen, sondern verweisen dazu auf die Literatur (etwa [6], S.76 oder [2]).
Jedoch können wir den Beweis von Satz 11.2 verallgemeinern auf den Fall, daß die affin–linearen Restriktionen $A\mathbf{x} \leq \mathbf{b}$ in (1'b) in der folgenden Form auftreten:

I) Zu jedem $k = 1, \ldots, n$ gibt es einen Vektor $\mathbf{x}^k \geq \mathbf{0}$ mit $A\mathbf{x}^k \leq \mathbf{b}$, dessen k-te Komponente $(\mathbf{u}^k)'\mathbf{x}^k > 0$ ist.

II) $A, \mathbf{b}$ sind von der Gestalt

$$A = \begin{pmatrix} A_1 \\ -A_1 \\ A_2 \end{pmatrix}, \quad \mathbf{b} = \begin{pmatrix} \mathbf{b}^1 \\ -\mathbf{b}^1 \\ \mathbf{b}^2 \end{pmatrix},$$

wobei die Zeilenvektoren von A_1 linear unabhängig sind und ein Vektor $\boldsymbol{\xi}^0 \geq \mathbf{0}$ existiert mit $A_1\boldsymbol{\xi}^0 = \mathbf{b}^1$ und $A_2\boldsymbol{\xi}^0 < \mathbf{b}^2$.

Das Programm (1′a,b,+) läßt sich in jedem Fall in ein äquivalentes Programm transformieren, welches die Eigenschaften (I), (II) besitzt. Man verfahre dazu zunächst folgendermaßen:

(1) Zerlege die Restriktionen $\mathbf{f}(\mathbf{x}) \leq \mathbf{0}$ von (1′a,b,+) in $A\mathbf{x} \leq \mathbf{b}$, $\mathbf{f}^*(\mathbf{x}) \leq \mathbf{0}$, wobei die Komponenten von $\mathbf{f}^*$ nicht affin–linear sind.

(2) Ist (I) erfüllt, dann erfolgt Abbruch.
Ist (I) für die Indizes $k_1, k_2, \ldots$ nicht erfüllt, so setze in dem Programm (1′a,b,+) $x_{k_1} = x_{k_2} = \ldots = 0$. Dadurch ergibt sich das zu (1′a,b,+) äquivalente Programm

$$\begin{aligned} &\text{min} \quad \widetilde{F}(\widetilde{\mathbf{x}}) && (\widetilde{1}\text{a}) \\ &\text{bez.} \quad \widetilde{\mathbf{f}}(\widetilde{\mathbf{x}}) \leq \mathbf{0} && (\widetilde{1}\text{b}) \\ &\qquad\quad \widetilde{\mathbf{x}} \geq \mathbf{0} && (\widetilde{1}+) \end{aligned}$$

mit konvexen $\widetilde{F}, \widetilde{\mathbf{f}}$.

(3) Setze ($\widetilde{1}$a,b,+) an die Stelle (1′a,b,+) und gehe wieder zu (1).

Da sich in (2) bei Nichtabbruch die Anzahl der Variablen jedesmal verringert, liefert dieses Verfahren nach endlich vielen Schritten ein zu (1′a,b,+) äquivalentes Programm, welches (I) erfüllt. (Den Fall, daß keine Variable übrigbleibt und höchstens $\mathbf{0}$ ein zulässiger Punkt von (1′a,b,+) ist, dürfen wir als trivial ausschließen.) Der Einfachheit halber verwenden wir für dieses Programm dieselben Bezeichnungen wie für (1′a,b,+).

Für jedes $j = 1, \ldots, r$ gibt es nun zwei Möglichkeiten:

- Für alle Vektoren $\mathbf{x} \geq \mathbf{0}$ mit $A\mathbf{x} \leq \mathbf{b}$ gilt $(\mathbf{a}^j)'\mathbf{x} = b_j$.
- Es gibt einen Vektor $\boldsymbol{\xi}^j \geq \mathbf{0}$ mit $A\boldsymbol{\xi}^j \leq \mathbf{b}$, so daß $(\mathbf{a}^j)'\boldsymbol{\xi}^j < b_j$.

Es seien $\mathcal{J}_1$ bzw. $\mathcal{J}_2$ die Menge aller Indizes $1 \leq j \leq r$, für welche die erste bzw. zweite Alternative zutrifft. Dann sind die Restriktionen

$$A\mathbf{x} \leq \mathbf{b}, \quad \mathbf{x} \geq \mathbf{0}$$

äquivalent zu

$$\begin{aligned} (\mathbf{a}^j)'\mathbf{x} &= b_j, \quad j \in \mathcal{J}_1 \\ (\mathbf{a}^j)'\mathbf{x} &\leq b_j, \quad j \in \mathcal{J}_2 \\ \mathbf{x} &\geq \mathbf{0}, \end{aligned}$$

kurz geschrieben als

$$\begin{aligned} A_1\mathbf{x} &= \mathbf{b}^1 \\ A_2\mathbf{x} &\leq \mathbf{b}^2 \\ \mathbf{x} &\geq \mathbf{0}. \end{aligned}$$

Gemäß Bemerkung a) von §2.4.2 dürfen wir annehmen, daß die Zeilen von A_1 linear unabhängig sind. Bezeichnet r_2 die Anzahl der Elemente von $\mathcal{J}_2$, so gilt für

$$\boldsymbol{\xi}^0 := \frac{1}{r_2} \sum_{j \in \mathcal{J}_2} \boldsymbol{\xi}^j$$

offensichtlich

$$\boldsymbol{\xi}^0 \geq \mathbf{0}, \ A\boldsymbol{\xi}^0 \leq \mathbf{b} \text{ und } A_2\boldsymbol{\xi}^0 < \mathbf{b}^2.$$

Damit ist (1'a,b,+) in ein äquivalentes Programm transformiert, welches die Eigenschaften (I), (II) besitzt.

Satz 11.2': *Das Programm*

$$\begin{array}{lrcll} \min & F(\mathbf{x}) & & & \quad (1'\text{a}) \\ \text{bez.} & A\mathbf{x} & \leq & \mathbf{b} & \quad \\ & \mathbf{f}^*(\mathbf{x}) & \leq & \mathbf{0} & \quad (1'\text{b}) \\ & \mathbf{x} & \geq & \mathbf{0} & \quad (1'+) \end{array}$$

besitze die Eigenschaften (I) *und* (II). *Dann bleibt* Satz 11.2 *gültig, wenn an der Stelle von* (R) *die Regularitätsbedingung* (R') *vorausgesetzt wird.*

Beweis: Gemäß Definition 11.1 hat die Lagrange-Funktion zu (1'a,b,+) die Gestalt

$$L(\mathbf{x}, \widetilde{\boldsymbol{\lambda}}) = F(\mathbf{x}) + \widetilde{\boldsymbol{\lambda}}' \begin{pmatrix} A_2\mathbf{x} - \mathbf{b}^2 \\ \mathbf{f}^*(\mathbf{x}) \\ A_1\mathbf{x} - \mathbf{b}^1 \\ -A_1\mathbf{x} + \mathbf{b}^1 \end{pmatrix}.$$

Setzt man entsprechend $\widetilde{\boldsymbol{\lambda}} = \begin{pmatrix} \boldsymbol{\lambda} \\ \widetilde{\boldsymbol{\mu}} \\ \widetilde{\widetilde{\boldsymbol{\mu}}} \end{pmatrix}$ und $\boldsymbol{\mu} = \widetilde{\boldsymbol{\mu}} - \widetilde{\widetilde{\boldsymbol{\mu}}}$, so ergibt sich

$$L(\mathbf{x}, \widetilde{\boldsymbol{\lambda}}) = F(\mathbf{x}) + \boldsymbol{\lambda}' \begin{pmatrix} A_2\mathbf{x} - \mathbf{b}^2 \\ \mathbf{f}^*(\mathbf{x}) \end{pmatrix} + \boldsymbol{\mu}'(A_1\mathbf{x} - \mathbf{b}^1),$$

wofür in Übereinstimmung mit Definition 10.2 $L(\mathbf{x}, \boldsymbol{\lambda}, \boldsymbol{\mu})$ gesetzt werden darf. Mit $\widetilde{\boldsymbol{\mu}} \geq \mathbf{0}$, $\widetilde{\widetilde{\boldsymbol{\mu}}} \geq \mathbf{0}$ ist $\boldsymbol{\mu} = \widetilde{\boldsymbol{\mu}} - \widetilde{\widetilde{\boldsymbol{\mu}}}$ keiner Vorzeichenbeschränkung unterworfen.
Es sei nun $\mathbf{x}^*$ eine Lösung von (1'a,b,+). Nach dem Vorangegangenen haben wir zu zeigen, daß Vektoren $\boldsymbol{\lambda}^* \geq \mathbf{0}$ und $\boldsymbol{\mu}^*$ existieren, so daß gilt:

$$L(\mathbf{x}^*, \boldsymbol{\lambda}, \boldsymbol{\mu}) \leq L(\mathbf{x}^*, \boldsymbol{\lambda}^*, \boldsymbol{\mu}^*) \leq L(\mathbf{x}, \boldsymbol{\lambda}^*, \boldsymbol{\mu}^*) \quad \text{für alle } \mathbf{x} \geq \mathbf{0}, \boldsymbol{\lambda} \geq \mathbf{0}, \boldsymbol{\mu}. \tag{96}$$

Dazu verallgemeinern wir den Beweis von Satz 11.2 und betrachten die Mengen

$$\mathcal{A} = \{ \begin{pmatrix} y_0 \\ \mathbf{y} \\ \widetilde{\mathbf{y}} \end{pmatrix} : \ y_0 \geq F(\mathbf{x}), \ \mathbf{y} \geq \begin{pmatrix} A_2\mathbf{x} - \mathbf{b}^2 \\ \mathbf{f}^*(\mathbf{x}) \end{pmatrix}, \ \widetilde{\mathbf{y}} = A_1\mathbf{x} - \mathbf{b}^1 \text{ für mind. ein } \mathbf{x} \geq \mathbf{0} \}$$

$$\mathcal{B} = \{ \begin{pmatrix} z_0 \\ \mathbf{z} \\ \widetilde{\mathbf{z}} \end{pmatrix} : z_0 < F(\mathbf{x}^*),\ \mathbf{z} \leq \mathbf{0}, \widetilde{\mathbf{z}} = \mathbf{0} \}.$$

Man überzeugt sich wieder leicht, daß $\mathcal{A}$ und $\mathcal{B}$ die Voraussetzungen des Separationssatzes erfüllen. Es gibt also einen Vektor $\begin{pmatrix} l_0 \\ \mathbf{l} \\ \widetilde{\mathbf{l}} \end{pmatrix} \neq \mathbf{0}$, derart daß

$$l_0 y_0 + \mathbf{l}'\mathbf{y} + \widetilde{\mathbf{l}}'\widetilde{\mathbf{y}} \geq l_0 z_0 + \mathbf{l}'\mathbf{z} \quad \text{für alle} \begin{pmatrix} y_0 \\ \mathbf{y} \\ \widetilde{\mathbf{y}} \end{pmatrix} \in \mathcal{A}, \begin{pmatrix} z_0 \\ \mathbf{z} \\ \mathbf{0} \end{pmatrix} \in \mathcal{B}.$$

Wie im Beweis von Satz 11.2 ergibt sich hieraus $\begin{pmatrix} l_0 \\ \mathbf{l} \end{pmatrix} \geq \mathbf{0}$ und

$$l_0 F(\mathbf{x}) + \mathbf{l}' \begin{pmatrix} A_2\mathbf{x} - \mathbf{b}^2 \\ \mathbf{f}^*(\mathbf{x}) \end{pmatrix} + \widetilde{\mathbf{l}}'(A_1\mathbf{x} - \mathbf{b}^1) \geq l_0 F(\mathbf{x}^*) \quad \text{für alle } \mathbf{x} \geq \mathbf{0}. \tag{97}$$

Angenommen, es ist $l_0 = 0$. Dann folgt aus (97) mit (R′), daß die letzten $m - r$ Komponenten von $\mathbf{l}$ gleich 0 sind, und anschließend mit (II), daß dies auch für die übrigen Komponenten von $\mathbf{l}$ zutrifft. Es verbleibt

$$\widetilde{\mathbf{l}}'(A_1\mathbf{x} - \mathbf{b}^1) \geq 0 \quad \text{für alle } \mathbf{x} \geq \mathbf{0}. \tag{98}$$

Nun existiert nach (I) zu jedem $k = 1, \ldots, n$ ein $\mathbf{x}^k \geq \mathbf{0}$ mit $A_1\mathbf{x}^k = \mathbf{b}^1$ und $(\mathbf{u}^k)'\mathbf{x}^k > 0$. Wählt man $\delta > 0$ derart, daß $\mathbf{x}^k \pm \delta\mathbf{u}^k \geq \mathbf{0}$, so folgt aus (98)

$$0 \leq \widetilde{\mathbf{l}}'(A_1(\mathbf{x}^k \pm \delta\mathbf{u}^k) - \mathbf{b}^1) = \widetilde{\mathbf{l}}'(A_1\mathbf{x}^k - \mathbf{b}^1) \pm \delta\widetilde{\mathbf{l}}' A_1 \mathbf{u}^k = \pm\delta\widetilde{\mathbf{l}}' A_1 \mathbf{u}^k$$

und daher $\widetilde{\mathbf{l}}' A_1 \mathbf{u}^k = 0$. Da k beliebig war, erhält man damit $\widetilde{\mathbf{l}}' A_1 = \mathbf{0}'$, was nach (II) nur möglich ist, wenn auch $\widetilde{\mathbf{l}} = \mathbf{0}$. Das ist der gewünschte Widerspruch.
Also ist $l_0 > 0$. Wir setzen $\boldsymbol{\lambda}^* := \frac{1}{l_0}\mathbf{l}$, $\boldsymbol{\mu}^* := \frac{1}{l_0}\widetilde{\mathbf{l}}$, womit $\boldsymbol{\lambda}^* \geq \mathbf{0}$ und (97) übergeht in

$$F(\mathbf{x}) + (\boldsymbol{\lambda}^*)' \begin{pmatrix} A_2\mathbf{x} - \mathbf{b}^2 \\ \mathbf{f}^*(\mathbf{x}) \end{pmatrix} + (\boldsymbol{\mu}^*)'(A_1\mathbf{x} - \mathbf{b}^1) \geq F(\mathbf{x}^*) \quad \text{für alle } \mathbf{x} \geq \mathbf{0}. \tag{99}$$

Wegen $A_1\mathbf{x}^* = \mathbf{b}^1$ und $\begin{pmatrix} A_2\mathbf{x}^* - \mathbf{b}^2 \\ \mathbf{f}^*(\mathbf{x}^*) \end{pmatrix} \leq \mathbf{0}$ erhält man aus (99) für $\mathbf{x} = \mathbf{x}^*$

$$(\boldsymbol{\lambda}^*)' \begin{pmatrix} A_2\mathbf{x}^* - \mathbf{b}^2 \\ \mathbf{f}^*(\mathbf{x}^*) \end{pmatrix} = 0,$$

und aus alledem schließlich (96).

Übungsaufgaben

56. In Aufgabe 55b) ergab sich $\mathbf{x}^* = \binom{0}{6}$ als Lösung des Programms

$$\begin{array}{ll} \min & x_1 - x_2^2 \\ \text{bez.} & -x_1 - x_2 + 3 \le 0 \\ & 3x_1 + x_2 - 6 \le 0 \\ & \mathbf{x} \ge \mathbf{0}. \end{array}$$

Man zeige: Es gibt keinen Vektor $\boldsymbol{\lambda}^* \geq \mathbf{0}$, so daß $\binom{\mathbf{x}^*}{\boldsymbol{\lambda}^*}$ Sattelpunkt der zugehörigen Lagrange-Funktion ist. Widerspricht das Satz 11.2?

57. Gegeben sei das konvexe Programm

$$\begin{array}{ll} \min & (x_1 - 1)^2 + x_2^2 + \cosh x_3 \\ \text{bez.} & x_1 - x_2 + 2x_3 \le 0 \\ & -2x_1 + 2x_2 + x_3 \le 0 \\ & x_1 - 2x_2 + e^{x_3} \le 0 \\ & \mathbf{x} \ge \mathbf{0}. \end{array}$$

Ist die Regularitätsbedingung (R) oder (R') erfüllt? Transformiere das Programm in ein äquivalentes, welches die Eigenschaften (I), (II) besitzt. Dann löse das transformierte Programm durch geometrische Überlegung.

58. Die Vektorfunktion $\mathbf{f} = (f_1, \dots, f_m)'$ sei konvex, und zu jedem $j = 1, \dots, m$ existiere ein Punkt $\mathbf{x}^j \geq \mathbf{0}$ mit $\mathbf{f}(\mathbf{x}^j) \leq \mathbf{0}$, so daß $f_j(\mathbf{x}^j) < 0$. Man zeige, daß für $\mathbf{x}^0 := \frac{1}{m} \sum_{j=1}^{m} \mathbf{x}^j$ gilt:

$$\mathbf{x}^0 \geq \mathbf{0} \text{ und } \mathbf{f}(\mathbf{x}^0) < \mathbf{0}.$$

12 Problem (1'a,b,+) für konvexe und differenzierbare Funktionen

Wir betrachten weiterhin das Programm (1'a,b,+), setzen jetzt aber sowohl die stetige Differenzierbarkeit als auch die Konvexität von F, $\mathbf{f}$ voraus.
Damit stehen die Ergebnisse von §10.1 und §11 zur Verfügung. In §10.1 hatten wir die Kuhn-Tucker-Bedingungen (88), (89) als notwendig für die Optimalität eines regulären Punktes $\mathbf{x}^*$ erkannt. Mit Hilfe der in §11 hergeleiteten Sattelpunkt–Form des Kuhn-Tucker-Theorems gelingt es nun zu zeigen, daß sie auch hinreichend sind. Zudem läßt sich die Regularitätsvoraussetzung abschwächen. Während die Sattelpunkt–Bedingung (90) eine globale Eigenschaft der Lagrange-Funktion beschreibt, stellen (88), (89) lokale Eigenschaften dar und werden deshalb auch *lokale Kuhn-Tucker-Bedingungen* genannt.

Über die Beziehung der in Korollar 10.1 und in Satz 11.4 benutzten Regularitätsbedingungen gibt das folgende Lemma Auskunft. Die Konvexität von F, $\mathbf{f}$ ist dabei nicht erforderlich.

Lemma 12.1: *Das Programm* (1'a,b,+) *erfüllt genau dann die Regularitätsbedingung* (R), *wenn es einen regulären Punkt in Bezug auf* (1'b,+) *gibt.*

Beweis: Es sei $\mathbf{x}^0$ regulär in Bezug auf (1'b,+), d.h. – wenn wir die zu Beginn von §10.1 eingeführten Bezeichnungen verwenden – regulär in Bezug auf $(1'\widehat{\mathrm{b}})$. Nach Lemma 10.1 existieren dann $\mathbf{d} \in \mathbb{R}^n$, $\vartheta > 0$, so daß für alle $0 < \lambda < \vartheta$ gilt:

$$\widehat{\mathbf{f}}(\mathbf{x}^0 + \lambda\mathbf{d}) < \mathbf{0},$$
$$\text{d.h.} \quad \mathbf{f}(\mathbf{x}^0 + \lambda\mathbf{d}) < \mathbf{0} \quad \text{und} \quad \mathbf{x}^0 + \lambda\mathbf{d} > \mathbf{0}.$$

Damit ist (R) erfüllt. Die umgekehrte Implikation ist trivial, wie bereits im Anschluß an Lemma 10.4 festgestellt wurde.

Es bezeichnen wieder $L = L(\mathbf{x}, \boldsymbol{\lambda})$ die Lagrange-Funktion zum Problem (1'a,b,+) (=Lagrange-Funktion zu (1'a,b)) und $\nabla_{\mathbf{x}}L$, $\nabla_{\boldsymbol{\lambda}}L$ die Gradienten von L bez. $\mathbf{x}, \boldsymbol{\lambda}$.

Satz 12.1: Lokale Kuhn-Tucker-Bedingungen
Ist für die Aufgabe (1'a,b,+) *die Bedingung* (R) *erfüllt, so gilt:* $\mathbf{x}^* \in \mathbb{R}^n$ *ist genau dann eine Lösung von* (1'a,b,+), *wenn es ein* $\boldsymbol{\lambda}^* \in \mathbb{R}^m$ *gibt mit*

$$\mathbf{x}^* \geq \mathbf{0}, \;\; \nabla_{\mathbf{x}}L(\mathbf{x}^*, \boldsymbol{\lambda}^*) \geq \mathbf{0}, \;\; (\mathbf{x}^*)'\nabla_{\mathbf{x}}L(\mathbf{x}^*, \boldsymbol{\lambda}^*) = 0 \tag{88}$$

und

$$\boldsymbol{\lambda}^* \geq \mathbf{0}, \;\; \nabla_{\boldsymbol{\lambda}}L(\mathbf{x}^*, \boldsymbol{\lambda}^*) \leq \mathbf{0}, \;\; (\boldsymbol{\lambda}^*)'\nabla_{\boldsymbol{\lambda}}L(\mathbf{x}^*, \boldsymbol{\lambda}^*) = 0. \tag{89}$$

Beweis: Da gemäß Lemma 12.1 die Regularitätsvoraussetzung hier schwächer ist als die in Korollar 10.1, beweisen wir die Notwendigkeit der lokalen Kuhn-Tucker-Bedingungen erneut und unabhängig von dort. Tatsächlich werden wir Satz 11.4 benutzen und zeigen, daß für fest vorgegebene $\mathbf{x}^* \geq \mathbf{0}$, $\boldsymbol{\lambda}^* \geq \mathbf{0}$ (88b,c) und (89b,c) äquivalent sind zur Sattelpunkt–Bedingung (90).
Dazu betrachten wir erstens die Funktion

$$\mathbf{x} \longrightarrow L(\mathbf{x}, \boldsymbol{\lambda}^*) = F(\mathbf{x}) + \sum_{j=1}^{m} \lambda_j^* f_j(\mathbf{x}).$$

Da F, $\mathbf{f}$ stetig differenzierbar und konvex und $\boldsymbol{\lambda} \geq \mathbf{0}$ sind, ist $L(\mathbf{x}, \boldsymbol{\lambda}^*)$ eine stetig differenzierbare, konvexe Funktion von $\mathbf{x}$.
Zweitens betrachten wir die Funktion

$$\boldsymbol{\lambda} \longrightarrow -L(\mathbf{x}^*, \boldsymbol{\lambda}) = -F(\mathbf{x}^*) - \sum_{j=1}^{m} \lambda_j f_j(\mathbf{x}^*).$$

$-L(\mathbf{x}^*, \boldsymbol{\lambda})$ ist affin–linear, insbesondere also eine stetig differenzierbare, konvexe Funktion von $\boldsymbol{\lambda}$.
Nun können wir folgendermaßen schließen. Der rechte Teil von (90) ist äquivalent zu

$$\mathbf{x}^* \text{ löst das Problem } \quad \min L(\mathbf{x}, \ \boldsymbol{\lambda}^*) \text{ bez. } \mathbf{x} \geq \mathbf{0}, \tag{$*$}$$

und der linke Teil von (90) ist äquivalent zu

$$\mathbf{x}^* \text{ löst das Problem } \quad \min \ - L(\mathbf{x}^*, \ \boldsymbol{\lambda}) \text{ bez. } \boldsymbol{\lambda} \geq \mathbf{0}. \tag{$**$}$$

Nach der Vorbetrachtung ist Korollar 6.1b anwendbar, wonach $(*)$ resp. $(**)$ äquivalent ist zu (88,b,c) resp. (89b,c).

Beispiel 12.1: Zu lösen ist die Aufgabe

$$\begin{array}{ll} \min & \alpha x_1^2 + \beta x_2^2 \\ \text{bez.} & a x_1 + b x_2 \geq d \\ & x_2, x_2 \geq 0, \end{array}$$

wobei α, β, a, b, d positive Konstanten sind. Nach Lemma 1.1 sind $F(\mathbf{x}) = \alpha x_1^2 + \beta x_2^2$ und $f_1(\mathbf{x}) = d - a x_1 - b x_2$ konvex. Die Regularitätsbedingung (R) ist offenbar erfüllt.

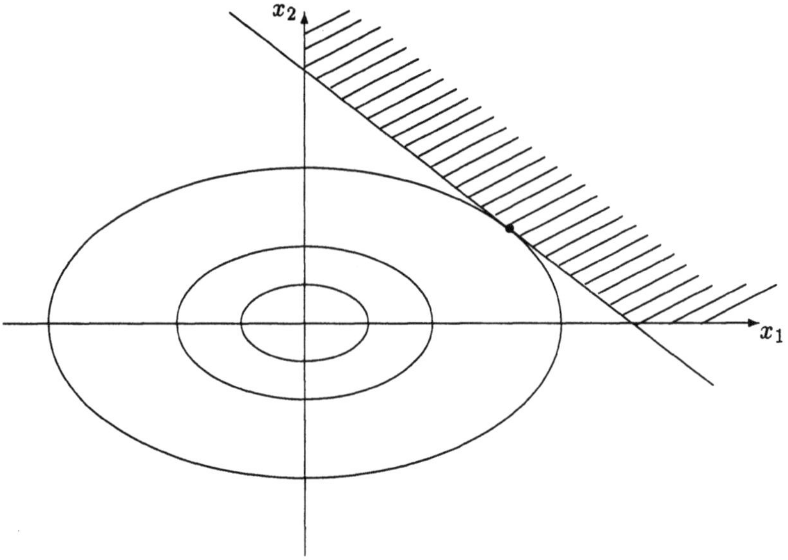

Hier ist $L(\mathbf{x}, \lambda_1) = \alpha x_1^2 + \beta x_2^2 + \lambda_1(d - ax_1 - bx_2)$, und die Kuhn-Tucker-Bedingungen (88′), (89′) lauten:

$$\begin{array}{lll} x_1 \geq 0, & 2\alpha x_1 - \lambda_1 a \geq 0, & x_1(2\alpha x_1 - \lambda_1 a) = 0 \\ x_2 \geq 0, & 2\beta x_2 - \lambda_1 b \geq 0, & x_2(2\beta x_2 - \lambda_1 b) = 0 \\ \lambda_1 \geq 0, & d - ax_1 - bx_2 \leq 0, & \lambda_1(d - ax_1 - bx_2) = 0. \end{array}$$

1. Fall: $\lambda_1 = 0$
Hier folgt $x_1(2\alpha x_1) = x_2(2\beta x_2) = 0$, also $\mathbf{x} = \mathbf{0}$, was auf den Widerspruch $d \leq 0$ führt.
2. Fall: $\lambda_1 > 0$
Hier folgt zunächst $ax_1 + bx_2 = d$.
Die Annahme $x_1 = 0$ oder $x_2 = 0$ führt auf den Widerspruch $-\lambda_1 a \geq 0$ oder $-\lambda_1 b \geq 0$. Also sind $x_1, x_2 > 0$, und es folgt weiter $2\alpha x_1 - \lambda_1 a = 0$ und $2\beta x_2 - \lambda_1 b = 0$. Damit erhält man

$$x_1 = \frac{\lambda_1 a}{2\alpha}, \quad x_2 = \frac{\lambda_1 b}{2\beta}$$

und $d = ax_1 + bx_2 = \frac{\lambda_1}{2}(\frac{a^2}{\alpha} + \frac{b^2}{\beta})$, also

$$\lambda_1 = \frac{2d}{\frac{a^2}{\alpha} + \frac{b^2}{\beta}}.$$

Umgekehrt werden mit diesem Wert von λ_1 und

$$\mathbf{x}^* = \frac{d}{\frac{a^2}{\alpha} + \frac{b^2}{\beta}} \begin{pmatrix} \frac{a}{\alpha} \\ \frac{b}{\beta} \end{pmatrix}$$

die Kuhn-Tucker-Bedingungen erfüllt. Daher ist $\mathbf{x}^*$ die einzige Lösung der Aufgabe.

Nach den Ausführungen in §11.1 bleibt Satz 12.1 gültig, wenn an Stelle von (R) die Regularitätsbedingung (R') vorausgesetzt wird.
Zum Schluß dieses Abschnittes betrachten wir

Sonderfälle zum Programm (1'a,b,+):

i) *Eine Vorzeichenrestriktion* $x_i \geq 0$ *fehlt,*
d.h. x_i darf frei in $\mathbb{R}$ variieren. Setzt man

$$x_i = x_{i+} - x_{i-} \text{ mit } x_{i+} \geq 0,\ x_{i-} \geq 0,$$

so kann das Programm in die Standardversion (1'a,b,+) überführt werden, wobei der Index i in die zwei Indizes $i+, i-$ aufgespalten wird. Wegen

$$\begin{aligned} \frac{\partial L}{\partial x_{i+}} &= \frac{\partial L}{\partial x_i}\frac{\partial x_i}{\partial x_{i+}} = \frac{\partial L}{\partial x_i}\cdot 1 = \frac{\partial L}{\partial x_i} \\ \frac{\partial L}{\partial x_{i-}} &= \frac{\partial L}{\partial x_i}\frac{\partial x_i}{\partial x_{i-}} = \frac{\partial L}{\partial x_i}\cdot(-1) = -\frac{\partial L}{\partial x_i} \end{aligned}$$

lauten

(88'b) für $k = i+$: $\quad \frac{\partial L}{\partial x_i}(\mathbf{x}^*, \boldsymbol{\lambda}^*) \geq 0$

(88'b) für $k = i-$: $\quad -\frac{\partial L}{\partial x_i}(\mathbf{x}^*, \boldsymbol{\lambda}^*) \geq 0,$

zusammengefaßt also

$$\frac{\partial L}{\partial x_i}(\mathbf{x}^*, \boldsymbol{\lambda}^*) = 0.$$

Korollar 12.1: *Fehlt in* (1'a,b,+) *eine Vorzeichenrestriktion* $x_i \geq 0$, *dann ist der entsprechende Satz lokaler Kuhn-Tucker-Bedingungen* (88') *für* $k = i$ *zu ersetzen durch die eine Bedingung*

$$\frac{\partial L}{\partial x_i}(\mathbf{x}^*, \boldsymbol{\lambda}^*) = 0,$$

während er für die k *mit Vorzeichenrestriktionen* $x_k \geq 0$ *unverändert bleibt.*

ii) *Eine affin-lineare Gleichungsrestriktion* $f_i(\mathbf{x}) = 0$ *tritt auf,*
mit $f_i(\mathbf{x}) = \mathbf{a}'\mathbf{x} - b$. Ersetzt man $f_i(\mathbf{x})$ durch

$$\begin{aligned} f_{i+}(\mathbf{x}) &:= \mathbf{a}'\mathbf{x} - b \leq 0 \\ f_{i-}(\mathbf{x}) &:= -\mathbf{a}'\mathbf{x} + b \leq 0, \end{aligned}$$

so kann das Programm in die Standardversion (1'a,b,+) überführt werden, wobei der Index i in die zwei Indizes $i+, i-$ aufgespalten wird. Es gilt

$$\begin{aligned} & F(\mathbf{x}) + \lambda_{i+} f_{i+}(\mathbf{x}) + \lambda_{i-} f_{i-}(\mathbf{x}) + \sum_{j \neq i+, i-} \lambda_j f_j(\mathbf{x}) \\ &= F(\mathbf{x}) + (\lambda_{i+} - \lambda_{i-}) f_i(\mathbf{x}) + \sum_{j \neq i+, i-} \lambda_j f_j(\mathbf{x}) \\ &= F(\mathbf{x}) + \sum_{j=1}^{m} \lambda_j f_j(\mathbf{x}) =: L(\mathbf{x}, \boldsymbol{\lambda}) \end{aligned}$$

wobei $\lambda_i := \lambda_{i+} - \lambda_{i-}$ mit $\lambda_{i+} \geq 0, \lambda_{i-} \geq 0$ frei in $\mathbb{R}$ variiert.

Korollar 12.2: *Tritt in* (1'a,b,+) *eine affin-lineare Gleichungsrestriktion* $f_i(\mathbf{x}) = 0$ *auf, dann ist der entsprechende Satz lokaler Kuhn-Tucker-Bedingungen* (89') *für* $j = i$ *zu ersetzen durch die eine Bedingung*

$$\frac{\partial L}{\partial \lambda_i}(\mathbf{x}^*, \boldsymbol{\lambda}^*) = 0$$

(λ_i^* ist nicht vorzeichenbeschränkt!), während er für die j mit Ungleichungsrestriktionen $f_j(\mathbf{x}) \leq 0$ unverändert bleibt.

iii) *Jede Restriktionsfunktion ist affin-linear,*
d.h. $f_j(\mathbf{x}) = (\mathbf{a}^j)'\mathbf{x} - b_j$, $j = 1, 2, \ldots, m$. Die Regularitätsbedingung (R') ist hier leer. Setzt man

$$A = \begin{pmatrix} (\mathbf{a}^1)' \\ \vdots \\ (\mathbf{a}^m)' \end{pmatrix}, \quad \mathbf{b} = \begin{pmatrix} b_1 \\ \vdots \\ b_m \end{pmatrix},$$

so gilt daher

Satz 12.2: *Eine Lösung* $\mathbf{x}^*$ *des Programms*

$$\begin{array}{lrcl} \min & F(\mathbf{x}) & & \\ \text{bez.} & A\mathbf{x} & \leq & \mathbf{b} \\ & \mathbf{x} & \geq & \mathbf{0} \end{array}$$

mit stetig differenzierbarer und konvexer Funktion F ist charakterisiert durch die lokalen Kuhn-Tucker-Bedingungen (88) *und* (89).

Übungsaufgaben

59. Löse die folgenden Minimierungsprobleme:

a)
$$\begin{aligned} \min \quad & x_1^2 + x_2^2 \\ \text{bez.} \quad & x_1 + x_2 \geq 5 \\ & \mathbf{x} \geq \mathbf{0} \end{aligned}$$

b)
$$\begin{aligned} \min \quad & x_1^2 + x_2^2 + x_1 x_2 - 2x_1 - 3x_2 \\ \text{bez.} \quad & 5x_1 + 4x_2 \leq 20 \\ & \mathbf{x} \geq \mathbf{0} \end{aligned}$$

c)
$$\begin{aligned} \min \quad & 4x_1^2 + x_2^2 + 8x_1 - 2x_2 \\ \text{bez.} \quad & 2x_1 + 5x_2 \leq 4 \\ & \mathbf{x} \geq \mathbf{0} \end{aligned}$$

d)
$$\begin{aligned} \min \quad & 3x_1^2 + 2x_2^2 - 4x_1 x_2 - 2x_1 - 4x_2 \\ \text{bez.} \quad & x_1^2 + 4x_2^2 \leq 16 \\ & 3x_1 + x_2 \leq 6 \\ & \mathbf{x} \geq \mathbf{0} \end{aligned}$$

e)
$$\begin{aligned} \min \quad & x_1^2 + \tfrac{1}{2}x_2^2 + x_1 x_2 - 5x_1 - 5x_2 \\ \text{bez.} \quad & x_1^2 + x_2^2 \leq 5 \\ & 3x_1 + x_2 \leq 6 \end{aligned}$$

f)
$$\begin{aligned} \min \quad & 3x_1^2 + x_2^2 - 3x_1 x_2 - 5x_1 - 2x_2 \\ \text{bez.} \quad & 4x_1 + x_2 \leq 7 \\ & x_1 + 3x_2 = 4 \\ & \mathbf{x} \geq \mathbf{0} \end{aligned}$$

g)
$$\begin{aligned} \min \quad & x_1^2 + x_2^2 - 2x_1 - 4x_2 \\ \text{bez.} \quad & 0 \leq x_1 \leq \tfrac{1}{2} \\ & -1 \leq x_2 \leq 1 \end{aligned}$$

60. Es seien $\alpha_1, \ldots, \alpha_n$ n beliebige reelle Zahlen und $\sigma := \sum_{k=1}^{n} \alpha_k$. Man zeige, daß gilt $\sum_{k=1}^{n} \alpha_k^2 \geq \frac{\sigma^2}{n}$.

13 Anwendungen des Kuhn–Tucker–Theorems

13.1 Anwendung auf lineare Programme

Mit Hilfe von Satz 12.2 erhält man einen weiteren Beweis des Dualitätssatzes (Satz 5.1). Der Leser kann das nach der Lektüre dieses Abschnittes leicht selbst verifizieren. Wir werden hier, um nicht nur bereits Bekanntes zu beweisen, den Begriff der dualen linearen Programme erweitern und für diesen einen Dualitätssatz mit Hilfe der Korollare 12.1 und 12.2 herleiten.

Ausgangspunkt ist das LP mit Gleichungsrestriktionen

$$\left.\begin{array}{lrcl} \max & \mathbf{c}'\mathbf{x} & & \\ \text{bez.} & A\mathbf{x} & = & \mathbf{b} \\ & \mathbf{x} & \geq & \mathbf{0}, \end{array}\right\} \qquad (100)$$

wobei A eine (m,n)-Matrix, $\mathbf{b} \in \mathbb{R}^m$ und $\mathbf{c}, \mathbf{x} \in \mathbb{R}^n$ sind.

Definition 13.1: Die Aufgabe

$$\left.\begin{array}{ll} \min & \mathbf{b}'\mathbf{y} \\ \text{bez.} & A'\mathbf{y} \geq \mathbf{c} \end{array}\right\} \qquad (\widehat{100})$$

mit nicht vorzeichenbeschränktem $\mathbf{y} \in \mathbb{R}^m$ heißt *das zu* (100) *duale Programm.*

Definition 13.1 erweitert Definition 5.1, wenn man das LP (2) durch Einführung von Schlupfvariablen auf die äquivalente Form $(\widetilde{2})$ bringt. Es gilt nämlich

Lemma 13.1: *Das zu* $(\widetilde{2})$ *duale Programm gemäß* Definition 13.1 *stimmt überein mit der zu* (2) *dualen Aufgabe gemäß* Definition 5.1.

Beweis: Das zu

$$\left.\begin{array}{ll} \max & \begin{pmatrix}\mathbf{c}\\ \mathbf{0}\end{pmatrix}\widetilde{\mathbf{x}} \\ \text{bez.} & (A, I_m)\widetilde{\mathbf{x}} = \mathbf{b} \\ & \widetilde{\mathbf{x}} \geq \mathbf{0} \end{array}\right\} \qquad (\widetilde{2})$$

duale Programm lautet

$$\begin{array}{ll} \min & \mathbf{b}'\mathbf{y} \\ \text{bez.} & \begin{pmatrix}A'\\ I_m\end{pmatrix}\mathbf{y} \geq \begin{pmatrix}\mathbf{c}\\ \mathbf{0}\end{pmatrix} \end{array}$$

und stimmt überein mit

$$\left.\begin{array}{lrcl} \min & \mathbf{b}'\mathbf{y} & & \\ \text{bez.} & A'\mathbf{y} & \geq & \mathbf{c} \\ & \mathbf{y} & \geq & \mathbf{0}. \end{array}\right\} \qquad (\widehat{2})$$

Schreibt man die dualen Probleme in der Form

$$\left.\begin{array}{lrcl} \min & -\mathbf{c}'\mathbf{x} & & \\ \text{bez.} & A\mathbf{x} & = & \mathbf{b} \\ & \mathbf{x} & \geq & \mathbf{0} \end{array}\right\} \tag{100}$$

$$\left.\begin{array}{lrcl} \min & \mathbf{b}'\mathbf{y} & & \\ \text{bez.} & -A'\mathbf{y} & \leq & -\mathbf{c}, \end{array}\right\} \tag{$\widehat{100}$}$$

so erhellt, daß (100) unter den Sonderfall (ii) und ($\widehat{100}$) unter den Sonderfall (i) zum Programm (1'a,b,+) in §12 fallen. Die Regularitätsbedingung (R') ist bei beiden leer.
Die Lagrange-Funktion zu (100) hat die Gestalt

$$L(\mathbf{x},\boldsymbol{\lambda}) = -\mathbf{c}'\mathbf{x} + \boldsymbol{\lambda}'(A\mathbf{x} - \mathbf{b}) = (A'\boldsymbol{\lambda} - \mathbf{c})'\mathbf{x} - \boldsymbol{\lambda}'\mathbf{b},$$

wonach

$$\nabla_{\mathbf{x}} L(\mathbf{x},\boldsymbol{\lambda}) = A'\boldsymbol{\lambda} - \mathbf{c} \text{ und } \nabla_{\boldsymbol{\lambda}} L(\mathbf{x},\boldsymbol{\lambda}) = A\mathbf{x} - \mathbf{b},$$

und die notwendigen und hinreichenden Kuhn-Tucker-Bedingungen lauten nach Korollar 12.2:

$$\left.\begin{array}{lll} \mathbf{x}^* \geq \mathbf{0}, & A'\boldsymbol{\lambda}^* - \mathbf{c} \geq \mathbf{0}, & (\mathbf{x}^*)'(A'\boldsymbol{\lambda}^* - \mathbf{c}) = 0 \\ & A\mathbf{x}^* - \mathbf{b} = \mathbf{0}. & \end{array}\right\} \tag{101}$$

Ähnlich hat man zum Problem ($\widehat{100}$) die Lagrange-Funktion

$$\widehat{L}(\mathbf{y},\boldsymbol{\mu}) = \mathbf{b}'\mathbf{y} + \boldsymbol{\mu}'(\mathbf{c} - A'\mathbf{y}) = (\mathbf{b} - A\boldsymbol{\mu})'\mathbf{y} + \boldsymbol{\mu}'\mathbf{c},$$

also

$$\nabla_{\mathbf{y}} \widehat{L}(\mathbf{y},\boldsymbol{\mu}) = \mathbf{b} - A\boldsymbol{\mu} \text{ und } \nabla_{\boldsymbol{\mu}} \widehat{L}(\mathbf{y},\boldsymbol{\mu}) = \mathbf{c} - A'\mathbf{y},$$

und die Kuhn-Tucker-Bedingungen lauten nach Korollar 12.1:

$$\left.\begin{array}{lll} & \mathbf{b} - A\boldsymbol{\mu}^* = \mathbf{0} & \\ \boldsymbol{\mu}^* \geq \mathbf{0}, & \mathbf{c} - A'\mathbf{y}^* \leq \mathbf{0}, & (\boldsymbol{\mu}^*)'(\mathbf{c} - A'\mathbf{y}^*) = 0. \end{array}\right\} \tag{102}$$

Ein Vergleich zeigt, daß mit $\mathbf{x}^* \leftrightarrow \boldsymbol{\mu}^*$ und $\boldsymbol{\lambda}^* \leftrightarrow \mathbf{y}^*$ die Systeme (101) und (102) ineinander übergehen.

Satz 13.1: Dualitätssatz für lineare Programme
Das LP (100) ist genau dann lösbar, wenn das zu (100) duale LP ($\widehat{100}$) lösbar ist. Die zu Lösungen $\mathbf{x}^*$ bzw. $\mathbf{y}^*$ gehörigen Optimalwerte $\mathbf{c}'\mathbf{x}^*$ und $\mathbf{b}'\mathbf{y}^*$ stimmen überein.

Beweis: Es sei $\mathbf{x}^*$ eine Lösung von (100) und $\boldsymbol{\lambda}^*$ ein zugehöriger Vektor von Lagrange-Multiplikatoren. Nach dem Vorstehenden ist dann $\mathbf{y}^* := \boldsymbol{\lambda}^*$ eine Lösung

von $(\widehat{100})$ und $\boldsymbol{\mu}^* := \mathbf{x}^*$ ein zugehöriger Satz von Lagrange-Multiplikatoren. Analog beweist man die Umkehrung.
Mit den Gleichungen

$$(\mathbf{x}^*)'(A'\boldsymbol{\lambda}^* - \mathbf{c}) = 0, \quad A\mathbf{x}^* - \mathbf{b} = \mathbf{0}$$

aus (101) und $\mathbf{y}^* = \boldsymbol{\lambda}^*$ ergibt sich schließlich

$$\mathbf{c}'\mathbf{x}^* = (\mathbf{x}^*)'\mathbf{c} = (\mathbf{x}^*)'A'\boldsymbol{\lambda}^* = (A\mathbf{x}^*)'\boldsymbol{\lambda}^* = \mathbf{b}'\boldsymbol{\lambda}^* = \mathbf{b}'\mathbf{y}^*.$$

Bemerkung: Aufgrund von Lemma 13.1 ist damit Satz 5.1 erneut bewiesen.

Korollar 13.1: *Für beliebige Lösungen* $\mathbf{x}^*$ *von* (100) *und* $\mathbf{y}^*$ *von* $(\widehat{100})$ *gelten die sog. Komplementaritätsbedingungen*

$$x_k^* = 0 \text{ oder } \sum_{j=1}^{m} a_{jk} y_j^* = c_k, \quad k = 1, \ldots, n.$$

Beweis: Nach Satz 13.1 gilt $\mathbf{c}'\mathbf{x}^* = \mathbf{b}'\mathbf{y}^*$, woraus folgt

$$(\mathbf{x}^*)'(A'\mathbf{y}^* - \mathbf{c}) = (\mathbf{x}^*)'A'\mathbf{y}^* - \mathbf{c}'\mathbf{x}^* = (\mathbf{y}^*)'A\mathbf{x}^* - \mathbf{b}'\mathbf{y}^* = (\mathbf{y}^*)'(A\mathbf{x}^* - \mathbf{b}) = 0.$$

Mit Rücksicht auf $\mathbf{x}^* \geq \mathbf{0}$ und $A'\mathbf{y}^* - \mathbf{c} \geq \mathbf{0}$ erhält man hieraus die Behauptung.

13.2 Anwendung auf quadratische Programme

Wir betrachten in diesem letzten Abschnitt das *quadratische Programm*

$$\left.\begin{array}{ll} \min & \mathbf{c}'\mathbf{x} + \mathbf{x}'D\mathbf{x} \\ \text{bez.} & A\mathbf{x} \leq \mathbf{b} \\ & \mathbf{x} \geq \mathbf{0} \end{array}\right\} \tag{103}$$

wobei $A, \mathbf{b}, \mathbf{c}, \mathbf{x}$ wie in (100) und D eine positiv semidefinite (n, n)-Matrix sind. Für $D = 0$ stellt (103) ein lineares Programm dar!

Nach Lemma 1.1 ist die Zielfunktion $F(\mathbf{x}) = \mathbf{c}'\mathbf{x} + \mathbf{x}'D\mathbf{x}$ konvex und daher auf das Programm (103) der Satz 12.2 anwendbar. Die Lagrange-Funktion zu (103) lautet

$$L(\mathbf{x}, \boldsymbol{\lambda}) = \mathbf{c}'\mathbf{x} + \mathbf{x}'D\mathbf{x} + \boldsymbol{\lambda}'(A\mathbf{x} - \mathbf{b});$$

und da D per definitionem symmetrisch ist, erhält man aufgrund von (51)

$$\nabla_{\mathbf{x}} L(\mathbf{x}, \boldsymbol{\lambda}) = \mathbf{c} + 2D\mathbf{x} + A'\boldsymbol{\lambda}, \quad \nabla_{\boldsymbol{\lambda}} L(\mathbf{x}, \boldsymbol{\lambda}) = A\mathbf{x} - \mathbf{b}.$$

Mit Satz 12.2 folgt:

Satz 13.2: *Ein Punkt* $\mathbf{x}^* \in \mathbb{R}^n$ *ist genau dann eine Lösung des Programms* (103), *wenn ein Vektor* $\boldsymbol{\lambda}^* \in \mathbb{R}^m$ *von Lagrange-Multiplikatoren existiert, so daß*

$$\begin{array}{lll} \mathbf{x}^* \geq \mathbf{0}, & \mathbf{c} + 2D\mathbf{x}^* + A'\boldsymbol{\lambda}^* \geq \mathbf{0}, & (\mathbf{x}^*)'(\mathbf{c} + 2D\mathbf{x}^* + A'\boldsymbol{\lambda}^*) = 0, \\ \boldsymbol{\lambda}^* \geq \mathbf{0}, & A\mathbf{x}^* - \mathbf{b} \leq \mathbf{0}, & (\boldsymbol{\lambda}^*)'(A\mathbf{x}^* - \mathbf{b}) = 0. \end{array}$$

Beispiel 13.1: Die Aufgabe

$$\begin{array}{lrcl} \min & 2x_1^2 + x_2^2 - 48x_1 - 40x_2 & & \\ \text{bez.} & x_1 + x_2 & \leq & 8 \\ & x_1 & \leq & 6 \\ & x_1 + 3x_2 & \leq & 18 \\ & x_1 \geq 0, \; x_2 \geq 0 & & \end{array}$$

ist von der Form (103) mit $n = 2, m = 3$ und

$$A = \begin{pmatrix} 1 & 1 \\ 1 & 0 \\ 1 & 3 \end{pmatrix}, \quad \mathbf{b} = \begin{pmatrix} 8 \\ 6 \\ 18 \end{pmatrix}, \quad \mathbf{c} = \begin{pmatrix} -48 \\ -40 \end{pmatrix}, \quad D = \begin{pmatrix} 2 & 0 \\ 0 & 1 \end{pmatrix}.$$

D ist sogar positiv definit, da die Eigenwerte 2 und 1 positiv sind.
Um die Niveaulinien der Zielfunktion zu bestimmen, formen wir äquivalent um:

$$\begin{array}{ll} & 2x_1^2 + x_2^2 - 48x_1 - 40x_2 = c \\ \Leftrightarrow & 2(x_1 - 12)^2 + (x_2 - 20)^2 = c + 288 + 400 =: C^2 \\ \Leftrightarrow & \dfrac{(x_1 - 12)^2}{(\frac{C}{\sqrt{2}})^2} + \dfrac{(x_2 - 20)^2}{C^2} = 1. \end{array}$$

Die Niveaulinien von $F(\mathbf{x})$ sind also Ellipsen mit dem Mittelpunkt $\begin{pmatrix} 12 \\ 20 \end{pmatrix}$ und dem Hauptachsenabschnittsverhältnis $1 : \sqrt{2}$.
Nun ist es leicht, das Problem graphisch darzustellen:

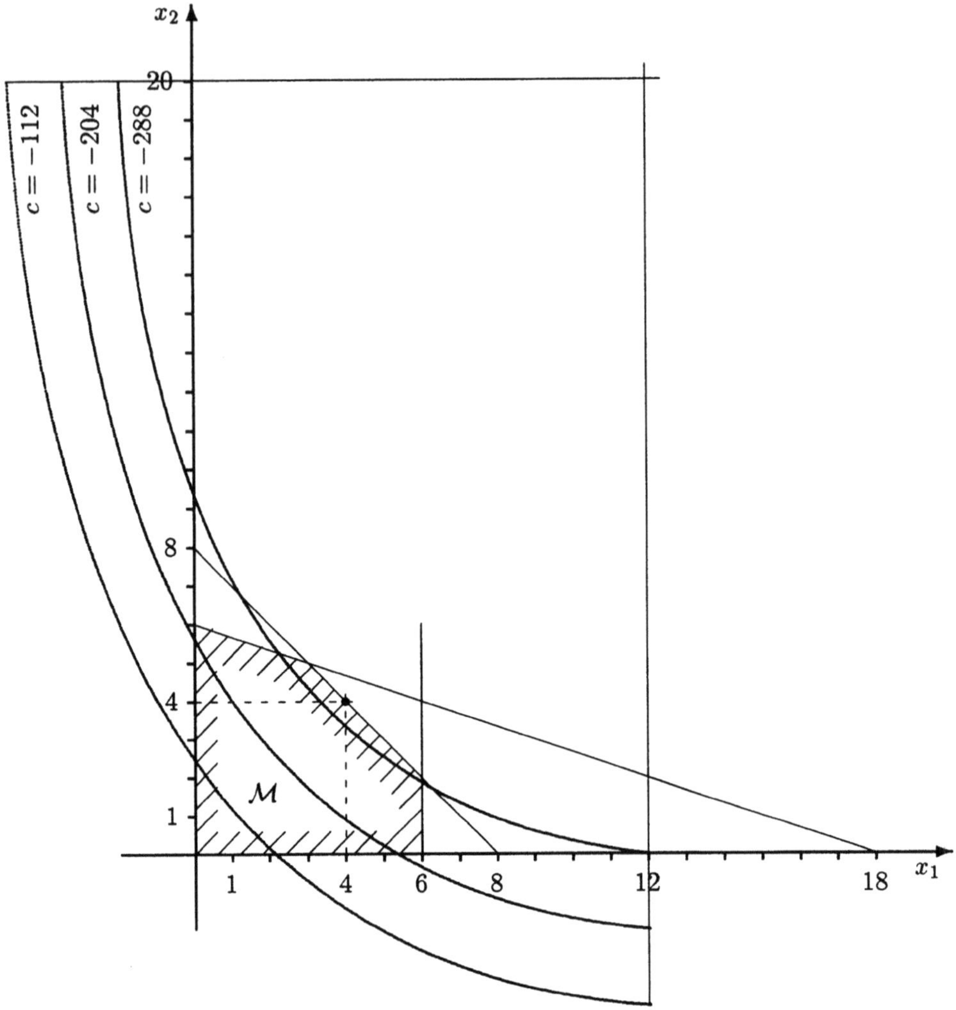

Man wird hierbei auf die Vermutung geführt, daß $\mathbf{x}^* = \begin{pmatrix} 4 \\ 4 \end{pmatrix}$ Lösung ist. Wir verifizieren dies mit Hilfe von Satz 13.2. Zunächst gilt

$$\mathbf{x}^* \geq \mathbf{0}, \quad A\mathbf{x}^* - \mathbf{b} = \begin{pmatrix} 0 \\ -2 \\ -2 \end{pmatrix} \leq \mathbf{0}.$$

Die Bedingung

$$\begin{aligned} & (\boldsymbol{\lambda}^*)'(A\mathbf{x}^* - \mathbf{b}) = 0 \\ \Leftrightarrow \quad & -2\lambda_2^* - 2\lambda_3^* = 0 \\ \Leftrightarrow \quad & \lambda_2^* + \lambda_3^* = 0 \end{aligned}$$

führt wegen $\boldsymbol{\lambda}^* \geq \mathbf{0}$ auf $\lambda_2^* = \lambda_3^* = 0$. Damit ist

$$\mathbf{c} + 2D\mathbf{x}^* + A'\boldsymbol{\lambda}^* = \begin{pmatrix} -32 + \lambda_1^* \\ -32 + \lambda_1^* \end{pmatrix}.$$

Die Bedingung

$$(\mathbf{x}^*)'(\mathbf{c} + 2D\mathbf{x}^* + A'\boldsymbol{\lambda}^*) = 0$$

ist wegen $\mathbf{x}^* > \mathbf{0}$ äquivalent mit

$$\mathbf{c} + 2D\mathbf{x}^* + A'\boldsymbol{\lambda}^* = \mathbf{0}$$

und führt auf $\lambda_1^* = 32$. Somit erfüllen $\mathbf{x}^* = \begin{pmatrix} 4 \\ 4 \end{pmatrix}$ und $\boldsymbol{\lambda}^* = \begin{pmatrix} 32 \\ 0 \\ 0 \end{pmatrix}$ die Kuhn-Tucker-Bedingungen in Satz 13.2. Folglich ist $\mathbf{x}^*$ tatsächlich eine Lösung und $F(\mathbf{x}^*) = -304$ minimaler Zielfunktionswert.

Als Abschluß bringen wir einen **Existenzsatz** für Lösungen von quadratischen Programmen (103). Man beachte, daß dieser Satz den entsprechenden Satz 3.7 für lineare Programme impliziert.

Satz 13.3: *Ist der zulässige Bereich* $\mathcal{M} = \{\mathbf{x} \in \mathbb{R}^n : A\mathbf{x} \leq \mathbf{b},\ \mathbf{x} \geq \mathbf{0}\}$ *des Programms* (103) *nicht leer und die Zielfunktion* $F(\mathbf{x}) = \mathbf{c}'\mathbf{x} + \mathbf{x}'D\mathbf{x}$ *auf* $\mathcal{M}$ *nach unten beschränkt, dann hat* (103) *eine Lösung.*

Zum Beweis benötigen wir

Lemma 13.2: *Es sei* C *eine positiv semidefinite* (n, n)*-Matrix. Für jedes* $\mathbf{x} \in \mathbb{R}^n$ *mit* $\mathbf{x}'C\mathbf{x} = 0$ *gilt dann* $C\mathbf{x} = \mathbf{0}$.

Beweis: Es sei $\mathbf{x} \in \mathbb{R}^n$ mit $\mathbf{x}'C\mathbf{x} = 0$. Dann hat man für beliebige $\mathbf{y} \in \mathbb{R}^n$ und $t \in \mathbb{R}$:

$$\begin{aligned} 0 \leq\ & (\mathbf{x} + t\mathbf{y})'C(\mathbf{x} + t\mathbf{y}) = \\ & \mathbf{x}'C\mathbf{x} + t\mathbf{y}'C\mathbf{x} + t\mathbf{x}'C\mathbf{y} + t^2\mathbf{y}'C\mathbf{y} = \\ & 2t\mathbf{y}'C\mathbf{x} + t^2\mathbf{y}'C\mathbf{y}. \end{aligned}$$

Hieraus folgt $\mathbf{y}'C\mathbf{x} = 0$: falls $\mathbf{y}'C\mathbf{y} = 0$ in offensichtlicher Weise und falls $\mathbf{y}'C\mathbf{y} > 0$ durch Einsetzen von $t = -\frac{\mathbf{y}'C\mathbf{x}}{\mathbf{y}'C\mathbf{y}}$.
Setzt man nun $\mathbf{y} = C\mathbf{x}$, so kommt $(C\mathbf{x})'C\mathbf{x} = 0$, was nur für $C\mathbf{x} = \mathbf{0}$ möglich ist.

Beweis von Satz 13.3:
Es sei $\mathbf{e} := (1, 1, \ldots, 1)' \in \mathbb{R}^n$. Dann gibt

$$\mathbf{e}'\mathbf{x} = \sum_{k=1}^{m} x_k$$

die Summe der Komponenten von $\mathbf{x} \in \mathbb{R}^n$ an.
Für jedes $\nu \in \mathbb{N}$ ist der zulässige Bereich $\mathcal{M}_\nu$ des Problems

$$\left.\begin{array}{lrcl} \min & \mathbf{c}'\mathbf{x} + \mathbf{x}'D\mathbf{x} & & \\ \text{bez.} & A\mathbf{x} & \leq & \mathbf{b} \\ & \mathbf{e}'\mathbf{x} & \leq & \nu \\ & \mathbf{x} & \geq & \mathbf{0} \end{array}\right\} \qquad (103_\nu)$$

beschränkt. Da gilt

$$\left.\begin{array}{l} \mathcal{M}_\nu \subset \mathcal{M}_{\nu'} \text{ für } \nu < \nu' \\ \bigcup\limits_{\nu=1}^{\infty} \mathcal{M}_\nu = \mathcal{M}, \end{array}\right\} \qquad (104)$$

existiert nach Voraussetzung ein $\nu_0 \in \mathbb{N}$, so daß $\mathcal{M}_\nu \neq \emptyset$ für alle $\nu \geq \nu_0$. Nach §8 besitzt daher jedes Problem (103_ν) mit $\nu \geq \nu_0$ eine Lösung $\mathbf{x}^\nu$, und mit dem zugehörigen Vektor $\begin{pmatrix} \boldsymbol{\lambda}^\nu \\ \lambda_{m+1}^{(\nu)} \end{pmatrix} \in \mathbb{R}^{m+1}$ von Lagrange-Multiplikatoren gilt gemäß Satz 13.2:

$$\left.\begin{array}{l} \mathbf{x}^\nu \geq \mathbf{0},\ \boldsymbol{\lambda}^\nu \geq \mathbf{0},\ \lambda_{m+1}^{(\nu)} \geq 0 \\ A\mathbf{x}^\nu - \mathbf{b} \leq \mathbf{0},\ \mathbf{e}'\mathbf{x}^\nu - \nu \leq 0 \\ \mathbf{c} + 2D\mathbf{x}^\nu + A'\boldsymbol{\lambda}^\nu + \lambda_{m+1}^{(\nu)}\mathbf{e} \geq \mathbf{0} \\ (\boldsymbol{\lambda}^\nu)'(A\mathbf{x}^\nu - \mathbf{b}) = 0,\ \lambda_{m+1}^{(\nu)}(\mathbf{e}'\mathbf{x}^\nu - \nu) = 0 \\ (\mathbf{x}^\nu)'(\mathbf{c} + 2D\mathbf{x}^\nu + A'\boldsymbol{\lambda}^\nu + \lambda_{m+1}^{(\nu)}\mathbf{e}) = 0. \end{array}\right\} \qquad (105_\nu)$$

Zwei Fälle sind nun zu unterscheiden.
1.Fall: Es gibt ein ν mit $\lambda_{m+1}^{(\nu)} = 0$. Dann erfüllen $\mathbf{x}^\nu, \boldsymbol{\lambda}^\nu$ die Bedingunen von Satz 13.2, und $\mathbf{x}^\nu$ ist eine Lösung von (103).
2.Fall: Für alle $\nu \geq \nu_0$ ist $\lambda_{m+1}^{(\nu)} > 0$. Wegen $\lambda_{m+1}^{(\nu)}(\mathbf{e}'\mathbf{x}^\nu - \nu) = 0$ ist dann $\mathbf{e}'\mathbf{x}^\nu = \nu$ für alle diese ν. Es sei

$$\mathbf{u}^\nu := \frac{1}{\nu}\mathbf{x}^\nu, \quad \nu \geq \nu_0,$$

womit $\mathbf{u}^\nu \geq \mathbf{0}$ und $\mathbf{e}'\mathbf{u}^\nu = \frac{1}{\nu}\mathbf{e}'\mathbf{x}^\nu = 1$.
Die Menge

$$\mathcal{K} = \{\mathbf{v} \in \mathbb{R}^n : \ \mathbf{v} \geq \mathbf{0},\ \mathbf{e}'\mathbf{v} = 1\}$$

ist abgeschlossen und beschränkt, also kompakt. Daher besitzt die Folge $(\mathbf{u}^\nu)_{\nu \geq \nu_0}$ einen Häufungspunkt $\mathbf{u}$ in $\mathcal{K}$; es sei $(\mathbf{u}^\nu)_{\nu \in \mathcal{N}}$ eine Teilfolge von $(\mathbf{u}^\nu)_{\nu \geq \nu_0}$ mit

$$\lim_{\mathcal{N} \ni \nu \to \infty} \mathbf{u}^\nu = \mathbf{u}.$$

Der Punkt $\mathbf{u}$ hat die folgenden Eigenschaften. Zunächst gilt

$$\mathbf{u} \geq \mathbf{0}, \quad \mathbf{e}'\mathbf{u} = 1. \qquad (106)$$

Dann ist $A\mathbf{u}^\nu = \frac{1}{\nu}A\mathbf{x}^\nu \leq \frac{1}{\nu}\mathbf{b}$ für alle $\boldsymbol{\nu}$, woraus

$$A\mathbf{u} = \lim_{\mathcal{N} \ni \nu \to \infty} A\mathbf{u}^\nu \leq \lim_{\mathcal{N} \ni \nu \to \infty} \frac{1}{\nu}\mathbf{b} = \mathbf{0} \qquad (107)$$

folgt. Wegen (104a) gilt

$$F(\mathbf{x}^{\nu}) \geq F(\mathbf{x}^{\nu'}) \quad \text{für } \nu < \nu'.$$

Da außerdem die Folge $\big(F(\mathbf{x}^{\nu})\big)$ aufgrund der Voraussetzung nach unten beschränkt ist, konvergiert sie. Nun ist

$$F(\mathbf{x}^{\nu}) = \nu \mathbf{c}'\mathbf{u}^{\nu} + \nu^2 (\mathbf{u}^{\nu})' D \mathbf{u}^{\nu}$$

und

$$\lim_{\mathcal{N} \ni \nu \to \infty} \mathbf{c}'\mathbf{u}^{\nu} = \mathbf{c}'\mathbf{u}, \qquad \lim_{\mathcal{N} \ni \nu \to \infty} (\mathbf{u}^{\nu})' D \mathbf{u}^{\nu} = \mathbf{u}' D \mathbf{u} \geq 0.$$

Damit folgt erstens

$$\mathbf{c}'\mathbf{u} \leq 0$$

und zweitens $0 = \lim_{\mathcal{N} \ni \nu \to \infty} \frac{1}{\nu^2} F(\mathbf{x}^{\nu}) = \mathbf{u}' D \mathbf{u}$, also

$$D\mathbf{u} = \mathbf{0} \tag{108}$$

nach Lemma 13.2. Für ein beliebiges $\mathbf{x}^0 \in \mathcal{M}$ ist gemäß (107) $\mathbf{x}^0 + t\mathbf{u} \in \mathcal{M}$ für jedes $t \geq 0$. Wäre $\mathbf{c}'\mathbf{u} < 0$, so würde mit (108) folgen

$$F(\mathbf{x}^0 + t\mathbf{u}) = F(\mathbf{x}^0) + t\mathbf{c}'\mathbf{u} \to -\infty \quad \text{für } t \to +\infty,$$

und F wäre auf $\mathcal{M}$ nach unten nicht beschränkt. Also gilt

$$\mathbf{c}'\mathbf{u} = \mathbf{0}. \tag{109}$$

Wir betrachten nun die Indexmengen $\mathcal{J}_1(\mathbf{u}) := \{j : \ 1 \leq j \leq m, \ (\mathbf{a}^j)'\mathbf{u} = 0\}$ und $\mathcal{J}_2(\mathbf{u}) := \{k : \ 1 \leq k \leq n, \ u_k = 0\}$, wobei $A = \begin{pmatrix} (\mathbf{a}^1)' \\ \vdots \\ (\mathbf{a}^m)' \end{pmatrix}$. Es gilt

$$\begin{aligned} (\mathbf{a}^j)'\mathbf{u} &< 0 \quad \text{für} \quad j \notin \mathcal{J}_1(\mathbf{u}) \\ u_k &> 0 \quad \text{für} \quad k \notin \mathcal{J}_2(\mathbf{u}) \end{aligned}$$

und für alle j, k

$$\begin{aligned} \lim_{\mathcal{N} \ni \nu \to \infty} (\mathbf{a}^j)'\mathbf{u}^{\nu} &= (\mathbf{a}^j)'\mathbf{u} \\ \lim_{\mathcal{N} \ni \nu \to \infty} u_k^{(\nu)} &= u_k. \end{aligned}$$

Daher gibt es ein $\nu_1 \in \mathcal{N}$, so daß für alle $\nu_1 \leq \nu \in \mathcal{N}$ gilt:

$$\left.\begin{aligned} (\mathbf{a}^j)'\mathbf{u} &\leq \tfrac{2}{\nu} b_j \\ (\mathbf{a}^j)'\mathbf{u}^{\nu} &< \tfrac{1}{2}(\mathbf{a}^j)'\mathbf{u} \end{aligned}\right\} \quad \text{für } j \notin \mathcal{J}_1(\mathbf{u})$$

$$u_k^{(\nu)} > 0 \qquad \text{für } k \notin \mathcal{J}_2(\mathbf{u}).$$

Für diese ν folgt dann

$$(\mathbf{a}^j)'\mathbf{x}^\nu = \nu\big((\mathbf{a}^j)'\mathbf{u}^\nu\big) < \tfrac{\nu}{2}(\mathbf{a}^j)'\mathbf{u} \le b_j \quad \text{für } j \notin \mathcal{J}_1(\mathbf{u}), \tag{110}$$

$$x_k^{(\nu)} = \nu u_k^{(\nu)} > 0 \quad \text{für } k \notin \mathcal{J}_2(\mathbf{u}). \tag{111}$$

Jetzt wählen wir ein festes $\nu \in \mathcal{N}$ mit $\nu \ge \nu_1$. Für jedes $t \ge 0$ hat der Punkt $\mathbf{x}^\nu + t\mathbf{u}$ die folgenden Eigenschaften. (Bei deren Herleitung benutzen wir stillschweigend (105_ν).)
Zunächst gilt, wie bereits oben festgestellt,

$$\mathbf{x}^\nu + t\mathbf{u} \ge \mathbf{0}, \quad A(\mathbf{x}^\nu + t\mathbf{u}) - \mathbf{b} \le \mathbf{0}. \tag{112}$$

Mit $\mathbf{e}'\mathbf{x}^\nu = \nu$ und (106) ergibt sich

$$\mathbf{e}'(\mathbf{x}^\nu + t\mathbf{u}) = \nu + t\mathbf{e}'\mathbf{u} = \nu + t, \tag{113}$$

und wegen (108) hat man

$$\mathbf{c} + 2D(\mathbf{x}^\nu + t\mathbf{u}) + A'\boldsymbol{\lambda}^\nu + \lambda_{m+1}^{(\nu)}\mathbf{e} \ge \mathbf{0}. \tag{114}$$

Für $j \in \mathcal{J}_1(\mathbf{u})$ ist $(\mathbf{a}^j)'\mathbf{u} = 0$, für $j \notin \mathcal{J}_1(\mathbf{u})$ dagegen ist $\lambda_j^{(\nu)} = 0$ wegen (110). Daher gilt $(\boldsymbol{\lambda}^\nu)'A\mathbf{u} = 0$ und

$$(\boldsymbol{\lambda}^\nu)'\big(A(\mathbf{x}^\nu + t\mathbf{u}) - \mathbf{b}\big) = (\boldsymbol{\lambda}^\nu)'(A\mathbf{x}^\nu - \mathbf{b}) + t(\boldsymbol{\lambda}^\nu)'A\mathbf{u} = 0. \tag{115}$$

Ähnlich ist $u_k = 0$ für $k \in \mathcal{J}_2(\mathbf{u})$ und wegen (111) die k-te Komponente von $\mathbf{c} + 2D\mathbf{x}^\nu + A'\boldsymbol{\lambda}^\nu + \lambda_{m+1}^{(\nu)}\mathbf{e}$ gleich Null für $k \notin \mathcal{J}_2(\mathbf{u})$. Damit gilt $\mathbf{u}'(\mathbf{c} + 2D\mathbf{x}^\nu + A'\boldsymbol{\lambda}^\nu + \lambda_{m+1}^{(\nu)}\mathbf{e}) = 0$ und folglich

$$(\mathbf{x}^\nu + t\mathbf{u})'\big(\mathbf{c} + 2D(\mathbf{x}^\nu + t\mathbf{u}) + A'\boldsymbol{\lambda}^\nu + \lambda_{m+1}^{(\nu)}\mathbf{e}\big) = 0. \tag{116}$$

Die Eigenschaften (112) - (116) besagen, daß man ein gültiges Formelsystem erhält, wenn man in (105_ν) $\mathbf{x}^\nu$ durch $\mathbf{x}^\nu + t\mathbf{u}$ und die obere Schranke ν für die Komponentensumme durch $\nu + t$ ersetzt. Nach Satz 13.2 ist daher für jedes $t \in \mathbb{N}$ $\mathbf{x}^\nu + t\mathbf{u}$ eine Lösung des Problems $(103_{\nu+t})$. Infolge von (108), (109) gilt aber

$$F(\mathbf{x}^\nu + t\mathbf{u}) = F(\mathbf{x}^\nu),$$

also ist auch $\mathbf{x}^\nu$ eine Lösung von $(103_{\nu+t})$ für alle $t \in \mathbb{N}$. Wegen (104) löst damit $\mathbf{x}^\nu$ das Problem (103).

Übungsaufgaben

61. Beweise Satz 5.1 direkt mit Hilfe von Satz 12.2!

62. Man löse das LP

$$\begin{array}{ll} \max & x_1 + 4x_2 + 2x_3 + 3x_4 \\ \text{bez.} & x_1 - 4x_2 \qquad\quad + \ x_4 = \ 2 \\ & x_1 + 3x_2 + \ x_3 + 2x_4 = 21 \\ & \qquad 4x_2 + \ x_3 - \ x_4 = \ 9 \\ & \qquad\qquad \mathbf{x} \geq \mathbf{0} \end{array}$$

sowie das hierzu duale LP mit Hilfe des Simplexalgorithmus. Dann bestätige man die Gleichheit der Optimalwerte für die beiden Probleme und die Gültigkeit der Komplementäritätsbedingungen.

63. *Dualität für gemischte lineare Programme*
Man definiere das zu dem LP

$$\left.\begin{array}{ll} \max & (\mathbf{c}^1)'\mathbf{x}_1 + (\mathbf{c}^2)'\mathbf{x}_2 \\ \text{bez.} & A_{11}\mathbf{x}_1 + A_{12}\mathbf{x}_2 \leq \mathbf{b}^1 \\ & A_{21}\mathbf{x}_1 + A_{22}\mathbf{x}_2 = \mathbf{b}^2 \\ & \quad \mathbf{x}_1 \geq \mathbf{0}, \ \mathbf{x}_2 \text{ frei} \end{array}\right\} \qquad (*)$$

duale Programm, so daß die Definitionen 5.1 und 13.1 verallgemeinert werden, formuliere einen Dualitätssatz für diese Probleme und beweise ihn.

64. Gegeben sei das Optimierungsproblem

$$\begin{array}{ll} \min & \sum_{k=1}^{n} k x_k^2 \\ \text{bez.} & \sum_{k=1}^{n} x_k \geq \sigma \\ & \quad \mathbf{x} \geq \mathbf{0} \end{array}$$

mit festem $\sigma > 0$. Ohne Rechnung überzeuge man sich zunächst, daß eine Lösung existiert. Dann berechne man eine Lösung und den Optimalwert des Programms.

Lösungen der Übungsaufgaben

1. Die Variablen können nur sein:

$$x_1 = \text{ha angebauter Kartoffeln}$$
$$x_2 = \text{ha angebauten Getreides}$$

Damit lautet das Problem:

$$\begin{array}{rl} \max & 40x_1 + 120x_2 \\ \text{bez.} & 10x_1 + 20x_2 \leq 1100 \\ & x_1 + 4x_2 \leq 160 \\ & x_1 \geq 0,\ x_2 \geq 0. \end{array}$$

Es handelt sich also um ein lineares Programm mit Nichtnegativitätsbedingungen.

2. Für $1 \leq i \leq 4$, $1 \leq j \leq 4$ sei

$$x_{ij} = \text{Liefermenge von Zementfabrik } Z_i \text{ zu Betonwerk } B_j$$

Das Transportproblem lautet dann:

$$\begin{array}{rl} \min & 14x_{11} + 16x_{12} + 12x_{13} + 4x_{14} + \\ & 13x_{21} + 12x_{22} + 10x_{23} + 5x_{24} + \\ & 12x_{31} + 18x_{32} + 10x_{33} + 7x_{34} + \\ & 14x_{41} + 15x_{42} + 14x_{43} + 9x_{44} \\ \\ \text{bez.} & x_{11} + x_{12} + x_{13} + x_{14} = 12 \\ & x_{21} + x_{22} + x_{23} + x_{24} = 25 \\ & x_{31} + x_{32} + x_{33} + x_{34} = 18 \\ & x_{41} + x_{42} + x_{43} + x_{44} = 25 \\ & x_{11} + x_{21} + x_{31} + x_{41} = 15 \\ & x_{12} + x_{22} + x_{32} + x_{42} = 17 \\ & x_{13} + x_{23} + x_{33} + x_{43} = 21 \\ & x_{14} + x_{24} + x_{34} + x_{44} = 27 \\ & \quad x_{ij} \geq 0 \text{ für alle } i, j. \end{array}$$

Man beachte, daß die Summe der ersten vier linearen Gleichungen identisch mit der Summe der letzten vier linearen Gleichungen ist. Man hätte also auch die ersten vier als $\leq$-Ungleichungen und die letzten vier als $\geq$-Ungleichungen formulieren können.

3. Es seien $\mathbf{x}, \mathbf{y} \in \bigcap_{j \in \mathcal{J}} \mathcal{K}_j$ und $0 < \lambda < 1$. Dann sind $\mathbf{x}, \mathbf{y} \in \mathcal{K}_j$ und $\mathcal{K}_j$ konvex, also folgt mit Definition 1.2:

$$\lambda \mathbf{x} + (1 - \lambda)\mathbf{y} \in \mathcal{K}_j \quad \text{für jedes } j \in \mathcal{J};$$

d.h. $\lambda \mathbf{x} + (1 - \lambda)\mathbf{y} \in \bigcap_{j \in \mathcal{J}} \mathcal{K}_j$.

Schon die Vereinigung von zwei konvexen Mengen ist i.a. nicht konvex, wie einfachste Beispiele belegen.

4. Für $\mathbf{x}, \mathbf{y} \in \mathbb{R}^n_+$ und $0 < \lambda < 1$ ist die k-te Komponente

$$\lambda x_k + (1 - \lambda) y_k$$

von $\lambda \mathbf{x} + (1 - \lambda)\mathbf{y}$ nicht negativ, da $x_k, y_k \geq 0$.

5. Nach Lemma 1.1 sind Ziel- und Restriktionsfunktionen

$$\begin{aligned} F(\mathbf{x}) &= \mathbf{x}' \begin{pmatrix} 2 & 1 \\ 1 & 1 \end{pmatrix} \mathbf{x} - (10, 10)\mathbf{x} \\ f_1(\mathbf{x}) &= \mathbf{x}' \begin{pmatrix} 1 & 0 \\ 0 & 1 \end{pmatrix} \mathbf{x} \\ f_2(\mathbf{x}) &= (3, 1)\mathbf{x} \end{aligned}$$

konvex, da alle Hauptabschnittsdeterminanten von $\begin{pmatrix} 2 & 1 \\ 1 & 1 \end{pmatrix}$, $\begin{pmatrix} 1 & 0 \\ 0 & 1 \end{pmatrix}$ positiv sind. Gemäß Satz 1.1 ist dann das Problem konvex.

6. $\mathcal{D}_{f+g} = \mathcal{D}_f \cap \mathcal{D}_g$ ist konvex nach Aufgabe 3, und für $\mathbf{x}, \mathbf{y} \in \mathcal{D}_{f+g}$ und $\lambda > 0$ gilt:

$$\begin{aligned} (f+g)\big(\lambda \mathbf{x} + (1 - \lambda)\mathbf{y}\big) &= f\big(\lambda \mathbf{x} + (1 - \lambda)\mathbf{y}\big) + g\big(\lambda \mathbf{x} + (1 - \lambda)\mathbf{y}\big) \\ &\leq \lambda f(\mathbf{x}) + (1 - \lambda) f(\mathbf{y}) + \lambda g(\mathbf{x}) + (1 - \lambda) g(\mathbf{y}) \\ &= \lambda (f+g)(\mathbf{x}) + (1 - \lambda)(f+g)(\mathbf{y}). \end{aligned}$$

Ebenso leicht ergibt sich die Konvexität von cf.

7. $\mathcal{D}_{f_c} = \{\mathbf{x} \in \mathbb{R}^n : \binom{c}{\mathbf{x}} \in \mathcal{D}_f\}$ ist konvex, denn für $\mathbf{x}, \mathbf{y} \in \mathcal{D}_{f_c}$ und $0 < \lambda < 1$ gilt:

$$\begin{pmatrix} c \\ \lambda \mathbf{x} + (1 - \lambda)\mathbf{y} \end{pmatrix} = \lambda \begin{pmatrix} c \\ \mathbf{x} \end{pmatrix} + (1 - \lambda) \begin{pmatrix} c \\ \mathbf{y} \end{pmatrix} \in \mathcal{D}_f.$$

Weiter hat man:

$$\begin{aligned} f_c(\lambda \mathbf{x} + (1-\lambda)\mathbf{y}) &= f\left(\lambda\binom{c}{\mathbf{x}} + (1-\lambda)\binom{c}{\mathbf{y}}\right) \\ &\leq \lambda f\binom{c}{\mathbf{x}} + (1-\lambda) f\binom{c}{\mathbf{y}} \\ &= \lambda f_c(\mathbf{x}) + (1-\lambda) f_c(\mathbf{y}). \end{aligned}$$

8. Es seien $\mathbf{x}^1, \mathbf{x}^2$ Lösungen des konvexen Minimierungsproblems (1) und $0 < \lambda < 1$. Wegen der Konvexität von $\mathcal{M}$ ist $\lambda \mathbf{x}^1 + (1-\lambda)\mathbf{x}^2 \in \mathcal{M}$. Bezeichnet F^* den minimalen Zielfunktionswert, so folgt wegen der Konvexität von F:

$$F^* \leq F(\lambda \mathbf{x}^1 + (1-\lambda)\mathbf{x}^2) \leq \lambda F(\mathbf{x}^1) + (1-\lambda) F(\mathbf{x}^2) = \lambda F^* + (1-\lambda) F^* = F^*.$$

Damit gilt auch $F(\lambda \mathbf{x}^1 + (1-\lambda)\mathbf{x}^2) = F^*$.

9. a) folgt sofort, indem man die entsprechenden Eigenschaften in $\mathbb{R}$ auf die Komponenten der Vektoren in $\mathbb{R}^+$ anwendet.

   b) Im Fall $r \geq 2$ gilt für $\mathbf{u} := (1, 0, 0, \ldots, 0)', \mathbf{v} := (0, 1, 0, \ldots, 0)'$ weder $\mathbf{u} \leq \mathbf{v}$ noch $\mathbf{v} \leq \mathbf{u}$.

   c) Ja, mit denselben Argumenten wie bei $\leq$.

10. a)

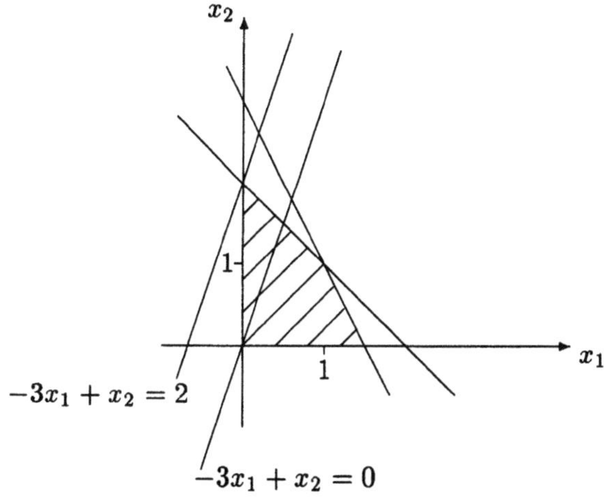

Lösung $\mathbf{x}^* = \binom{0}{2}$

   b) Keine Lösung, da $\mathcal{M} = \emptyset$.

   c) Keine Lösung, da $\sup\{x_1 + x_2 : \mathbf{x} \in \mathcal{M}\} = +\infty$.

11.
$$\begin{array}{ll} \max & 40x_1 + 120x_2 \\ \text{bez.} & 10x_1 + 20x_2 + y_1 \quad = 1100 \\ & x_1 + 4x_2 + \quad y_2 = 160 \\ & x_1 \geq 0, x_2 \geq 0, y_1 \geq 0, y_2 \geq 0 \end{array}$$

Es ist $\nu_0 = 0$ wegen $\mathbf{b} \geq \mathbf{0}$, und (T_0) hat die Gestalt

x_1	x_2	y_1	y_2	$\widetilde{G}$	1
10	20	1	0	0	1100
1	4	0	1	0	160
−40	−120	0	0	1	0

12. Ist $\mathbf{u}$ keine Ecke von $\mathcal{K}$, dann existieren $\mathbf{x}, \mathbf{y} \in \mathcal{K}$, $\mathbf{x} \neq \mathbf{y}$, und $0 < \lambda < 1$ mit

$$\mathbf{u} = \lambda \mathbf{x} + (1 - \lambda)\mathbf{y}. \qquad (*)$$

Die Annahme $\mathbf{u} = \mathbf{x}$ resp. $\mathbf{u} = \mathbf{y}$ führt wegen $(*)$ auf $(1 - \lambda)\mathbf{x} = (1 - \lambda)\mathbf{y}$ resp. $\lambda\mathbf{y} = \lambda\mathbf{x}$, also auf den Widerspruch $\mathbf{x} = \mathbf{y}$. Damit sind $\mathbf{x}, \mathbf{y} \in \mathcal{K} \setminus \{\mathbf{u}\}$, und wegen $(*)$ ist $\mathcal{K} \setminus \{\mathbf{u}\}$ nicht konvex.
Ist umgekehrt $\mathcal{K} \setminus \{\mathbf{u}\}$ nicht konvex, dann existieren $\mathbf{x}, \mathbf{y} \in \mathcal{K} \setminus \{\mathbf{u}\}$ und $0 < \lambda < 1$ mit

$$\lambda \mathbf{x} + (1 - \lambda)\mathbf{y} \notin \mathbf{K} \setminus \{\mathbf{u}\}.$$

Hieraus folgt erstens $\mathbf{x} \neq \mathbf{y}$ und, da $\mathcal{K}$ konvex ist, zweitens $(*)$. Damit ist $\mathbf{u}$ keine Ecke von $\mathcal{K}$.

13. Die zu positiven Komponenten von $\widetilde{\mathbf{x}}^0 = \binom{\mathbf{0}}{\mathbf{b}}$ gehörenden Spalten von $\widetilde{A} = (A, I_m)$ sind Spalten der Einheitsmatrix I_m, also linear unabhängig.

14. Ecken von $\mathcal{K}$ besitzen höchstens eine positive Komponente, wegen $\mathbf{0} \notin \mathcal{K}$ also genau eine. Damit stellen

$$\mathbf{u}^k = (0, \ldots, 0, \underset{\substack{\uparrow \\ k}}{1}, 0, \ldots, 0)', \quad k = 1, \ldots, \nu$$

sämtliche Ecken dar; entartete gibt es nicht. Skizzen:

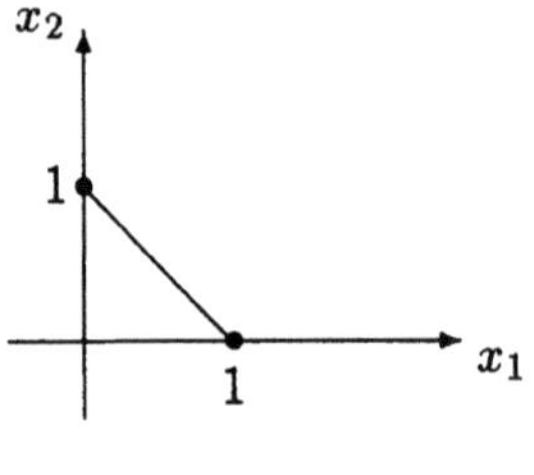

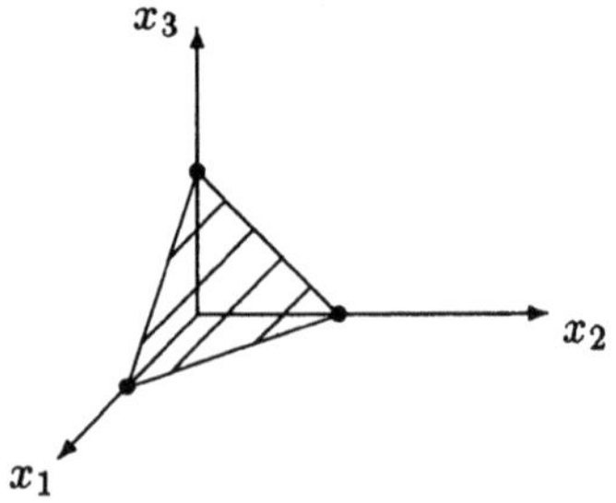

15. Durch elemantare Umformungen erhält man:

$$\left(\begin{array}{rrrrr|r} 1 & -1 & 1 & 8 & 4 & -1 \\ 0 & 1 & 1 & 4 & 2 & 3 \\ 1 & 4 & 1 & -2 & -1 & 9 \\ 1 & 0 & 1 & 6 & 3 & 1 \end{array}\right) \rightarrow \left(\begin{array}{rrrrr|r} 1 & -1 & 1 & 8 & 4 & -1 \\ 0 & 1 & 1 & 4 & 2 & 3 \\ 0 & 1 & 0 & -2 & -1 & 2 \\ 0 & 1 & 0 & -2 & -1 & 2 \end{array}\right) \rightarrow$$

$$\left(\begin{array}{ccccc|c} 1 & -1 & 1 & 8 & 4 & -1 \\ 0 & 1 & 1 & 4 & 2 & 3 \\ 0 & 0 & 1 & 6 & 3 & 1 \\ 0 & 0 & 0 & 0 & 0 & 0 \end{array}\right)$$

Also leisten $T_0 = \begin{pmatrix} 1 & -1 & 1 & 8 & 4 \\ 0 & 1 & 1 & 4 & 2 \\ 0 & 0 & 1 & 6 & 3 \end{pmatrix}$, $\mathbf{b}^0 = \begin{pmatrix} -1 \\ 3 \\ 1 \end{pmatrix}$ das Gewünschte.

Offensichtlich hat eine Ecke von $\mathcal{K}$ zwei oder drei positive Komponenten. Wegen $\mathbf{b}^0 \notin \mathbb{R}^3_+$ befindet sich darunter sicher die 2. Komponente. Ecken mit genau zwei Komponenten $\neq 0$:

$$\mathbf{u} = \begin{pmatrix} 0 \\ 2 \\ 1 \\ 0 \\ 0 \end{pmatrix}, \begin{pmatrix} 0 \\ \frac{7}{3} \\ 0 \\ \frac{1}{6} \\ 0 \end{pmatrix}, \begin{pmatrix} 0 \\ \frac{7}{3} \\ 0 \\ 0 \\ \frac{1}{3} \end{pmatrix}.$$

Nicht entartete Ecken gibt es nicht, denn wegen der erforderlichen linearen Unabhängigkeit der zugehörigen Spalten von T_0 können nicht die letzten beiden Komponenten zugleich $\neq 0$ sein und führen alle anderen Möglichkeiten auf die bereits bestimmten Ecken.

Eckpunkt $\mathbf{u}$	$(0,2,1,0,0)'$	$(0,\frac{7}{3},0,\frac{1}{6},0)'$	$(0,\frac{7}{3},0,0,\frac{1}{3})'$
Basis B von $\mathbf{u}$	$\begin{pmatrix} -1 & 1 & 1 \\ 1 & 1 & 0 \\ 0 & 1 & 0 \end{pmatrix}$	$\begin{pmatrix} -1 & 8 & 1 \\ 1 & 4 & 0 \\ 0 & 6 & 0 \end{pmatrix}$	$\begin{pmatrix} -1 & 4 & 1 \\ 1 & 2 & 0 \\ 0 & 3 & 0 \end{pmatrix}$

16.

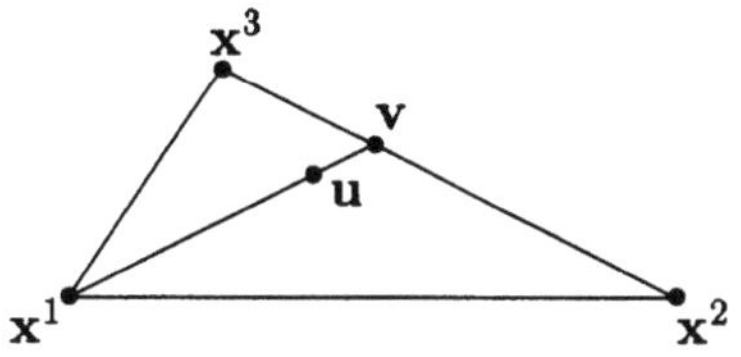

Zu einem Punkt $\mathbf{u}$ des Dreiecks konstruiere $\mathbf{v}$ wie angedeutet. Dann gibt es $0 \le \lambda \le 1,\ 0 \le \mu \le 1$ mit

$$\mathbf{u} = \lambda \mathbf{x}^1 + (1-\lambda)\mathbf{v}, \quad \mathbf{v} = \mu \mathbf{x}^2 + (1-\mu)\mathbf{x}^3,$$

und es folgt

$$\mathbf{u} = \lambda \mathbf{x}^1 + (1-\lambda)\mu \mathbf{x}^2 + (1-\lambda)(1-\mu)\mathbf{x}^3 \qquad (*)$$

mit $\lambda + (1-\lambda)\mu + (1-\lambda)(1-\mu) = 1$. Also ist $\mathbf{u}$ eine Konvexkombination von $\mathbf{x}^1, \mathbf{x}^2, \mathbf{x}^3$.

Ist umgekehrt $\mathbf{u} = \lambda_1\mathbf{x}^1 + \lambda_2\mathbf{x}^2 + \lambda_3\mathbf{x}^3$ eine Konvexkombination von $\mathbf{x}^1, \mathbf{x}^2, \mathbf{x}^3$ und etwa $\lambda_1 \neq 1$, so setze man

$$\lambda := \lambda_1, \quad \mu := \frac{\lambda_2}{1-\lambda_1},$$

um $0 \leq \lambda < 1$, $0 \leq \mu \leq 1$ und $(*)$ zu erhalten.
Man beachte, daß die echten Konvexkombinationen genau die Punkte im Inneren des Dreiecks sind.
Verallgemeinerung auf Vierecke: Jeder Viereckspunkt ist Konvexkombination der Eckpunkte. Die Umkehrung gilt nur, wenn das Viereck konvex ist!

17. a) Nach Definition von $\operatorname{conv}\mathcal{S}$ gilt
$$\mathcal{S} \subset \operatorname{conv}\mathcal{S} \subset \mathcal{K}$$
für alle konvexen $\mathcal{K}$ mit $\mathcal{S} \subset \mathcal{K}$, und nach Aufgabe 3 ist $\operatorname{conv}\mathcal{S}$ konvex.

b) Die Menge $\mathcal{K}_0$ aller Konvexkombinationen von $\mathbf{x}^1, \ldots, \mathbf{x}^s$ enthält offensichtlich $\mathcal{S}$ und ist konvex:
Sind $\mathbf{u} = \sum_{i=1}^{s} \lambda_i\mathbf{x}^i$, $\mathbf{v} = \sum_{i=1}^{s} \mu_i\mathbf{x}^i$ aus $\mathcal{K}_0$ und $0 < \lambda < 1$, so wird $\lambda\mathbf{u} + (1-\lambda)\mathbf{v} = \sum_{i=1}^{s} (\lambda\lambda_i + (1-\lambda)\mu_i)\mathbf{x}^i$ mit $\sum_{i=1}^{s} \lambda\lambda_i + (1-\lambda)\mu_i = 1$.
Nach a) gilt daher $\operatorname{conv}\mathcal{S} \subset \mathcal{K}_0$.
Zum Beweis der Umkehrung sei $\mathcal{K}$ konvex mit $\mathcal{S} \subset \mathcal{K}$. Wir zeigen durch vollständige Induktion nach s, daß gilt $\mathcal{K}_0 \subset \mathcal{K}$. Für $s = 1$ ist das klar. Nun sei $s \geq 2$ und $\mathbf{u} = \sum_{i=1}^{s} \lambda_i\mathbf{x}^i \in \mathcal{K}_0$, wobei etwa $\lambda_s \neq 1$. Dann ist $\sum_{i=1}^{s-1} \frac{\lambda_i}{1-\lambda_s} = 1$ und nach Induktionsvoraussetzung $\mathbf{y} := \sum_{i=1}^{s-1} \frac{\lambda_i}{1-\lambda_s}\mathbf{x}^i \in \mathcal{K}$.
Da $\mathcal{K}$ konvex ist, gilt folglich auch $\mathbf{u} = \lambda_s\mathbf{x}^s + (1-\lambda_s)\mathbf{y} \in \mathcal{K}$.

18. Nach Satz 2.7 genügt es, die Werte der Zielfunktion in den Eckpunkten des zulässigen Bereiches zu vergleichen. Unter Verwendung von Aufgabe 15 erhält man:

Eckpunkt $\mathbf{u}$	$(0,2,1,0,0)'$	$(0,\frac{7}{3},0,\frac{1}{6},0)'$	$(0,\frac{7}{3},0,0,\frac{1}{3})'$
$G(\mathbf{u})$	5	3	4

Also ist $\mathbf{x}^* = (0,2,1,0,0)'$ eine Lösung.

19. Man beachte, daß gemäß Aufgabe 17b) jede Konvexkombination von $\mathbf{x}^1, \ldots, \mathbf{x}^s$ in $\mathcal{D}_f$ liegt. Die Behauptung wird, ähnlich wie dort, durch vollständige Induktion nach s bewiesen. Mit den eingeführten Bezeichnungen gilt nämlich:

$$\begin{aligned} f\Big(\sum_{i=1}^{s} \lambda_i\mathbf{x}^i\Big) &= f(\mathbf{u}) \\ &= f\big(\lambda_s\mathbf{x}^s + (1-\lambda_s)\mathbf{y}\big) \\ &\leq \lambda_s f(\mathbf{x}^s) + (1-\lambda_s)f(\mathbf{y}) \end{aligned}$$

$$\begin{aligned} &= \lambda_s f(\mathbf{x}^s) + (1-\lambda_s) f\Big(\sum_{i=1}^{s-1} \frac{\lambda_i}{1-\lambda_s}\mathbf{x}^i\Big) \\ &\le \lambda_s f(\mathbf{x}^s) + (1-\lambda_s)\sum_{i=1}^{s-1} \frac{\lambda_i}{1-\lambda_s} f(\mathbf{x}^i) \\ &= \sum_{i=1}^{s} \lambda_i f(\mathbf{x}^i). \end{aligned}$$

20. (T_0) wie in Aufgabe 11, $\mathbf{x}^0 = (0,0)'$; Pivotelement $\alpha_{11} = 10$

(T_1)

y_1	x_2	x_1	y_2	$\widetilde{G}$	1
$\frac{1}{10}$	2	1	0	0	110
$-\frac{1}{10}$	$\boxed{2}$	0	1	0	50
4	-40	0	0	1	4400

$\mathbf{x}^1 = (110, 0)'$

(T_2)

y_1	y_2	x_1	x_2	$\widetilde{G}$	1
$\frac{1}{5}$	-1	1	0	0	60
$-\frac{1}{20}$	$\frac{1}{2}$	0	1	0	25
2	20	0	0	1	5400

$\mathbf{x}^2 = \mathbf{x}^* = (60, 25)'$

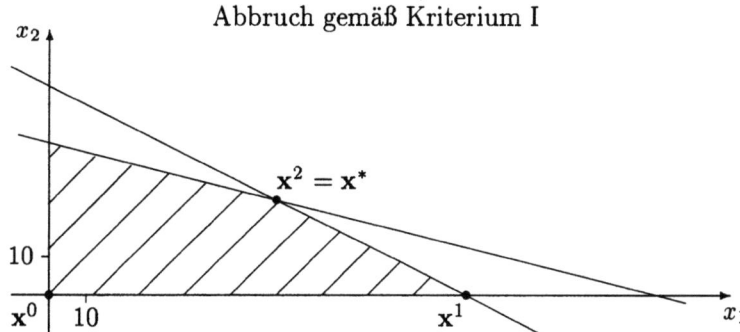

Abbruch gemäß Kriterium I

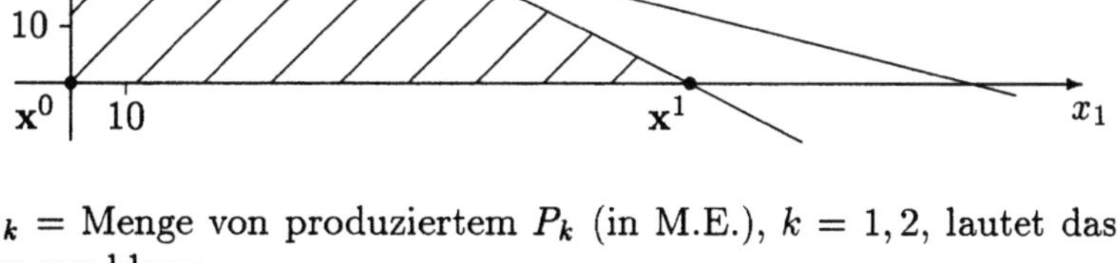

21. Mit x_k = Menge von produziertem P_k (in M.E.), $k = 1, 2$, lautet das Produktionsproblem:

$$\begin{array}{ll} \max & 10x_1 + 15x_2 \\ \text{bez.} & 2x_1 + x_2 \le 120 \\ & x_1 + x_2 \le 70 \\ & x_1 + 3x_2 \le 150 \\ & x_1, x_2 \ge 0 \end{array}$$

(T_0)

x_1	x_2	y_1	y_2	y_3	$\widetilde{G}$	1
$\boxed{2}$	1	1	0	0	0	120
1	1	0	1	0	0	70
1	3	0	0	1	0	150
−10	−15	0	0	0	1	0

$$\widetilde{\mathbf{x}}^0 = (0,0,120,70,150)'$$

$$B_0 = \begin{pmatrix} 1 & 0 & 0 \\ 0 & 1 & 0 \\ 0 & 0 & 1 \end{pmatrix}$$

(T_1)

y_1	x_2	x_1	y_2	y_3	$\widetilde{G}$	1
$\frac{1}{2}$	$\frac{1}{2}$	1	0	0	0	60
$-\frac{1}{2}$	$\boxed{\frac{1}{2}}$	0	1	0	0	10
$-\frac{1}{2}$	$\frac{5}{2}$	0	0	1	0	90
5	−10	0	0	0	1	600

$$\widetilde{\mathbf{x}}^1 = (60,0,0,10,90)'$$

$$B_1 = \begin{pmatrix} 2 & 0 & 0 \\ 1 & 1 & 0 \\ 1 & 0 & 1 \end{pmatrix}$$

(T_2)

y_1	y_2	x_1	x_2	y_3	$\widetilde{G}$	1
1	−1	1	0	0	0	50
−1	2	0	1	0	0	20
$\boxed{2}$	−5	0	0	1	0	40
−5	20	0	0	0	1	800

$$\widetilde{\mathbf{x}}^2 = (50,20,0,0,40)'$$

$$B_2 = \begin{pmatrix} 2 & 1 & 0 \\ 1 & 1 & 0 \\ 1 & 3 & 1 \end{pmatrix}$$

(T_3)

y_3	y_2	x_1	x_2	y_1	$\widetilde{G}$	1
$-\frac{1}{2}$	$\frac{3}{2}$	1	0	0	0	30
$\frac{1}{2}$	$-\frac{1}{2}$	0	1	0	0	40
$\frac{1}{2}$	$-\frac{5}{2}$	0	0	1	0	20
$\frac{5}{2}$	$\frac{15}{2}$	0	0	0	1	900

$$\widetilde{\mathbf{x}}^3 = (30, 40, 20, 0, 0)'$$

$$B_3 = \begin{pmatrix} 2 & 1 & 1 \\ 1 & 1 & 0 \\ 1 & 3 & 0 \end{pmatrix}$$

Abbruch gemäß Kriterium I. Lösung $\mathbf{x}^* = (30, 40)'$ mit $G(\mathbf{x}^*) = 900$

22. Die unterhalb des "Daches" liegenden Punkte $\mathbf{x}$ lassen sich folgendermaßen beschreiben. Die Ebene durch die Punkte $(1,1,2)', (2,0,1)', (2,2,1)'$ hat als Normalenvektor das Vektorprodukt

$$\left(\begin{pmatrix} 2 \\ 0 \\ 1 \end{pmatrix} - \begin{pmatrix} 1 \\ 1 \\ 2 \end{pmatrix}\right) \times \left(\begin{pmatrix} 2 \\ 2 \\ 1 \end{pmatrix} - \begin{pmatrix} 1 \\ 1 \\ 2 \end{pmatrix}\right) = \begin{pmatrix} 2 \\ 0 \\ 2 \end{pmatrix}$$

und wird daher durch eine Gleichung der Form $2x_1 + 2x_3 = d$ beschrieben. Einsetzen von $(1,1,2)'$ ergibt $d = 6$ und damit die Ebenengleichung $x_1 + x_3 = 3$. Die den Nullpunkt enthaltende Raumhälfte ist dann durch $x_1 + x_3 \leq 3$ charakterisiert. Analog erhält man

$$x_2 + x_3 \leq 3$$

für die Punkte unterhalb der Ebene durch $(1,1,2)', (2,2,1)', (0,2,1)'$,

$$-x_1 + x_3 \leq 1$$

für die Punkte unterhalb der Ebene durch $(1,1,2)', (0,2,1)', (0,0,1)'$ und

$$-x_2 + x_3 \leq 1$$

für die Punkte unterhalb der Ebene durch $(1,1,2)', (0,0,1)', (2,0,1)'$.

Damit lautet das Programm in Grundform:

$$\begin{array}{ll} \text{max} & x_1 + 2x_2 + 4x_3 \\ \text{bez.} & x_1 \leq 2 \\ & x_2 \leq 2 \\ & x_1 + x_3 \leq 3 \\ & x_2 + x_3 \leq 3 \\ & -x_1 + x_3 \leq 1 \\ & -x_2 + x_3 \leq 1 \\ & \mathbf{x} \geq \mathbf{0}. \end{array}$$

(T_0) x_1	x_2	x_3	y_1	y_2	y_3	y_4	y_5	y_6	$\widetilde{G}$	1
1	0	0	1	0	0	0	0	0	0	2
0	1	0	0	1	0	0	0	0	0	2
1	0	1	0	0	1	0	0	0	0	3
0	1	1	0	0	0	1	0	0	0	3
−1	0	1	0	0	0	0	1	0	0	1
0	−1	1	0	0	0	0	0	1	0	1
−1	−2	−4	0	0	0	0	0	0	1	0

Wählt man im Simplexalgorithmus stets die Pivotspalte k so, daß γ_k minimal wird, und bei gleichen minimalen Quotienten Q_j die Pivotzeile i so, daß i minimal wird, dann durchläuft man die Ecken $\mathbf{x}^0 = \mathbf{0}$, $\mathbf{x}^1 = (0,0,1)'$, $\mathbf{x}^2 = \mathbf{x}^1$, $\mathbf{x}^3 = (1,1,2)'$, $\mathbf{x}^* = \mathbf{x}^4 = \mathbf{x}^3$ und erhält $G(\mathbf{x}^*) = 11$. Außer $\widetilde{\mathbf{x}}^0$ sind alle $\widetilde{\mathbf{x}}^\nu$ entartet, was bedeutet, daß die zugehörigen Ecken $\mathbf{x}^\nu$ Schnittpunkte von mehr als 3 Begrenzungsebenen von $\mathcal{M}$ sind.

23. a) Die Zielfunktion ist auf $\mathcal{M}$ nicht nach oben beschränkt.
 b) $G(\mathbf{x}^*) = \frac{27}{2}$ und etwa $\mathbf{x}^* = (\frac{17}{2}, \frac{7}{2}, 0)'$.
 c) Die Zielfunktion ist auf $\mathcal{M}$ nicht nach oben beschränkt.
 d) $G(\mathbf{x}^*) = \frac{13}{2}$ und etwa $\mathbf{x}^* = (1, 1, \frac{1}{2}, 0)'$.

24. Es sei $\mathbf{x}^{\nu+1}$ entartet. Dann gibt es ein $1 \le i' \le m$ mit $\beta_{i'}^{(\nu+1)} = 0$. Da $\boldsymbol{\beta}^\nu > \mathbf{0}$, ist nach der Bildungsvorschift für das Tableau $(T_{\nu+1})$ notwendig $i' \neq i$ und $\beta_{i'}^{(\nu+1)} = \beta_{i'} - \beta_i \frac{\alpha_{i'k}}{\alpha_{ik}}$. Es folgt $\alpha_{i'k} > 0$ und $\frac{\beta_{i'}}{\alpha_{i'k}} = \frac{\beta_i}{\alpha_{ik}}$.
Umgekehrt gebe es ein $i' \neq i$, so daß auch $\alpha_{i'k}$ die Regel 2 erfüllt. Dann folgt $\frac{\beta_{i'}}{\alpha_{i'k}} = \frac{\beta_i}{\alpha_{ik}}$ und $\beta_{i'}^{(\nu+1)} = \beta_{i'} - \beta_i \frac{\alpha_{i'k}}{\alpha_{ik}} = 0$. Damit ist $\mathbf{x}^{\nu+1}$ entartet.

25. (T_0)

x_1	x_2	x_3	x_4	y_1	y_2	y_3	$\widetilde{G}$	1	$(\mathbf{q}^j)'$	
$\frac{1}{2}$	$-\frac{11}{2}$	$-\frac{5}{2}$	9	1	0	0	0	0	$(0,2,0,0)'$	
$\boxed{\frac{1}{2}}$	$-\frac{3}{2}$	$-\frac{1}{2}$	1	0	1	0	0	0	$(0,0,2,0)'$	←
1	0	0	0	0	0	1	0	1	$(1,0,0,1)'$	
−10	57	9	24	0	0	0	1	0		
↑										

(T_1)

y_2	x_2	x_3	x_4	y_1	x_1	y_3	$\widetilde{G}$	1	$(\mathbf{q}^j)'$	
−1	−4	−2	8	1	0	0	0	0	−	
2	−3	−1	2	0	1	0	0	0	−	
−2	3	[1]	−2	0	0	1	0	1	$(1,0,0,1)'$	←
20	27	−1	44	0	0	0	1	0		
		↑								

(T_2)

y_2	x_2	y_3	x_4	y_1	x_1	x_3	$\widetilde{G}$	1
−5	2	2	4	1	0	0	0	2
0	0	1	0	0	1	0	0	1
−2	3	1	−2	0	0	1	0	1
18	30	1	42	0	0	0	1	1

Abbruch gemäß Kriterium I; $\mathbf{x}^* = (1,0,1,0)'$ und $G(\mathbf{x}^*) = 1$

26. a) Die zugehörige Ecke $\widetilde{\mathbf{e}} = (0,0,10,0,2,0)'$ hat die Basis $B = \begin{pmatrix} 1 & 1 \\ -2 & 0 \end{pmatrix}$, also ist $\nu_0 = -1$.

(T_{-1})

x_1	x_2	x_3	x_4	y_1	y_2	$\widetilde{G}$	1
1	2	1	2	1	0	0	12
−3	−4	[−2]	−5	0	1	0	−20
−2	−1	−3	−2	0	0	1	0

(T_0)

x_1	x_2	y_2	x_4	y_1	x_3	$\widetilde{G}$	1
$-\frac{1}{2}$	0	[$\frac{1}{2}$]	$-\frac{1}{2}$	1	0	0	2
$\frac{3}{2}$	2	$-\frac{1}{2}$	$\frac{5}{2}$	0	1	0	10
$\frac{5}{2}$	5	$-\frac{3}{2}$	$\frac{11}{2}$	0	0	1	30

(T_1)

x_1	x_2	y_1	x_4	y_2	x_3	$\widetilde{G}$	1
−1	0	2	−1	1	0	0	4
1	2	1	2	0	1	0	12
1	5	3	4	0	0	1	36

Abbruch gemäß Kriterium I; $\mathbf{x}^* = (0,0,12,0)'$ und $G(\mathbf{x}^*) = 36$

b) Die zugehörige Ecke $\widetilde{\mathbf{e}} = (0,5,0,0,22,0)'$ hat die Basis $B = \begin{pmatrix} -2 & 1 \\ -4 & 0 \end{pmatrix}$, also ist $\nu_0 = -1$.

(T_{-1})

x_1	x_2	x_3	x_4	y_1	y_2	$\widetilde{G}$	1
1	−2	1	−2	1	0	0	12
−3	[−4]	2	−5	0	1	0	−20
−2	−1	−3	−2	0	0	1	0

(T_0)

x_1	y_2	x_3	x_4	y_1	x_2	$\widetilde{G}$	1
$\frac{5}{2}$	$-\frac{1}{2}$	0	$\frac{1}{2}$	1	0	0	22
$\frac{3}{4}$	$-\frac{1}{4}$	$-\frac{1}{2}$	$\frac{5}{4}$	0	1	0	5
$-\frac{5}{4}$	$-\frac{1}{4}$	$-\frac{7}{2}$	$-\frac{3}{4}$	0	0	1	5

Abbruch gemäß Kriterium II (mit $k = 2$);
G ist auf $\mathcal{M}$ nicht nach oben beschränkt.

c) $\widetilde{\mathbf{e}} = (0,2,0,4,8,0)'$, $B = \begin{pmatrix} 1 & 1 & 0 \\ 2 & 0 & 1 \\ -4 & 0 & 0 \end{pmatrix}$, $\nu_0 = -1$.

(T_{-1})

x_1	x_2	x_3	y_1	y_2	y_3	$\widetilde{G}$	1
4	1	3	1	0	0	0	6
3	2	6	0	1	0	0	12
−1	[−4]	−2	0	0	1	0	−8
−1	−5	−2	0	0	0	1	0

(T_0)

x_1	y_3	x_3	y_1	y_2	x_2	$\widetilde{G}$	1
$\frac{15}{4}$	[$\frac{1}{4}$]	$\frac{5}{2}$	1	0	0	0	4
$\frac{5}{2}$	$\frac{1}{2}$	5	0	1	0	0	8
$\frac{1}{4}$	$-\frac{1}{4}$	$\frac{1}{2}$	0	0	1	0	2
$\frac{1}{4}$	$-\frac{5}{4}$	$\frac{1}{2}$	0	0	0	1	10

(T_1)

x_1	y_1	x_3	y_3	y_2	x_2	$\widetilde{G}$	1
15	4	10	1	0	0	0	16
−5	−2	0	0	1	0	0	0
4	1	3	0	0	1	0	6
19	5	13	0	0	0	1	30

Abbruch gemäß Kriterium I; $\mathbf{x}^* = (0,6,0)'$ und $G(\mathbf{x}^*) = 30$.

27. a) Ersetzt man x_1 durch $\widehat{x}_{1+} + \widehat{x}_{1-}$ und x_2 durch $-\widehat{x}_2$, so lautet die 1. Grundform

$$\left.\begin{array}{ll} \max & -2\widehat{x}_{1+} + 2\widehat{x}_{1-} - 8\widehat{x}_2 \\ \text{bez.} & \widehat{x}_{1+} - \widehat{x}_{1-} + 2\widehat{x}_2 \leq 2 \\ & \widehat{x}_{1+} - \widehat{x}_{1-} - \widehat{x}_2 \leq -1 \\ & 3\widehat{x}_{1+} - 3\widehat{x}_{1-} + 2\widehat{x}_2 \leq -2 \\ & -3\widehat{x}_{1+} + 3\widehat{x}_{1-} - 2\widehat{x}_2 \leq 2 \\ & \widehat{x}_{1+}, \widehat{x}_{1-}, \widehat{x}_2 \geq 0 \end{array}\right\} \qquad (\widehat{*})$$

und die 2. Grundform

$$\left.\begin{array}{ll} \max & -2\widehat{x}_{1+} + 2\widehat{x}_{1-} - 8\widehat{x}_2 \\ \text{bez.} & \widehat{x}_{1+} + \widehat{x}_{1-} + 2\widehat{x}_2 + y_1 = 2 \\ & -3\widehat{x}_{1+} + 3\widehat{x}_{1-} - 2\widehat{x}_2 = 2 \\ & -\widehat{x}_{1+} + \widehat{x}_{1-} + \widehat{x}_2 - \widehat{y}_1 = 1 \\ & \widehat{x}_{1+}, \widehat{x}_{1-}, \widehat{x}_2, y_1, \widehat{y}_1 \geq 0 \end{array}\right\} \qquad (\widetilde{*})$$

b)

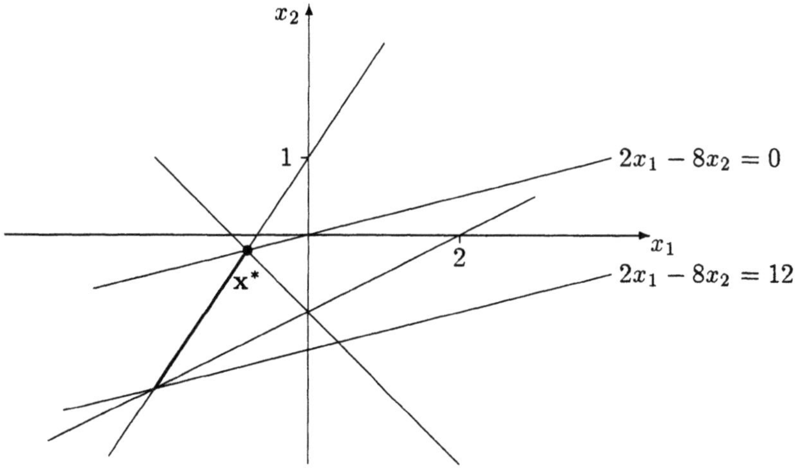

(HT_0)

$\widehat{x}_{1+}$	$\widehat{x}_{1-}$	$\widehat{x}_2$	y_1	$\widehat{y}_1$	z_1	z_2	z_3	$\widetilde{g}$	1
1	1	2	[1]	0	1	0	0	0	2
−3	3	−2	0	0	0	1	0	0	2
−1	1	1	0	−1	0	0	1	0	1
3	−5	−1	−1	1	0	0	0	1	−5

(HT_1)

$\widehat{x}_{1+}$	$\widehat{x}_{1-}$	$\widehat{x}_2$	z_1	$\widehat{y}_1$	y_1	z_2	z_3	$\widetilde{g}$	1
1	1	2	1	0	1	0	0	0	2
−3	[3]	−2	0	0	0	1	0	0	2
−1	1	1	0	−1	0	0	1	0	1
4	−4	1	1	1	0	0	0	1	−3

(HT_2) $\widehat{x}_{1+}$	z_2	$\widehat{x}_2$	z_1	$\widehat{y}_1$	y_1	$\widehat{x}_{1-}$	z_3	$\widetilde{g}$	1
2	$-\frac{1}{3}$	$\frac{8}{3}$	1	0	1	0	0	0	$\frac{4}{3}$
−1	$\frac{1}{3}$	$-\frac{2}{3}$	0	0	0	1	0	0	$\frac{2}{3}$
0	$-\frac{1}{3}$	$\boxed{\frac{5}{3}}$	0	−1	0	0	1	0	$\frac{1}{3}$
0	$\frac{4}{3}$	$-\frac{5}{3}$	1	1	0	0	0	1	$-\frac{1}{3}$

(HT_3) $\widehat{x}_{1+}$	z_2	z_3	z_1	$\widehat{y}_1$	y_1	$\widehat{x}_{1-}$	$\widehat{x}_2$	$\widetilde{g}$	1
2	$\frac{1}{5}$	$-\frac{8}{5}$	1	$\frac{8}{5}$	1	0	0	0	$\frac{4}{5}$
−1	$\frac{1}{5}$	$\frac{2}{5}$	0	$-\frac{2}{5}$	0	1	0	0	$\frac{4}{5}$
0	$-\frac{1}{5}$	$\frac{3}{5}$	0	$-\frac{3}{5}$	0	0	1	0	$\frac{1}{5}$
0	1	1	1	0	0	0	0	1	0

Fall 2a in §4.3

(T_0) $\widehat{x}_{1+}$	$\widehat{y}_1$	y_1	$\widehat{x}_{1-}$	$\widehat{x}_2$	$\widetilde{G}$	1
2	$\frac{8}{5}$	1	0	0	0	$\frac{4}{5}$
−1	$-\frac{2}{5}$	0	1	0	0	$\frac{4}{5}$
0	$-\frac{3}{5}$	0	0	1	0	$\frac{1}{5}$
0	4	0	0	0	1	0

Abbruch gemäß Kriterium I; $\mathbf{x}^* = (0, \frac{4}{5}, \frac{1}{5}, \frac{4}{5}, 0)'$ löst $(\widetilde{*})$, also ist $\mathbf{x}^* = (-\frac{4}{5}, -\frac{1}{5})'$ eine Lösung von $(*)$, und $G(\mathbf{x}^*) = G(\widetilde{\mathbf{x}}^*) = 0$.

28. a)

(HT_0) x_1	x_2	x_3	x_4	y_1	$\widehat{y}_1$	z_1	z_2	$\widetilde{g}$	1
1	2	1	2	1	0	1	0	0	12
3	4	2	5	0	−1	0	1	0	20
−4	−6	−3	−7	−1	1	0	0	1	−32

Mit Pivotspalte / -zeile $(k, i) = (3, 2), (5, 1)$ erhält man nach zwei Schritten:

(HT_2) x_1	x_2	z_2	x_4	z_1	$\widehat{y}_1$	y_1	x_3	$\widetilde{g}$	1
$-\frac{1}{2}$	0	$-\frac{1}{2}$	$-\frac{1}{2}$	1	$\frac{1}{2}$	1	0	0	2
$\frac{3}{2}$	2	$\frac{1}{2}$	$\frac{5}{2}$	0	$-\frac{1}{2}$	0	1	0	10
0	0	1	0	1	0	0	0	1	0

Es liegt Fall 2a vor, und man entnimmt $\widetilde{\mathbf{e}} = (0, 0, 10, 0, 2, 0)'$, d.h. $\mathbf{e} = (0, 0, 10, 0)'$, sowie

(T_0)

x_1	x_2	x_4	$\widehat{y}_1$	y_1	x_3	$\widetilde{G}$	1
$-\frac{1}{2}$	0	$-\frac{1}{2}$	$\frac{1}{2}$	1	0	0	2
$\frac{3}{2}$	2	$\frac{5}{2}$	$-\frac{1}{2}$	0	1	0	10
$\frac{5}{2}$	5	$\frac{11}{2}$	$-\frac{3}{2}$	0	0	1	30 .

Zum weiteren Verlauf der Lösung siehe Aufgabe 26!

b) (HT_0)

x_1	x_2	x_3	x_4	y_1	$\widehat{y}_1$	z_1	z_2	$\widetilde{g}$	1
1	-2	1	-2	1	0	1	0	0	12
3	4	-2	5	0	-1	0	1	0	20
-4	-2	1	-3	-1	1	0	0	1	-32

Mit $(k,i) = (2,2),(5,1)$ erhält man:

(HT_2)

x_1	z_2	x_3	x_4	z_1	$\widehat{y}_1$	y_1	x_2	$\widetilde{g}$	1
$\frac{5}{2}$	$\frac{1}{2}$	0	$\frac{1}{2}$	1	$-\frac{1}{2}$	1	0	0	22
$\frac{3}{4}$	$\frac{1}{4}$	$-\frac{1}{2}$	$\frac{5}{4}$	0	$-\frac{1}{4}$	0	1	0	5
0	1	0	0	1	0	0	0	1	0

$$\widetilde{\mathbf{e}} = (0,5,0,0,22,0)', \mathbf{e} = (0,5,0,0)'$$

(T_0)

x_1	x_3	x_4	$\widehat{y}_1$	y_1	x_2	$\widetilde{G}$	1
$\frac{5}{2}$	0	$\frac{1}{2}$	$-\frac{1}{2}$	1	0	0	22
$\frac{3}{4}$	$-\frac{1}{2}$	$\frac{5}{4}$	$-\frac{1}{4}$	0	1	0	5
$-\frac{5}{4}$	$-\frac{7}{2}$	$-\frac{3}{4}$	$-\frac{1}{4}$	0	0	1	5

c) (HT_0)

x_1	x_2	x_3	y_1	y_2	$\widehat{y}_1$	z_1	z_2	z_3	$\widetilde{g}$	1
4	1	3	1	0	0	1	0	0	0	6
3	2	6	0	1	0	0	1	0	0	12
1	4	2	0	0	-1	0	0	1	0	8
-8	-7	-11	-1	-1	1	0	0	0	1	-26

Mit $(k,i) = (2,3),(4,1),(5,2)$ erhält man:

(HT_3)

x_1	z_3	x_3	z_1	z_2	$\widehat{y}_1$	y_1	y_2	x_2	$\widetilde{g}$	1
$\frac{15}{4}$	$-\frac{1}{4}$	$\frac{5}{2}$	1	0	$\frac{1}{4}$	1	0	0	0	4
$\frac{5}{2}$	$-\frac{1}{2}$	5	0	1	$\frac{1}{2}$	0	1	0	0	8
$\frac{1}{4}$	$\frac{1}{4}$	$\frac{1}{2}$	0	0	$-\frac{1}{4}$	0	0	1	0	2
0	1	0	1	1	0	0	0	0	1	0

$$\widetilde{\mathbf{e}} = (0,2,0,4,8,0)', \mathbf{e} = (0,2,0)'$$

(T_0)

x_1	x_3	$\widehat{y}_1$	y_1	y_2	x_2	$\widetilde{G}$	1
$\frac{15}{4}$	$\frac{5}{2}$	$\frac{1}{4}$	1	0	0	0	4
$\frac{5}{2}$	5	$\frac{1}{2}$	0	1	0	0	8
$\frac{1}{4}$	$\frac{1}{2}$	$-\frac{1}{4}$	0	0	1	0	2
$\frac{1}{4}$	$\frac{1}{2}$	$-\frac{5}{4}$	0	0	0	1	10

29. a) Das zugehörige Hilfsprogramm endet mit Fall 1 in §4.3, also ist $\mathcal{M} = \emptyset$.

b) (HT_0)

x_1	x_2	x_3	x_4	x_5	x_6	z_1	z_2	z_3	z_4	z_5	$\widetilde{g}$	1
-1	4	0	-1	0	0	1	0	0	0	0	0	1
-1	2	-1	1	0	0	0	1	0	0	0	0	5
-1	3	-1	-1	-1	0	0	0	1	0	0	0	0
-1	1	0	1	-1	-2	0	0	0	1	0	0	4
0	-2	-1	$\boxed{2}$	0	0	0	0	0	0	1	0	4
4	-8	3	-2	2	2	0	0	0	0	0	1	-14

(HT_1)

x_1	x_2	x_3	z_5	x_5	x_6	z_1	z_2	z_3	z_4	x_4	$\widetilde{g}$	1
-1	$\boxed{3}$	$-\frac{1}{2}$	$\frac{1}{2}$	0	0	1	0	0	0	0	0	3
-1	3	$-\frac{1}{2}$	$-\frac{1}{2}$	0	0	0	1	0	0	0	0	3
-1	2	$-\frac{3}{2}$	$\frac{1}{2}$	-1	0	0	0	1	0	0	0	2
-1	2	$\frac{1}{2}$	$-\frac{1}{2}$	-1	-2	0	0	0	1	0	0	2
0	-1	$-\frac{1}{2}$	$\frac{1}{2}$	0	0	0	0	0	0	1	0	2
4	-10	2	$\frac{1}{2}$	2	2	0	0	0	0	0	1	-10

(HT_2)

x_1	z_1	x_3	z_5	x_5	x_6	x_2	z_2	z_3	z_4	x_4	$\widetilde{g}$	1
$-\frac{1}{3}$	$\frac{1}{3}$	$-\frac{1}{6}$	$\frac{1}{6}$	0	0	1	0	0	0	0	0	1
0	-1	0	-1	0	0	0	1	0	0	0	0	0
$-\frac{1}{3}$	$-\frac{2}{3}$	$-\frac{7}{6}$	$\frac{1}{6}$	-1	0	0	0	1	0	0	0	0
$-\frac{1}{3}$	$-\frac{2}{3}$	$\frac{5}{6}$	$-\frac{5}{6}$	-1	-2	0	0	0	1	0	0	0
$-\frac{1}{3}$	$\frac{1}{3}$	$-\frac{2}{3}$	$\frac{2}{3}$	0	0	0	0	0	0	1	0	3
$\frac{2}{3}$	$\frac{10}{3}$	$\frac{1}{3}$	$\frac{13}{6}$	2	2	0	0	0	0	0	1	0

Fall 2b in §4.3

1. Zwischentableau

x_1	x_3	x_5	x_6	x_2	x_4	G	1
$-\frac{1}{3}$	$-\frac{1}{6}$	0	0	1	0	0	1
0	0	0	0	0	0	0	0
$-\frac{1}{3}$	$-\frac{7}{6}$	-1	0	0	0	0	0
$-\frac{1}{3}$	$\frac{5}{6}$	-1	-2	0	0	0	0
$-\frac{1}{3}$	$-\frac{2}{3}$	0	0	0	1	0	3
				0	0	1	

2. Zwischentableau

x_1	x_3	x_5	x_6	x_2	x_4	G	1
$-\frac{1}{3}$	$-\frac{1}{6}$	0	0	1	0	0	1
$-\frac{1}{3}$	$-\frac{7}{6}$	-1	0	0	0	0	0
$-\frac{1}{3}$	$\frac{5}{6}$	-1	-2	0	0	0	0
$-\frac{1}{3}$	$-\frac{2}{3}$	0	0	0	1	0	3
				0	0	1	

3. Zwischentableau

x_1	x_3	x_6	x_2	x_5	x_4	G	1
$-\frac{1}{3}$	$-\frac{1}{6}$	0	1	0	0	0	1
$\frac{1}{3}$	$\frac{7}{6}$	0	0	1	0	0	0
0	2	-2	0	0	0	0	0
$-\frac{1}{3}$	$-\frac{2}{3}$	0	0	0	1	0	3
			0	0	0	1	

4. Zwischentableau = $(\widehat{T}_0)$

x_1	x_3	x_2	x_5	x_6	x_4	G	1
$-\frac{1}{3}$	$-\frac{1}{6}$	1	0	0	0	0	1
$\frac{1}{3}$	$\frac{7}{6}$	0	1	0	0	0	0
0	-1	0	0	1	0	0	0
$-\frac{1}{3}$	$-\frac{2}{3}$	0	0	0	1	0	3
		0	0	0	0	1	

(T_0)

x_1	x_3	x_2	x_5	x_6	x_4	G	1
$-\frac{1}{3}$	$-\frac{1}{6}$	1	0	0	0	0	1
$\frac{1}{3}$	$\frac{7}{6}$	0	1	0	0	0	0
0	-1	0	0	1	0	0	0
$-\frac{1}{3}$	$-\frac{2}{3}$	0	0	0	1	0	3
0	0	0	0	0	0	1	-4

Abbruch gemäß Kriterium I; $\mathbf{x}^* = (0,1,0,3,0,0)'$ und $G(\mathbf{x}^*) = -4$ (Jeder andere Punkt von $\mathcal{M}$ ist ebenfalls Lösung, da G auf $\mathcal{M}$ konstant ist! In der Tat ist G eine Linearkombination der linken Seiten der Gleichungsrestriktionen, wie man leicht bestätigt.)

30. Zu Aufgabe 1:

$$\begin{array}{ll} \min & 1100y_1 + 160y_2 \\ \text{bez.} & 10y_1 + y_2 \geq 40 \\ & 20y_1 + 4y_2 \geq 120 \\ & y_1 \geq 0,\ y_2 \geq 0 \end{array}$$

Aus dem Endtableau in Aufgabe 20 entnimmt man nach Satz 5.2 die Lösung $\mathbf{y}^* = (2,20)'$ und $\widehat{G}(\mathbf{y}^*) = 5400$.

Zu Aufgabe 21:

$$\begin{array}{ll} \min & 120y_1 + 70y_2 + 150y_3 \\ \text{bez.} & 2y_1 + y_2 + y_3 \geq 10 \\ & y_1 + y_2 + 3y_3 \geq 15 \\ & y_1, y_2, y_3 \geq 0 \end{array}$$

Lösung $\mathbf{y}^* = (0, \frac{15}{2}, \frac{5}{2})'$ und $\widehat{G}(\mathbf{y}^*) = 900$.

Zu Aufgabe 22:

$$\begin{array}{ll} \min & 2y_1 + 2y_2 + 3y_3 + 3y_4 + y_5 + y_6 \\ \text{bez.} & y_1 + y_3 - y_5 \geq 1 \\ & y_2 + y_4 - y_6 \geq 2 \\ & y_3 + y_4 + y_5 + y_6 \geq 4 \\ & \mathbf{y} \geq \mathbf{0} \end{array}$$

Lösung $\mathbf{y}^* = (0,0,\frac{3}{2},2,\frac{1}{2},0)'$ und $\widehat{G}(\mathbf{y}^*) = 11$.

Zu Aufgabe 26:

a)

$$\begin{array}{ll} \min & 12y_1 - 20y_2 \\ \text{bez.} & y_1 - 3y_2 \geq 2 \\ & 2y_1 - 4y_2 \geq 1 \\ & y_1 - 2y_2 \geq 3 \\ & 2y_1 - 5y_2 \geq 2 \\ & \mathbf{y} \geq \mathbf{0} \end{array}$$

Lösung $\mathbf{y}^* = (3,0)'$ und $\widehat{G}(\mathbf{y}^*) = 36$.

b)

$$\begin{array}{ll} \min & 12y_1 - 20y_2 \\ \text{bez.} & y_1 - 3y_2 \geq 2 \\ & -2y_1 - 4y_2 \geq 1 \\ & y_1 + 2y_2 \geq 3 \\ & -2y_1 - 5y_2 \geq 2 \\ & \mathbf{y} \geq \mathbf{0} \end{array}$$

Nach Aufgabe 26b und Lemma 5.1 ist der zulässige Bereich leer!

c)

$$\begin{array}{rl} \min & 6y_1 + 12y_2 - 8y_3 \\ \text{bez.} & 4y_1 + 3y_2 - y_3 \geq 1 \\ & y_1 + 2y_2 - 4y_3 \geq 5 \\ & 3y_1 + 6y_2 - 2y_3 \geq 2 \\ & \mathbf{y} \geq \mathbf{0} \end{array}$$

Lösung $\mathbf{y}^* = (5,0,0)'$ und $\widehat{G}(\mathbf{y}^*) = 30$.

31. $\widehat{G}(\mathbf{y}^*) = 15$ und etwa $\mathbf{y}^* = (2,1)'$.

32. Die auf dem abgeschlossenen Intervall $[0,1]$ definierte Funktion

$$f(x) = \begin{cases} 1, & \text{für } x = 0 \\ x, & \text{für } 0 < x \leq 1 \end{cases}$$

ist konvex, aber nicht stetig.

33. a) Die nach Satz 6.2 notwendigen Bedingungen

$$\frac{\partial F}{\partial x_1} = 3x_1^2 - 3x_2 = 0, \quad \frac{\partial F}{\partial x_2} = 3x_2^2 - 3x_1 = 0$$

führen auf $x_1^2 = x_2$, $x_2^2 = x_1$ und folglich $x_1^4 = x_1$. Das ergibt die kritischen Punkte $(0,0)'$ und $(1,1)'$. Der erste scheidet aus, da $F(\mathbf{x}) < 0$ für alle $\mathbf{x} < \mathbf{0}$. Da

$$\nabla^2 F(1,1) = \begin{pmatrix} 6 & -3 \\ -3 & 6 \end{pmatrix}$$

positiv definit ist, hat man nach Satz 6.3 in $(1,1)'$ tatsächlich einen lokalen Minimalpunkt. Jedoch ist F auf $\mathbb{R}^2$ nicht nach unten beschränkt.

b)

$$\frac{\partial F}{\partial x_1} = x_2(2x_1 + x_2 - 3) = 0, \quad \frac{\partial F}{\partial x_2} = x_1(x_1 + 2x_2 - 3) = 0$$

hat für innere Punkte von $\mathbb{R}^2_+$, d.h. für $\mathbf{x} > \mathbf{0}$, nur die Lösung $\mathbf{x}^* = (1,1)'$. Wegen der nebenstehend skizzierten Vorzeichenverteilung von F auf $\mathbb{R}^2_+$ sind unter den Randpunkten genau

$$\begin{array}{l} (x_1, 0)' \text{ mit } x_1 > 3 \\ (0, x_2)' \text{ mit } x_2 > 3 \end{array}$$

lokale Minimalpunkte. Und nach Satz 6.1 besitzt das Minimierungsproblem eine Lösung, welche notwendig mit $\mathbf{x}^*$ identisch ist.

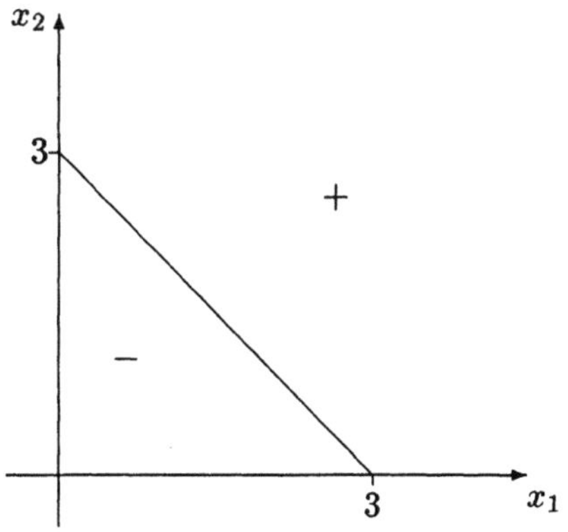

c) $(\frac{1}{4}, \frac{1}{2})'$ ist der einzige lokale Minimalpunkt, aber keine Lösung.

34. Es sei $F(\mathbf{x}) = \mathbf{c}'\mathbf{x}$ und $\mathbf{x}^*$ eine Lösung von (1). Liegt $\mathbf{x}^*$ im Inneren von $\mathcal{M}$, dann folgt mit Satz 6.2 $\mathbf{c} = \nabla F(\mathbf{x}^*) = \mathbf{0}$.

35. Wir benutzen Lemma 6.5.

a) $f''(x) = (x^3 - 6x^2 + 6x)e^{-x} = x(x - (3+\sqrt{3}))(x - (3 - \sqrt{3}))e^{-x}$

$(-\infty, 0]$	$[0, 3-\sqrt{3}]$	$[3-\sqrt{3}, 3+\sqrt{3}]$	$[3+\sqrt{3}, \infty)$
$f'' \leq 0$	$f'' \geq 0$	$f'' \leq 0$	$f'' \geq 0$
f konkav	f konvex	f konkav	f konvex

b)
$$\begin{aligned} \nabla^2 f(\mathbf{x}) &= a(a-1)\begin{pmatrix} x_1^{a-2}x_2^{1-a} & -x_1^{a-1}x_2^{-a} \\ -x_1^{a-1}x_2^{-a} & x_1^a x_2^{-a-1} \end{pmatrix} \\ &= a(a-1)x_1^{a-2}x_2^{-a-1}\begin{pmatrix} x_2^2 & -x_1x_2 \\ -x_1x_2 & x_1^2 \end{pmatrix} \end{aligned}$$

Wegen $\mathbf{y}'\begin{pmatrix} x_2^2 & -x_1x_2 \\ -x_1x_2 & x_1^2 \end{pmatrix}\mathbf{y} = (x_2y_1 - x_1y_2)^2 \geq 0$ für alle $\mathbf{y} \in \mathbb{R}^2$, gilt: $\nabla^2 f(\mathbf{x})$ ist genau dann positiv (negativ) semidefinit, wenn $a(a-1) \geq 0$ $(a(a-1) \leq 0)$.

$a \leq 0$ oder $a \geq 1$	$0 \leq a \leq 1$
f konvex	f konkav

c) $\nabla^2 f(\mathbf{x}) = \begin{pmatrix} 10 & 4 \\ 4 & 2 \end{pmatrix}$ ist positiv definit, also ist f konvex.

d) $\nabla^2 f(\mathbf{x}) = \begin{pmatrix} 46 & -6 & -20 \\ -6 & 2 & 4 \\ -20 & 4 & 12 \end{pmatrix}$ ist positiv definit, da alle Hauptabschnittsdeterminanten positiv sind. Also ist f konvex.

36. Zu den Teilen a,b) siehe Aufgabe 35. In c) ist F ebenfalls konvex.

a) $\nabla F(\mathbf{x}) = \begin{pmatrix} 10 & 4 \\ 4 & 2 \end{pmatrix}\mathbf{x} = \mathbf{0} \Leftrightarrow \mathbf{x} = \mathbf{0}$

b) $\nabla F(\mathbf{x}) = \begin{pmatrix} 46 & -6 & -20 \\ -6 & 2 & 4 \\ -20 & 4 & 12 \end{pmatrix}\mathbf{x} = \mathbf{0} \Leftrightarrow \mathbf{x} = \mathbf{0}$

c) Die notwendigen und hinreichenden Bedingungen für eine Lösung lauten nach Korollar 6.1b:

$$\mathbf{x} \geq \mathbf{0}, \quad \nabla F(\mathbf{x}) \geq \mathbf{0}, \quad \nabla F(\mathbf{x})'\mathbf{x} = 0$$

mit $\nabla F(\mathbf{x}) = \begin{pmatrix} 2x_1 + x_2 + x_3 - 7 \\ x_1 + 2x_2 + x_3 - 8 \\ x_1 + x_2 + 2x_3 - 9 \end{pmatrix}$. Für $\mathbf{x} > \mathbf{0}$ hat man wegen

$$\nabla F(\mathbf{x}) = \mathbf{0} \;\Leftrightarrow\; \mathbf{x} = (1,2,3)'$$

genau die Lösung $\mathbf{x}^* = (1,2,3)'$. Gäbe es weitere Lösungen $\mathbf{x} \geq \mathbf{0}$ auf dem Rand von $\mathbb{R}^3_+$, so existierten nach Aufgabe 8 auch von $\mathbf{x}^*$ verschiedene Lösungen $\mathbf{x} > \mathbf{0}$ im Inneren von $\mathbb{R}^3_+$, was nicht sein kann. Also ist $\mathbf{x}^*$ die einzige Lösung. Man kann das aufgrund der angegebenen Bedingungen auch leicht rechnerisch bestätigen.

37. Wegen der Stetigkeit der zweiten partiellen Ableitungen von F gibt es eine Umgebung $\mathcal{U} = \mathcal{U}_\delta(\mathbf{x}^*)$ von $\mathbf{x}^*$, so daß $\nabla^2 F(\mathbf{x})$ für jedes $\mathbf{x} \in \mathcal{U}$ positiv definit ist. Nun ist $\mathcal{U}$ konvex und nach Lemma 6.5 folglich F konvex auf $\mathcal{U}$. Wegen $\nabla F(\mathbf{x}^*) = \mathbf{0}$ und Korollar 6.1a löst $\mathbf{x}^*$ das konvexe Minimierungsproblem

$$\min F(\mathbf{x}) \text{ bez. } \mathbf{x} \in \mathcal{U}.$$

Damit ist $\mathbf{x}^*$ ein lokaler Minimalpunkt von (1).

38. a) $x^{(0)} \approx -1.98$ b) $x^{(0)} \approx -1.13$ c) $\mathbf{x}^0 \approx (-5.261, -1.380)'$
Jeder dieser Punkte ist lokal minimal.

39. Für $\widetilde{\mathbf{x}} = (1,0)'$, $\mathbf{d} = (0, \pm 1)'$ gilt $\nabla f(\widetilde{\mathbf{x}})'\mathbf{d} = 0$ und
$$f(\widetilde{\mathbf{x}} + \lambda \mathbf{d}) = 1 - \lambda^2 < 1 = f(\widetilde{\mathbf{x}}) \text{ für alle } \lambda > 0.$$

40. a) Nach Voraussetzung ist $\mathbf{d}^k = -\nabla F(\mathbf{x}^k) \neq \mathbf{0}$ eine zulässige Richtung in $\mathbf{x}^k$. Und wegen $\nabla F(\mathbf{x}^k)'\mathbf{d}^k = -||\nabla F(\mathbf{x}^k)||^2 < 0$ und Lemma 7.1b ist $\mathbf{d}^k$ auch eine Abstiegsrichtung von F in $\mathbf{x}^k$.
    b) Aus der Differentialrechnung einer Variablen ist bekannt: Wenn die Funktion φ_k auf $\mathcal{I}_k$ ihr Minimum annimmt, dann in einem Randpunkt von $\mathcal{I}_k$ oder in einer der Nullstellen von $\varphi_k' = \frac{dF(\mathbf{x}^k + \lambda \mathbf{d}^k)}{d\lambda} = \nabla F(\mathbf{x}^k + \lambda \mathbf{d}^k)'\mathbf{d}^k$. Lassen sich letztere numerisch bestimmen, so erhält man durch Vergleich aller Funktionswerte λ_k.

41. $F(\mathbf{x}) = \mathbf{x}' \begin{pmatrix} 1 & 0 \\ 0 & 2 \end{pmatrix} \mathbf{x} + (4,4)\mathbf{x}$ ist konvex nach Lemma 1.1. Wegen $\nabla F(\mathbf{x}) = \begin{pmatrix} 2x_1 + 4 \\ 4x_2 + 4 \end{pmatrix}$ und Korollar 6.1a löst $\mathbf{x}^* = \begin{pmatrix} -2 \\ -1 \end{pmatrix}$ das Problem.
Die Behauptung über die Iterationsfolge beweist man durch vollständige Induktion nach k. Für $k = 1$ liefert die Formel den Startpunkt $\mathbf{0}$. Nun sei

$$\mathbf{x}^k = \left(\frac{2}{3^{k-1}} - 2, \left(-\frac{1}{3} \right)^{k-1} - 1 \right)'$$

vorausgesetzt. Dann ist $\nabla F(\mathbf{x}^k) = \left(\frac{4}{3^{k-1}}, 4(-\frac{1}{3})^{k-1} \right)'$ und

$$\varphi_k(\lambda) = F(\mathbf{x}^k - \lambda \nabla F(\mathbf{x}^k)) = F\left(\frac{2}{3^{k-1}}(1 - 2\lambda) - 2, \left(-\frac{1}{3} \right)^{k-1} (1 - 4\lambda) - 1 \right)$$

sowie

$$\begin{aligned}\varphi_k'(\lambda) &= \nabla F\big(\mathbf{x}^k - \lambda\nabla F(\mathbf{x}^k)\big)'\big(-\nabla F(\mathbf{x}^k)\big)\\ &= -\left(\frac{4}{3^{k-1}}(1-2\lambda), 4\Big(-\frac{1}{3}\Big)^{k-1}(1-4\lambda)\right)\left(\frac{4}{3^{k-1}}, 4\Big(-\frac{1}{3}\Big)^{k-1}\right)'\\ &= -\frac{16}{3^{2k-2}}(2-6\lambda).\end{aligned}$$

Es folgt $\lambda_k = \frac{1}{3}$ und damit

$$\begin{aligned}\mathbf{x}^{k+1} &= \mathbf{x}^k - \lambda_k\nabla F(\mathbf{x}^k)\\ &= \left(\frac{2}{3^{k-1}} - 2 - \frac{4}{3^k}, \Big(-\frac{1}{3}\Big)^{k-1} - 1 + 4\Big(-\frac{1}{3}\Big)^k\right)'\\ &= \left(\frac{2}{3^k} - 2, \Big(-\frac{1}{3}\Big)^k - 1\right)',\end{aligned}$$

was zu zeigen war. Schließlich gilt $\lim_{k\to\infty} \mathbf{x}^k = (-2,-1)' = \mathbf{x}^*$.

42. Mit $\mathbf{x}^1 = \mathbf{0}$ erhält man $\lim_{k\to\infty} \mathbf{x}^{2k-1} = (0,1)' = \mathbf{x}^*$.

43. $F(\mathbf{x}) = \mathbf{x}'\binom{2\ \ -1}{-1\ \ 1}\mathbf{x} + (2,-2)\mathbf{x}$ ist konvex, und $\mathcal{M}$ ist konvex und kompakt. Die bedingte Gradienten–Methode liefert einen stationären Punkt des Programms, der zugleich Lösung ist:
Wegen $\nabla F(\mathbf{x}) = \binom{4x_1-2x_2+2}{-2x_1+2x_2-2}$ ist $\mathbf{x}^1 = \mathbf{0}$ nicht stationär nach Lemma 6.4b. Das LP

$$\begin{array}{ll}\min & \nabla F(\mathbf{x}^1)'\mathbf{x} \quad (\text{d.h. } \max -2x_1 + 2x_2)\\ \text{bez.} & 0 \le x_1 \le 2\\ & 0 \le x_2 \le 2\end{array}$$

wird mit dem Simplexalgorithmus gelöst. Dieser bricht nach dem ersten Schritt ab und ergibt $\mathbf{y}^1 = \binom{0}{2}$. Damit ist

$$\varphi_1(\lambda) = F\big(\mathbf{x}^1 + \lambda(\mathbf{y}^1 - \mathbf{x}^1)\big) = F(0, 2\lambda) = 4\lambda^2 - 4\lambda, \quad 0 \le \lambda \le 1$$

minimal für $\lambda = \lambda_1 = \frac{1}{2}$. $\mathbf{x}^2 = \mathbf{x}^1 + \lambda_1(\mathbf{y}^1 - \mathbf{x}^1) = \binom{0}{1}$ ist stationär nach Lemma 6.4a.

44. a)

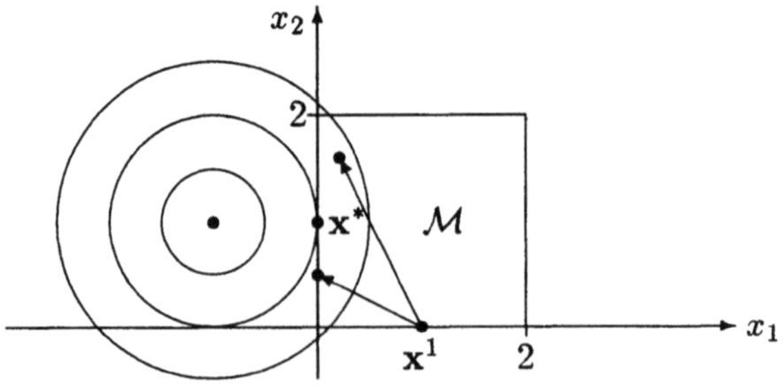

Optimallösung $\mathbf{x}^* = \binom{0}{1}$

b) $\nabla F(\mathbf{x}) = \begin{pmatrix} 2(x_1+1) \\ 2(x_2-1) \end{pmatrix}$, $\nabla F(\mathbf{x}^1) = \begin{pmatrix} 4 \\ -2 \end{pmatrix}$

Gradienten–Methode mit optimaler Schrittweite:

Hier ist $\mathbf{d}^1 = \begin{pmatrix} -4 \\ 2 \end{pmatrix}$ und

$$\varphi_1(\lambda) = F(\mathbf{x}^1 + \lambda \mathbf{d}^1) = F(1-4\lambda, 2\lambda), \quad 0 \le \lambda \le \frac{1}{4}$$

minimal für $\lambda = \lambda_1 = \frac{1}{4}$. Damit ergibt sich $\mathbf{x}^2 = \mathbf{x}^1 + \lambda_1 \mathbf{d}^1 = \begin{pmatrix} 0 \\ \frac{1}{2} \end{pmatrix}$.

Bedingte Gradienten–Methode:

Das LP

$$\begin{array}{ll} \min & 4x_1 - 2x_2 \\ \text{bez.} & 0 \le x_1 \le 2 \\ & 0 \le x_2 \le 2 \end{array}$$

hat die Lösung $\mathbf{y}^1 = \begin{pmatrix} 0 \\ 2 \end{pmatrix}$. Hier ist also

$$\varphi_1(\lambda) = F\big(\mathbf{x}^1 + \lambda(\mathbf{y}^1 - \mathbf{x}^1)\big) = F(1-\lambda, 2\lambda), \quad 0 \le \lambda \le 1$$

minimal für $\lambda = \lambda_1 = \frac{4}{5}$. Damit ergibt sich $\mathbf{x}^2 = \mathbf{x}^1 + \lambda_1(\mathbf{y}^1 - \mathbf{x}^1)$ $= \begin{pmatrix} \frac{1}{5} \\ \frac{8}{5} \end{pmatrix}$.

45. Lösungen: a) $(\frac{3}{4}, \frac{1}{4})'$ b) $(0,1)'$ c) $(\frac{14}{9}, 0, \frac{26}{9})'$

46. Nach Voraussetzung nimmt die Funktion φ_k ihr Minimum im Inneren von $\mathcal{I}_k$ an, so daß gemäß Aufgabe 40 b) λ_k durh $\nabla F(\mathbf{x}^k + \lambda_k \mathbf{d}^k)'\mathbf{d}^k = 0$ bestimmt ist. Daher ist $(\mathbf{d}^{k+1})'\mathbf{d}^k = 0$.

47. Es seien $\mathbf{x}, \mathbf{y} \in \mathcal{L}_b$ und $0 < \lambda < 1$. Wegen der Konvexität von $\mathcal{D}$ ist $\lambda\mathbf{x} + (1-\lambda)\mathbf{y} \in \mathcal{D}$, und wegen der Konvexität von f ist

$$f(\lambda\mathbf{x} + (1-\lambda)\mathbf{y}) \le \lambda f(\mathbf{x}) + (1-\lambda) f(\mathbf{y}) \le \lambda b + (1-\lambda) b = b.$$

Damit ist $\mathcal{L}_b$ konvex. Die Bedingung ist nicht hinreichend, wie das Beispiel der auf $\mathcal{D} = \mathbb{R}$ definierten Funktion

$$f(x) = \begin{cases} 0\,, & \text{für } x = 0 \\ 1\,, & \text{für } x \ne 0 \end{cases}$$

zeigt:

$$\mathcal{L}_b = \begin{cases} \emptyset & \text{, für } b < 0 \\ \{0\} & \text{, für } 0 \le b < 1 \\ \mathbb{R} & \text{, für } b \ge 1 \end{cases}$$

ist stets konvex, aber f ist nicht konvex.

48. Man benutze Satz 6.1, Lemma 8.1 sowie die sich aus den Aufgaben 3, 47 ergebende Aussage:
Ist $\mathbf{f}$ *konvex, so ist der zulässige Bereich von* (1'a,b) *konvex.*
Ferner läßt sich zum Nachweis der Nicht-Konvexität einer Funktion oft Aufgabe 7 vorteilhaft anwenden.

a) F ist stetig differenzierbar, aber nicht konvex, denn $F(-1, x) = -x$ ist nicht konvex. $\mathcal{M}$ ist beschränkt und abgeschlossen, aber nicht konvex. Das Problem besitzt eine Lösung.

b) F ist stetig differenzierbar, aber nicht konvex, denn $F(0, x) = 1 - x^2$ ist nicht konvex. $\mathcal{M}$ ist beschränkt, abgeschlossen und konvex. Das Problem besitzt eine Lösung.

c) $F(\mathbf{x}) = \mathbf{x}' \begin{pmatrix} 1 & \frac{1}{2} \\ \frac{1}{2} & \frac{1}{2} \end{pmatrix} \mathbf{x} - (5, 5)\mathbf{x}$ ist stetig differenzierbar und konvex, denn $\begin{pmatrix} 1 & \frac{1}{2} \\ \frac{1}{2} & \frac{1}{2} \end{pmatrix}$ ist positiv definit. $\mathcal{M}$ ist beschränkt, abgeschlossen und konvex. Das Problem besitzt eine Lösung.

d) F ist stetig differenzierbar, aber nicht konvex, denn $F(x, 0) = x^3 - 3x + 1$ ist nicht konvex. $\mathcal{M} = \mathbb{R}^2$ ist konvex und abgeschlossen, aber nicht beschränkt. Das Problem besitzt keine Lösung, da $F(x, 0)$ nicht nach unten beschränkt ist.

49. Es gilt $\frac{\partial g}{\partial x_i} = 2\left(g_1 \frac{\partial g_1}{\partial x_i} + \ldots + g_{m_1} \frac{\partial g_{m_1}}{\partial x_i}\right)$ und also

$$\begin{aligned} \nabla g(\mathbf{x})' &= 2(g_1(\mathbf{x}), \ldots, g_{m_1}(\mathbf{x})) \begin{pmatrix} \frac{\partial g_1}{\partial x_1}(\mathbf{x}) & \cdots & \frac{\partial g_1}{\partial x_n}(\mathbf{x}) \\ \vdots & & \vdots \\ \frac{\partial g_{m_1}}{\partial x_1}(\mathbf{x}) & \cdots & \frac{\partial g_{m_1}}{\partial x_n}(\mathbf{x}) \end{pmatrix} \\ &= 2\mathbf{g}(\mathbf{x})' \frac{\partial \mathbf{g}}{\partial \mathbf{x}}(\mathbf{x}). \end{aligned}$$

Für jeden Punkt $\mathbf{x}^0 \in \mathbb{R}^n$ mit $g(\mathbf{x}^0) = 0$ gilt $\mathbf{g}(\mathbf{x}^0) = \mathbf{0}$ und folglich auch $\nabla g(\mathbf{x}^0) = \mathbf{0}$. Gemäß Beispiel 9.2 gibt es daher keine regulären Punkte in Bezug auf $g(\mathbf{x}) = 0$.

50. Hier ist $F(\mathbf{x}) = x_1x_2 + x_1x_3 + x_2x_3$, $g(\mathbf{x}) = x_1 + x_2 + x_3 - 3$, $L(\mathbf{x}, \lambda) = F(\mathbf{x}) + \lambda g(\mathbf{x})$ und $\nabla g(\mathbf{x}) = \begin{pmatrix} 1 \\ 1 \\ 1 \end{pmatrix}$ sowie $\nabla_{\mathbf{x}} L(\mathbf{x}, \lambda) = \begin{pmatrix} x_2 + x_3 + \lambda \\ x_1 + x_3 + \lambda \\ x_1 + x_2 + \lambda \end{pmatrix}$.
Wegen $\nabla g(\mathbf{x}) \neq \mathbf{0}$ ist jeder zulässige Punkt regulär. Die Bedingung $\nabla_{\mathbf{x}} L(\mathbf{x}, \lambda) = \mathbf{0}$ aus Satz 9.1 ergibt nach Elimination von λ die beiden Gleichungen

$$x_1 - x_2 = 0, \quad x_2 - x_3 = 0,$$

welche zusammen mit $x_1 + x_2 + x_3 = 3$ notwendig auf $\mathbf{x}^* = (1, 1, 1)'$ führen; zugehöriger Lagrange-Multiplikator ist $\lambda^* = -2$.

Der Nachweis, daß $\mathbf{x}^*$ tatsächlich lokaler Maximalpunkt ist, kann mit Satz 9.2 geführt werden. Dazu ist zu zeigen, daß

$$\nabla^2_{\mathbf{x}} L(\mathbf{x}^*, \lambda^*) = \begin{pmatrix} 0 & 1 & 1 \\ 1 & 0 & 1 \\ 1 & 1 & 0 \end{pmatrix}$$

auf dem Teilraum $\{\mathbf{x} : \nabla g(\mathbf{x}^*)'\mathbf{x} = 0\} = \{\mathbf{x} : x_1 + x_2 + x_3 = 0\}$ des $\mathbb{R}^3$ negativ definit ist. Dies folgt aber aus der Darstellung

$$\mathbf{x}' \begin{pmatrix} 0 & 1 & 1 \\ 1 & 0 & 1 \\ 1 & 1 & 0 \end{pmatrix} \mathbf{x} \Bigg|_{x_1+x_2+x_3=0} = -2(x_1, x_2) \begin{pmatrix} 1 & \frac{1}{2} \\ \frac{1}{2} & 1 \end{pmatrix} \begin{pmatrix} x_1 \\ x_2 \end{pmatrix}$$

mit der positiv definiten Matrix $\begin{pmatrix} 1 & \frac{1}{2} \\ \frac{1}{2} & 1 \end{pmatrix}$.

51. Hier ist $\nabla g(\mathbf{x}) = 2\mathbf{x}$, insbesondere also jeder zulässige Punkt regulär, und $\nabla_{\mathbf{x}} L(\mathbf{x}, \lambda) = \begin{pmatrix} x_2^2 + \lambda \cdot 2x_1 \\ 2x_1x_2 + \lambda \cdot 2x_2 \end{pmatrix}$. Das notwendige Gleichungssystem für $\mathbf{x}$ lautet

$$\begin{aligned} x_2^3 - 2x_1^2 x_2 &= 0 \\ x_1^2 + x_2^2 - 3 &= 0. \end{aligned}$$

Die erste Gleichung zerfällt in

$$x_2 = 0 \quad \text{oder} \quad x_2^2 - 2x_1^2 = 0,$$

woraus man nach Einsetzen in die zweite Gleichung die kritischen Punkte $(\sqrt{3}, 0)'$, $(-\sqrt{3}, 0)'$, $(1, \sqrt{2})'$, $(1, -\sqrt{2})'$, $(-1, \sqrt{2})'$ und $(-1, -\sqrt{2})'$ erhält. Die Entscheidung, welche von diesen lokale Minimalpunkte sind, kann wieder mit Satz 9.2 getroffen werden; dabei ist $\nabla^2_{\mathbf{x}} L(\mathbf{x}, \lambda) = 2 \begin{pmatrix} \lambda & x_2 \\ x_2 & x_1 + \lambda \end{pmatrix}$.

$\mathbf{x}^* = \begin{pmatrix} \pm\sqrt{3} \\ 0 \end{pmatrix}$ mit $\lambda^* = 0$: $\nabla^2_{\mathbf{x}} L(\mathbf{x}^*, \lambda^*) = 2 \begin{pmatrix} 0 & 0 \\ 0 & \pm\sqrt{3} \end{pmatrix}$ ist $\left\{ \begin{matrix} \text{positiv} \\ \text{negativ} \end{matrix} \right\}$ definit auf dem Teilraum $\{\mathbf{x} : 2(\mathbf{x}^*)'\mathbf{x} = 0\} = \{t(0,1)' : t \in \mathbb{R}\}$.

$\mathbf{x}^* = \begin{pmatrix} 1 \\ \pm\sqrt{2} \end{pmatrix}$ mit $\lambda^* = -1$: $\nabla^2_{\mathbf{x}} L(\mathbf{x}^*, \lambda^*) = 2 \begin{pmatrix} -1 & \pm\sqrt{2} \\ \pm\sqrt{2} & 0 \end{pmatrix}$ ist negativ definit auf dem Teilraum $\{\mathbf{x} : 2(\mathbf{x}^*)'\mathbf{x} = 0\} = \{t(\mp\sqrt{2}, 1)' : t \in \mathbb{R}\}$.

$\mathbf{x}^* = \begin{pmatrix} -1 \\ \pm\sqrt{2} \end{pmatrix}$ mit $\lambda^* = 1$: $\nabla^2_{\mathbf{x}} L(\mathbf{x}^*, \lambda^*) = 2 \begin{pmatrix} 1 & \pm\sqrt{2} \\ \pm\sqrt{2} & 0 \end{pmatrix}$ ist positiv definit auf dem Teilraum $\{\mathbf{x} : 2(\mathbf{x}^*)'\mathbf{x} = 0\} = \{t(\pm\sqrt{2}, 1)' : t \in \mathbb{R}\}$.

Die lokalen Minimalpunkte sind also $(\sqrt{3}, 0)'$, $(-1, \sqrt{2})'$ und $(-1, -\sqrt{2})'$. Unter diesen befinden sich die nach Aufgabe 48 a) existierenden Lösungen des Programms. Wegen $F(\sqrt{3}, 0) = 0$, $F(-1, \pm\sqrt{2}) = -2$ sind also $(-1, \sqrt{2})'$ und $(-1, -\sqrt{2})'$ sämtliche Lösungen.

52. Nach Aufgabe 48 b) existiert eine Lösung des Programms. Liegt diese in dem Inneren $\{\mathbf{x} : x_1^2 + x_2^2 < 2\}$ von $\mathcal{M}$, so ist Satz 6.2 anwendbar; liegt sie auf dem Rand $\{\mathbf{x} : x_1^2 + x_2^2 = 2\}$ von $\mathcal{M}$, so ist Satz 9.1 anwendbar.

a) $\nabla F(\mathbf{x}) = \begin{pmatrix} x_2 e^{x_1 x_2} - 2x_1 \\ x_1 e^{x_1 x_2} - 2x_2 \end{pmatrix} = \mathbf{0}$ impliziert zunächst $x_2 = \pm x_1$, und dann

- im Fall $x_2 = x_1 : x_1(e^{x_1^2} - 2) = 0$, d.h. $x_1 = 0$ oder $x_1 = \sqrt{\ln 2}$
- im Fall $x_2 = -x_1 : -x_1(e^{-x_1^2} + 2) = 0$, d.h. $x_1 = 0$.

Das ergibt die kritischen Punkte $(0,0)'$ und $(\sqrt{\ln 2}, \sqrt{\ln 2})'$.

b) $\nabla_{\mathbf{x}} L(\mathbf{x}, \lambda) = \begin{pmatrix} x_2 e^{x_1 x_2} - 2x_1 + \lambda 2x_1 \\ x_1 e^{x_1 x_2} - 2x_2 + \lambda 2x_2 \end{pmatrix} = \mathbf{0}$ impliziert wieder $(x_2^2 - x_1^2)e^{x_1 x_2} = 0$, also $x_2 = \pm x_1$, woraus sich mit $x_1^2 + x_2^2 = 2$ die kritischen Punkte $(1,1)'$, $(1,-1)'$, $(-1,1)'$ und $(-1,-1)'$ ergeben.

Durch Vergleich der Zielfunktionswerte in den sechs kritischen Punkten erhält man die beiden Lösungen $(1,-1)'$, $(-1,1)'$ des Programms mit $F(1,-1) = F(-1,1) = e^{-1} - 2$.

53. Die Behauptung ergibt sich unmittelbar aus den folgenden, leicht zu verifizierenden, Implikationen:

$$\begin{aligned} f_1(\mathbf{x}) = f_2(\mathbf{x}) = 0 \quad &\Rightarrow \quad \mathbf{x} = \begin{pmatrix} 1 \\ 0 \end{pmatrix} \\ f_1(\mathbf{x}) = 0 \quad &\Rightarrow \quad \nabla f_1(\mathbf{x}) \neq \mathbf{0} \\ f_2(\mathbf{x}) = 0 \quad &\Rightarrow \quad \nabla f_2(\mathbf{x}) \neq \mathbf{0} \end{aligned}$$

54. Hilfreich ist eine graphische Veranschaulichung der Probleme im $\mathbb{R}^2$.
Die Zielfunktion hat alle guten Eigenschaften. $\mathcal{M}$ ist abgeschlossen und nicht konvex, in b) beschränkt aber in a) nicht. Problem b) besitzt daher eine Lösung, Problem a) jedoch nicht, da die Zielfunktion auf $\mathcal{M}$ nicht nach oben beschränkt ist.
Um bei der Benutzung von Resultaten des §10 Verwirrung zu vermeiden, schreiben wir a) und b) als Minimierungsprobleme. Es ist dann $L(\mathbf{x}, \lambda) = F(\mathbf{x}) + \lambda f(\mathbf{x}) = -x_1 - x_2 + \lambda(x_2 - (1 - x_1^5)$, $\nabla f(\mathbf{x}) = \begin{pmatrix} 5(1-x_1)^4 \\ 1 \end{pmatrix}$ und $\nabla_{\mathbf{x}} L(\mathbf{x}, \lambda) = \begin{pmatrix} -1 + 5\lambda(1-x_1)^4 \\ -1 + \lambda \end{pmatrix}$.

a) Wegen $\nabla f(\mathbf{x}) \neq \mathbf{0}$ ist jeder zulässige Punkt regulär. Die notwendigen Bedingungen von Satz 10.1 für einen lokalen Minimalpunkt führen auf

$$\lambda = 1, \quad -1 + 5(1-x_1)^4 = 0, \quad x_2 - (1-x_1)^5 = 0.$$

Ist $x_1 \leq 1$, so folgt hieraus $1 - x_1 = \frac{1}{5^{\frac{1}{4}}}$ und $\mathbf{x} = \left(1 - \frac{1}{5^{\frac{1}{4}}}, \frac{1}{5^{\frac{5}{4}}}\right)'$;
ist $x_1 \geq 1$; so folgt analog $x_1 - 1 = \frac{1}{5^{\frac{1}{4}}}$ und $\mathbf{x} = \left(1 + \frac{1}{5^{\frac{1}{4}}}, -\frac{1}{5^{\frac{5}{4}}}\right)'$.
Mit Hilfe von Satz 10.2 läßt sich nachweisen, daß

$$\mathbf{x}^* := \left(1 + \frac{1}{5^{\frac{1}{4}}}, -\frac{1}{5^{\frac{5}{4}}}\right)'$$

tatsächlich ein lokaler Minimalpunkt ist: Bedingung (i) ist trivialerweise erfüllt, und Bedingung (ii) weil

$$\nabla^2_{\mathbf{x}} L(\mathbf{x}^*, \lambda^*) = \begin{pmatrix} \frac{20}{5^{\frac{3}{4}}} & 0 \\ 0 & 0 \end{pmatrix}$$

positiv definit ist auf dem Teilraum

$$\{\mathbf{x} : \nabla f(\mathbf{x}^*)'\mathbf{x} = 0\} = \{t(1, -1)' : t \in \mathbb{R}\}.$$

Insbesondere ist $\mathbf{x}^*$ ein lokaler Maximalpunkt des Problems

$$\begin{array}{ll} \max & x_1 + x_2 \\ \text{bez.} & x_2 - (1 - x_1)^5 = 0; \end{array}$$

und da der Graph der Funktion $x_2 = (1 - x_1)^5$ symmetrisch zum Punkt $(1, 0)'$ verläuft, ist folglich $\left(1 - \frac{1}{5^{\frac{1}{4}}}, \frac{1}{5^{\frac{5}{4}}}\right)'$ ein lokaler Minimalpunkt des Problems

$$\begin{array}{ll} \min & x_1 + x_2 \\ \text{bez.} & x_2 - (1 - x_1)^5 = 0. \end{array}$$

Damit kann dieser zweite kritische Punkt kein lokaler Optimalpunkt des Problems a) sein.

b) Die regulären Punkte werden gemäß Lemma 10.4 bestimmt. Jeder Punkt $\mathbf{x} \geq \mathbf{0}$ mit $x_2 - (1 - x_1)^5 < 0$ ist trivialerweise regulär. Nun sei $\mathbf{x} \geq \mathbf{0}$ und $x_2 - (1 - x_1)^5 = 0$. Im Fall $x_1 \neq 0$, $x_2 \neq 0$ ist $\mathbf{x}$ regulär, da $\nabla f(\mathbf{x}) \neq \mathbf{0}$ ist. Im Fall $x_1 = 0$ ist $\mathbf{x} = \binom{0}{1}$ regulär, da $\frac{\partial f}{\partial x_2}(\mathbf{x}) = 1 \neq 0$ ist. Im Fall $x_2 = 0$ schließlich ist $\mathbf{x} = \binom{1}{0}$ nicht regulär, da $\frac{\partial f}{\partial x_1}(\mathbf{x}) = 0$ ist. Insgesamt ergibt sich, daß außer $\binom{1}{0}$ jeder Punkt des zulässigen Bereiches regulär ist.
Die notwendigen Bedingungen für einen von $\binom{1}{0}$ verschiedenen lokalen Minimalpunkt lauten dann (siehe Korollar 10.1):

$$\begin{aligned} x_1\big(-1 + 5\lambda(1 - x_1)^4\big) &= 0 \\ x_2(-1 + \lambda) &= 0 \\ \lambda\big(x_2 - (1 - x_1)^5\big) &= 0, \end{aligned}$$

wobei die ersten fünf der sechs Faktoren auf den linken Seiten nicht negativ, der sechste nicht positiv zu sein haben. Wegen $-1 + \lambda \geq 0$

und damit $\lambda \neq 0$ folgt hieraus zunächst $x_2 = (1 - x_1)^5$. Da der Punkt $\binom{1}{0}$ vorerst ausgeschlossen ist, folgt weiter $x_2 \neq 0$ und $\lambda = 1$. Im Fall $x_1 \neq 0$ erhält man dann den Kuhn–Tucker–Punkt $\left(1 - \frac{1}{5^{\frac{1}{4}}}, \frac{1}{5^{\frac{5}{4}}}\right)'$ (siehe a) und beachte $x_2 \geq 0$), im Fall $x_1 = 0$ den Kuhn–Tucker–Punkt $\binom{0}{1}$. Der erste dieser zwei Punkte ist kein lokaler Minimalpunkt, wie bereits in a) festgestellt wurde.
Sämtliche lokalen Minimalpunkte und sämtliche Lösungen des Problems b) müssen sich also unter den Punkten $\binom{1}{0}$, $\binom{0}{1}$ befinden. Wegen $F(1,0) = F(0,1)$ sind beide Punkte Lösungen.

55. Nach Satz 6.1 besitzen alle Probleme eine Lösung; man kann das auch mittels graphischer Veranschaulichung verifizieren. Die Lösung ist stets eindeutig bestimmt und lautet

$\mathbf{x}^* =$	$(0,3)'$	$(0,6)'$	$(4,2)'$	$(\frac{3}{4},\frac{1}{2})'$	$(\frac{2}{14},\frac{9}{14})'$	$(0,12)'$	$(6,0)'$
bei	a)	b)	c)	d)	e)	f)	g)

56. Die Lagrange-Funktion lautet hier:

$$L(\mathbf{x}, \boldsymbol{\lambda}) = x_1 - x_2^2 + \lambda_1(-x_1 - x_2 + 3) + \lambda_2(3x_1 + x_2 - 6).$$

Wegen $F(\mathbf{x}^*) = -36$ und $\mathbf{f}(\mathbf{x}^*) = (-3, 0)'$ nimmt die Sattelpunktsbedingung folgende Gestalt an:

$$\begin{aligned} -36 - 3\lambda_1 &\leq -36 - 3\lambda_1^* \\ &\leq x_1 - x_2^2 + \lambda_1^*(-x_1 - x_2 + 3) + \lambda_2^*(3x_1 + x_2 - 6) \end{aligned}$$

für alle $\mathbf{x}, \boldsymbol{\lambda} \geq \mathbf{0}$.

Aus der ersten Ungleichung folgt

$$\lambda_1^* \leq \lambda_1 \quad \text{für alle } \lambda_1 \geq 0,$$

also $\lambda_1^* = 0$. Damit schreibt sich die zweite Ungleichung als

$$-36 \leq x_1 - x_2^2 + \lambda_2^*(3x_1 + x_2 - 6) \quad \text{für alle } \mathbf{x} \geq \mathbf{0}.$$

Setzt man hierin $x_1 = 0$, so erhält man durch äquivalente Umformung:

$$\begin{gathered} x_2^2 - \lambda_2^* x_2 \leq 36 - 6\lambda_2^* \\ (2x_2 - \lambda_2^*)^2 \leq 144 - 24\lambda_2^* + (\lambda_2^*)^2 = (12 - \lambda_2^*)^2 \\ |2x_2 - \lambda_2^*| \leq |12 - \lambda_2^*| \end{gathered}$$

für alle $x_2 \geq 0$. Das ist aber offensichtlich unmöglich.
Ein Widerspruch zu Satz 11.2 besteht nicht, da F nicht konvex ist.

57. (R) ist nicht erfüllt, da aus

$$\begin{aligned} x_1 - x_2 + 2x_3 &< 0 \\ -2x_1 + 2x_2 + x_3 &< 0 \end{aligned}$$

durch Addition des Doppelten der ersten Ungleichung zur zweiten folgt $x_3 < 0$, was $\mathbf{x} \geq \mathbf{0}$ widerspricht. Dagegen ist (R′) erfüllt, etwa mit $\mathbf{x}^0 = (2,2,0)'$.

Ähnlich sieht man, daß Eigenschaft (I) für $k = 3$ nicht zutrifft. Das äquivalente Programm

$$\begin{array}{ll} \min & (x_1-1)^2 + x_2^2 + 1 \\ \text{bez.} & x_1 - x_2 \leq 0 \\ & -x_1 + x_2 \leq 0 \\ & x_1 - 2x_2 \leq -1 \\ & x_1 \geq 0, x_2 \geq 0 \end{array}$$

besitzt die Eigenschaften (I) und (II) (wähle etwa $\mathbf{x}^1 = \mathbf{x}^2 = \boldsymbol{\xi}^0 = (2,2)'$).

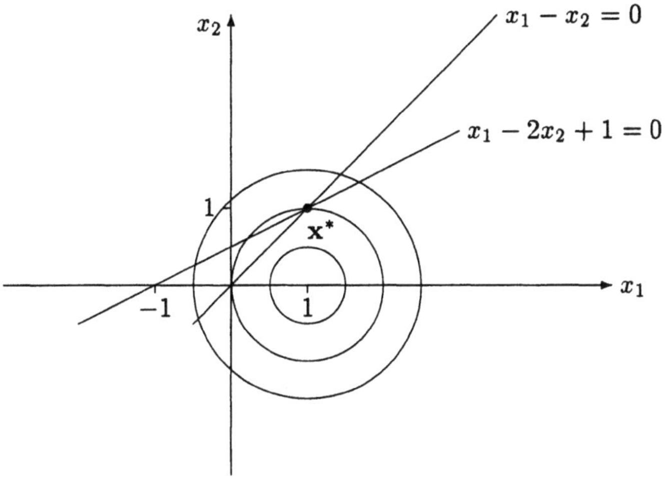

$$\mathcal{M} = \{t(1,1)' : t \geq 1\},\ \mathbf{x}^* = (1,1)',\ F(\mathbf{x}^*) = 2$$

58. $\mathbf{x}^0$ ist eine Konvexkombination von $\mathbf{x}^1, \ldots, \mathbf{x}^m$. Daher ist erstens $\mathbf{x}^0 \geq \mathbf{0}$ (vgl. die Aufgaben 4 und 17), und zweitens folgt mit Aufgabe 19 für jedes $j = 1, \ldots, m$:

$$f_j(\mathbf{x}^0) \leq \frac{1}{m} \sum_{l=1}^{m} f_j(\mathbf{x}^l) \leq \frac{1}{m} f_j(\mathbf{x}^j) < 0.$$

59. Nach Lemma 1.1 sind alle Ziel- und Restriktionsfunktionen konvex. In f) ist die Regularitätsbedingung (R′) erfüllt, in jedem anderen Programm sogar die Regularitätsbedingung (R). Damit sind Satz 12.1 und die Korollare 12.1,

12.2 anwendbar, und man erhält die Lösung

$\mathbf{x}^* =$	$(\frac{5}{2},\frac{5}{2})'$	$(\frac{1}{3},\frac{4}{3})'$	$(0,\frac{4}{5})'$	$(\frac{72-8\sqrt{7}}{37},\frac{6+24\sqrt{7}}{37})'$	$(1,2)'$	$(\frac{83}{74},\frac{71}{74})'$	$(\frac{1}{2},1)'$
bei	a)	b)	c)	d)	e)	f)	g)

Exemplarisch wollen wir den Lösungsweg in e) genauer besprechen.

Hier fehlen die beiden Vorzeichenrestriktionen $x_1 \geq 0$, $x_2 \geq 0$, und die Lagrange–Funktion lautet

$$L(\mathbf{x},\boldsymbol{\lambda}) = x_1^2 + \frac{1}{2}x_2^2 + x_1x_2 - 5x_1 - 5x_2 + \lambda_1(x_1^2 + x_2^2 - 5) + \lambda_2(3x_1 + x_2 - 6).$$

Mit Korollar 12.1 erhält man die lokalen Kuhn–Tucker–Bedingungen

$$\begin{aligned} 2x_1 + x_2 - 5 + 2\lambda_1x_1 + 3\lambda_2 &= 0 \\ x_1 + x_2 - 5 + 2\lambda_1x_2 + \lambda_2 &= 0 \\ \lambda_1 \geq 0,\quad x_1^2 + x_2^2 - 5 \leq 0,\ \lambda_1(x_1^2 + x_2^2 - 5) &= 0 \\ \lambda_2 \geq 0,\ 3x_1 + x_2 - 6 \leq 0,\ \lambda_2(3x_1 + x_2 - 6) &= 0. \end{aligned}$$

1\. Fall: $\lambda_1 = \lambda_2 = 0$
Dann folgt aus den ersten beiden Gleichungen $\mathbf{x} = (0,5)'$, was $x_1^2+x_2^2-5 \leq 0$ widerspricht.

2\. Fall: $\lambda_1 = 0, \lambda_2 > 0$
Nach Elimination von λ_2 aus den ersten beiden Gleichungen und mit $3x_1 + x_2 - 6 = 0$ erhält man $\mathbf{x} = \frac{1}{5}(2,24)'$, was auch nicht möglich ist.

3\. Fall: $\lambda_1 > 0, \lambda_2 = 0$
Durch Elimination von λ_1 aus den ersten beiden Gleichungen erhält man

$$x_1^2 - x_2^2 - x_1x_2 - 5x_1 + 5x_2 = 0,$$

was zusammen mit $x_1^2 + x_2^2 - 5 = 0$ auf

$$2x_1^2 - 5x_1 - 5 = (x_1 - 5)x_2$$

und nach Quadrieren auf

$$(2x_1^2 - 5x_1 - 5)^2 = (x_1 - 5)^2(5 - x_1^2)$$

führt. Die resultierende Gleichung vierten Grades

$$x_1^4 - 6x_1^3 + 5x_1^2 + 20x_1 - 20 = 0$$

besitzt außer bei $x_1 = 1$ nur noch eine weitere reelle Nullstelle, die zwischen -2 und -1 liegt (Kurvendiskussion). Letztere scheidet aus, da $2x_1 + x_2 - 5 + 2\lambda_1x_1 < 0$ wäre. Dagegen ist $\mathbf{x}^* = (1,2)'$ ein Kuhn–Tucker–Punkt mit

$\boldsymbol{\lambda}^* = (\frac{1}{2}, 0)'$.
Damit erübrigt sich die Diskussion des
4. Falles: $\lambda_1 > 0, \lambda_2 > 0$,
wo nach Aufgabe 8 keine weiteren Kuhn–Tucker–Punkte auftreten können. Man kann das natürlich auch, ausgehend von

$$x_1^2 + x_2^2 - 5 = 0$$
$$3x_1 + x_2 - 6 = 0,$$

analog zu den ersten drei Fällen verifizieren.

60. Wir betrachten das konvexe Minimierungsproblem

$$\begin{array}{ll} \min & x_1^2 + x_2^2 + \ldots + x_n^2 \\ \text{bez.} & x_1 + x_2 + \ldots + x_n = \sigma \end{array}$$

mit der Lagrange–Funktion

$$L(\mathbf{x}, \lambda) = \sum_{k=1}^{n} x_k^2 + \lambda\Big(\sum_{k=1}^{n} x_k - \sigma\Big).$$

Nach den Korollaren 12.1, 12.2 lauten die lokalen Kuhn-Tucker-Bedingungen:

$$\frac{\partial L}{\partial x_k}(\mathbf{x}, \lambda) = 2x_k + \lambda = 0, \quad k = 1, \ldots n$$
$$\frac{\partial L}{\partial \lambda}(\mathbf{x}, \lambda) = \sum_{k=1}^{n} x_k - \sigma = 0.$$

Auflösen ergibt $x_k = -\frac{\lambda}{2}$, $k = 1, \ldots, n$, und

$$\sigma = \sum_{k=1}^{n} x_k = -\frac{n\lambda}{2},$$

also $\lambda = -\frac{2\sigma}{n}$ und $x_k = \frac{\sigma}{n}$, $k = 1, \ldots, n$. Tatsächlich ist $\mathbf{x}^* = \frac{\sigma}{n}(1, \ldots, 1)'$ ein Kuhn–Tucker–Punkt mit $\lambda^* = -\frac{2\sigma}{n}$. Wegen $F(\mathbf{x}^*) = \sum\limits_{k=1}^{n} \left(\frac{\sigma}{n}\right)^2 = \frac{\sigma^2}{n}$ gilt dann $\sum\limits_{k=1}^{n} \alpha_k^2 \geq \frac{\sigma^2}{n}$.

61. Die Kuhn–Tucker–Bedingungen zu (2):

$$\begin{array}{lll} \mathbf{x}^* \geq \mathbf{0}, & A'\boldsymbol{\lambda}^* - \mathbf{c} \geq \mathbf{0}, & (\mathbf{x}^*)'(A'\boldsymbol{\lambda}^* - \mathbf{c}) = 0 \\ \boldsymbol{\lambda}^* \geq \mathbf{0}, & A\mathbf{x}^* - \mathbf{b} \leq \mathbf{0}, & (\boldsymbol{\lambda}^*)'(A\mathbf{x}^* - \mathbf{b}) = 0 \end{array}$$

gehen vermöge $\mathbf{x}^* \to \boldsymbol{\mu}^*$, $\boldsymbol{\lambda}^* \to \mathbf{y}^*$ über in die Kuhn–Tucker–Bedingungen zu $(\widehat{2})$:

$$\begin{array}{lll} \mathbf{y}^* \geq \mathbf{0}, & \mathbf{b} - A\boldsymbol{\mu}^* \geq \mathbf{0}, & (\mathbf{y}^*)'(\mathbf{b} - A\boldsymbol{\mu}^*) = 0 \\ \boldsymbol{\mu}^* \geq \mathbf{0}, & \mathbf{c} - A'\mathbf{y}^* \leq \mathbf{0}, & (\boldsymbol{\mu}^*)'(\mathbf{c} - A'\mathbf{y}^*) = 0, \end{array}$$

und umgekehrt. Aus $(\mathbf{x}^*)'(A'\boldsymbol{\lambda}^* - \mathbf{c}) = 0$, $(\boldsymbol{\lambda}^*)'(A\mathbf{x}^* - \mathbf{b}) = 0$ folgt $(\mathbf{x}^*)'\mathbf{c} = (\boldsymbol{\lambda}^*)'\mathbf{b}$ und mit $\boldsymbol{\lambda}^* = \mathbf{y}^*$ dann $\mathbf{c}'\mathbf{x}^* = \mathbf{b}'\mathbf{y}^*$.

62. Das gegebene LP und das dazu duale Programm

$$\begin{array}{lrcl} \min & 2y_1 + 21y_2 + 9y_3 & & \\ \text{bez.} & y_1 + \quad y_2 \qquad\quad & \geq & 1 \\ & -4y_1 + \ 3y_2 + 4y_3 & \geq & 4 \\ & y_2 + \ \ y_3 & \geq & 2 \\ & y_1 + \ 2y_2 - \ \ y_3 & \geq & 3 \end{array}$$

lassen sich mit den Methoden von §4 lösen. Man erhält $\mathbf{x}^* = \frac{1}{11}(0, 6, 121, 46)'$, $\mathbf{y}^* = \frac{1}{11}(7, 16, 6)'$ und $G(\mathbf{x}^*) = \widehat{G}(\mathbf{y}^*) = \frac{404}{11}$. Die Komplementaritätsbedingungen sind erfüllt:

$$x_1^* = 0 \quad \text{und} \quad \begin{pmatrix} -4 & 3 & 4 \\ 0 & 1 & 1 \\ 1 & 2 & -1 \end{pmatrix} \mathbf{y}^* = \begin{pmatrix} 4 \\ 2 \\ 3 \end{pmatrix}.$$

63. Die Aufgabe

$$\left.\begin{array}{lrcl} \min & (\mathbf{b}^1)'\mathbf{y}_1 + (\mathbf{b}^2)'\mathbf{y}_2 & & \\ \text{bez.} & A_{11}'\mathbf{y}_1 + \ A_{21}'\mathbf{y}_2 & \geq & \mathbf{c}^1 \\ & A_{12}'\mathbf{y}_1 + \ A_{22}'\mathbf{y}_2 & = & \mathbf{c}^2 \\ & \mathbf{y}_1 \geq \mathbf{0}, \quad \mathbf{y}_2 \text{ frei} & & \end{array}\right\} \qquad (\widehat{*})$$

heißt das *zu* $(*)$ *duale Programm* . Es gilt der **Dualitätssatz** :
Das LP $(*)$ *ist genau dann lösbar, wenn das zu* $(*)$ *duale LP* $(\widehat{*})$ *lösbar ist. Die zu Lösungen* $\begin{pmatrix} \mathbf{x}_1^* \\ \mathbf{x}_2^* \end{pmatrix}$ *bzw.* $\begin{pmatrix} \mathbf{y}_1^* \\ \mathbf{y}_2^* \end{pmatrix}$ *gehörigen Optimalwerte* $(\mathbf{c}^1)'\mathbf{x}_1^* + (\mathbf{c}^2)'\mathbf{x}_2^*$ *und* $(\mathbf{b}^1)'\mathbf{y}_1^* + (\mathbf{b}^2)'\mathbf{y}_2^*$ *stimmen überein.*

Berweis: Wir setzen

$$A = \begin{pmatrix} A_{11} & A_{12} \\ A_{21} & A_{22} \end{pmatrix}, \quad \mathbf{b} = \begin{pmatrix} \mathbf{b}^1 \\ \mathbf{b}^2 \end{pmatrix}, \quad \mathbf{c} = \begin{pmatrix} \mathbf{c}^1 \\ \mathbf{c}^2 \end{pmatrix},$$

$$\mathbf{x} = \begin{pmatrix} \mathbf{x}_1 \\ \mathbf{x}_2 \end{pmatrix}, \quad \mathbf{y} = \begin{pmatrix} \mathbf{y}_1 \\ \mathbf{y}_2 \end{pmatrix}, \quad \boldsymbol{\lambda} = \begin{pmatrix} \boldsymbol{\lambda}_1 \\ \boldsymbol{\lambda}_2 \end{pmatrix}, \quad \boldsymbol{\mu} = \begin{pmatrix} \boldsymbol{\mu}_1 \\ \boldsymbol{\mu}_2 \end{pmatrix},$$

wobei $\boldsymbol{\lambda}_i$ dieselbe Dimension wie $\mathbf{b}^i$, $\boldsymbol{\mu}_i$ dieselbe Dimension wie $\mathbf{c}^i$ besitzt, $i = 1, 2$.
Damit lautet die Lagrange–Funktion zu $(*)$:

$$L(\mathbf{x}, \boldsymbol{\lambda}) = -\mathbf{c}'\mathbf{x} + \boldsymbol{\lambda}'(A\mathbf{x} - \mathbf{b})$$

und die Lagrange–Funktion zu $(\widehat{*})$:

$$\widehat{L}(\mathbf{y}, \boldsymbol{\mu}) = \mathbf{b}'\mathbf{y} + \boldsymbol{\mu}'(\mathbf{c} - A'\mathbf{y}).$$

Die Kuhn–Tucker–Bedingungen zu $(*)$ schreiben sich gemäß Korollar 12.1 und Korollar 12.2 als

$$\begin{array}{lll} \mathbf{x}_1^* \geq \mathbf{0}, & \nabla_{\mathbf{x}_1} L(\mathbf{x}^*, \boldsymbol{\lambda}^*) \geq \mathbf{0}, & (\mathbf{x}_1^*)' \nabla_{\mathbf{x}_1} L(\mathbf{x}^*, \boldsymbol{\lambda}^*) = 0 \\ & \nabla_{\mathbf{x}_2} L(\mathbf{x}^*, \boldsymbol{\lambda}^*) = \mathbf{0}, & \\ \boldsymbol{\lambda}_1^* \geq \mathbf{0}, & \nabla_{\boldsymbol{\lambda}_1} L(\mathbf{x}^*, \boldsymbol{\lambda}^*) \leq \mathbf{0}, & (\boldsymbol{\lambda}_1^*)' \nabla_{\boldsymbol{\lambda}_1} L(\mathbf{x}^*, \boldsymbol{\lambda}^*) = 0 \\ & \nabla_{\boldsymbol{\lambda}_2} L(\mathbf{x}^*, \boldsymbol{\lambda}^*) = \mathbf{0}, & \end{array}$$

und entsprechend die Kuhn–Tucker–Bedingungen zu $(\widehat{*})$ als

$$\begin{array}{lll} \mathbf{y}_1^* \geq \mathbf{0}, & \nabla_{\mathbf{y}_1} \widehat{L}(\mathbf{y}^*, \boldsymbol{\mu}^*) \geq \mathbf{0}, & (\mathbf{y}_1^*)' \nabla_{\mathbf{y}_1} \widehat{L}(\mathbf{y}^*, \boldsymbol{\mu}^*) = 0 \\ & \nabla_{\mathbf{y}_2} \widehat{L}(\mathbf{y}^*, \boldsymbol{\mu}^*) = \mathbf{0}, & \\ \boldsymbol{\mu}_1^* \geq \mathbf{0}, & \nabla_{\boldsymbol{\mu}_1} \widehat{L}(\mathbf{y}^*, \boldsymbol{\mu}^*) \leq \mathbf{0}, & (\boldsymbol{\mu}_1^*)' \nabla_{\boldsymbol{\mu}_1} \widehat{L}(\mathbf{y}^*, \boldsymbol{\mu}^*) = 0 \\ & \nabla_{\boldsymbol{\mu}_2} \widehat{L}(\mathbf{y}^*, \boldsymbol{\mu}^*) = \mathbf{0}. & \end{array}$$

Durch Einsetzen der aus

$$\begin{aligned} \begin{pmatrix} \nabla_{\mathbf{x}_1} L(\mathbf{x}^*, \boldsymbol{\lambda}^*) \\ \nabla_{\mathbf{x}_2} L(\mathbf{x}^*, \boldsymbol{\lambda}^*) \end{pmatrix} &= \nabla_{\mathbf{x}} L(\mathbf{x}^*, \boldsymbol{\lambda}^*) = A'\boldsymbol{\lambda}^* - \mathbf{c}, \\ \begin{pmatrix} \nabla_{\boldsymbol{\lambda}_1} L(\mathbf{x}^*, \boldsymbol{\lambda}^*) \\ \nabla_{\boldsymbol{\lambda}_2} L(\mathbf{x}^*, \boldsymbol{\lambda}^*) \end{pmatrix} &= A\mathbf{x}^* - \mathbf{b}, \\ \begin{pmatrix} \nabla_{\mathbf{y}_1} \widehat{L}(\mathbf{y}^*, \boldsymbol{\mu}^*) \\ \nabla_{\mathbf{y}_2} \widehat{L}(\mathbf{y}^*, \boldsymbol{\mu}^*) \end{pmatrix} &= \mathbf{b} - A\boldsymbol{\mu}^*, \\ \begin{pmatrix} \nabla_{\boldsymbol{\mu}_1} \widehat{L}(\mathbf{y}^*, \boldsymbol{\mu}^*) \\ \nabla_{\boldsymbol{\mu}_2} \widehat{L}(\mathbf{y}^*, \boldsymbol{\mu}^*) \end{pmatrix} &= \mathbf{c} - A'\mathbf{y}^* \end{aligned}$$

sich ergebenden Darstellungen für $\nabla_{\mathbf{x}_1} L(\mathbf{x}^*, \boldsymbol{\lambda}^*)$, $\nabla_{\mathbf{x}_2} L(\mathbf{x}^*, \boldsymbol{\lambda}^*)$, ... sieht man, daß die beiden Systeme via $\mathbf{x}_1^* \leftrightarrow \boldsymbol{\mu}_1^*$, $\mathbf{x}_2^* \leftrightarrow \boldsymbol{\mu}_2^*$, $\boldsymbol{\lambda}_1^* \leftrightarrow \mathbf{y}_1^*$, $\boldsymbol{\lambda}_2^* \leftrightarrow \mathbf{y}_2^*$ ineinander übergehen. Damit ist der erste Teil des Satzes bewiesen. Der zweite Teil resultiert aus den Gleichungen

$$\begin{array}{ll} (\mathbf{x}_1^*)'(A_{11}'\boldsymbol{\lambda}_1^* + A_{21}'\boldsymbol{\lambda}_2^* - \mathbf{c}^1) = 0, & A_{12}'\boldsymbol{\lambda}_1^* + A_{22}'\boldsymbol{\lambda}_2^* - \mathbf{c}^2 = \mathbf{0} \\ (\boldsymbol{\lambda}_1^*)'(A_{11}\mathbf{x}_1^* + A_{12}\mathbf{x}_2^* - \mathbf{b}^1) = 0, & A_{21}\mathbf{x}_1^* + A_{22}\mathbf{x}_2^* - \mathbf{b}^2 = \mathbf{0} \end{array}$$

des ersten Systems in Verbindung mit $\boldsymbol{\lambda}_1^* = \mathbf{y}_1^*$, $\boldsymbol{\lambda}_2^* = \mathbf{y}_2^*$:

$$\begin{aligned} (\mathbf{c}^1)'\mathbf{x}_1^* + (\mathbf{c}^2)'\mathbf{x}_2^* &= ((\boldsymbol{\lambda}_1^*)'A_{11} + (\boldsymbol{\lambda}_2^*)'A_{21})\mathbf{x}_1^* + ((\boldsymbol{\lambda}_1^*)'A_{12} + (\boldsymbol{\lambda}_2^*)'A_{22})\mathbf{x}_2^* \\ &= (\boldsymbol{\lambda}_1^*)'(A_{11}\mathbf{x}_1^* + A_{12}\mathbf{x}_2^*) + (\boldsymbol{\lambda}_2^*)'(A_{21}\mathbf{x}_1^* + A_{22}\mathbf{x}_2^*) \\ &= (\boldsymbol{\lambda}_1^*)'\mathbf{b}^1 + (\boldsymbol{\lambda}_2^*)'\mathbf{b}^2 = (\mathbf{b}^1)'\mathbf{y}_1^* + (\mathbf{b}^2)'\mathbf{y}_2^*. \end{aligned}$$

64. Das gegebene Problem ist ein quadratisches Programm der Form (103) mit

$$A = (-1, -1, \ldots, -1), \quad \mathbf{b} = b = -\sigma, \quad \mathbf{c} = \mathbf{0}, \quad D = \begin{pmatrix} 1 & & & \\ & 2 & & \\ & & \ddots & \\ & & & n \end{pmatrix}.$$

Offensichtlich ist $\mathcal{M} \neq \emptyset$ und die Zielfunktion nach unten beschränkt. Nach Satz 13.2 existiert daher eine Lösung.
Zur Berechnung einer solchen benutze man die Bedingungen von Satz 13.2:

$$\begin{array}{llll} x_k \geq 0, & 2kx_k - \lambda \geq 0, & x_k(2kx_k - \lambda) = 0 & \text{für } k = 1, \ldots, n \\ \lambda \geq 0, & -x_1 - \ldots - x_n + \sigma \leq 0, & \lambda(-x_1 - \ldots - x_n + \sigma) = 0. & \end{array}$$

Gäbe es ein k_0 mit $x_{k_0} = 0$, so würde folgen $\lambda = 0$ und $x_k = 0$ für alle k, im Widerspruch zu $\sigma > 0$. Für alle k gilt also $x_k > 0$ und folglich $2kx_k - \lambda = 0$; d.h.

$$x_k = \frac{\lambda}{2k}, \quad k = 1, \ldots, n$$

und $\lambda > 0$. Damit folgt weiter $\sigma = \sum_{k=1}^{n} \frac{\lambda}{2k} = \frac{\lambda}{2}\rho$, wobei

$$\rho := \sum_{k=1}^{n} \frac{1}{k}$$

gesetzt wurde, und schließlich

$$\lambda = \frac{2\sigma}{\rho}; \quad x_k = \frac{\sigma}{\rho k}, \quad k = 1, \ldots, n.$$

Umgekehrt prüft man sofort nach, daß hierfür die Bedingungen von Satz 13.2 tatsächlich erfüllt sind. Das Programm wird also durch $\mathbf{x}^* = \frac{\sigma}{\rho}(\frac{1}{1}, \frac{1}{2}, \ldots, \frac{1}{n})'$ gelöst, und sein Optimalwert ist

$$F(\mathbf{x}^*) = \sum_{k=1}^{n} \frac{\sigma^2}{\rho^2 k} = \frac{\sigma^2}{\rho^2}\rho = \frac{\sigma^2}{\rho}.$$

Quellenverzeichnis

[1] ANSORGE, R. und OBERLE, H.J.: Mathematik für Ingenieure I, II. Akademie Verlag, Berlin 1994

[2] ARROW, K.J., HURWICZ, L. and UZAWA, H. (eds.): Studies in linear and nonlinear programming. Stanford University Press, Stanford Calif. 1964 (2nd printing)

[3] BAZARAA, M.S. and SHETTY, C.M.: Nonlinear programming. Theory and algorithms. Wiley, New York 1979

[4] BEALE, E.M.: Cycling in the Dual Simplex Algorithm. Naval Research Logistics Quart., 2, No.4 (1955)

[5] BOMZE, I.M. und GROSSMANN, W.: Optimierung – Theorie und Algorithmen. Bibliographisches Institut, Mannheim 1993

[6] BLUM, E. und OETTLI, W.: Mathematische Optimierung. Grundlagen und Verfahren. Springer, Berlin 1975

[7] BRONSTEIN, I.N. und SEMENDJAJEW, K.A.: Taschenbuch der Mathematik. Harri Deutsch, Thun 1980 (19. Auflage)

[8] COLLATZ, L. and WETTERLING, W.: Optimization Problems. Springer, New York 1975

[9] FLETCHER, R.: Practical Methods of Optimization. Wiley, New York 1987 (2nd edition)

[10] KREKÓ, B.: Optimierung. Nichtlineare Modelle. Deutscher Verlag der Wissenschaften, Berlin 1974

[11] KÜNZI, H.P., KRELLE, W. und VON RANDOW, R.: Nichtlineare Programmierung. Springer, Berlin 1979 (2. Auflage)

[12] KUHN, H.W. and TUCKER, A.W.: Linear inequalities und related systems. Princeton University Press, Princeton N.J. 1956

[13] PANIK, M.J.: Classical Optimization. Foundations and Extensions. North-Holland Publishing Company, Amsterdam 1976

[14] SCHWARZ, H.R.: Numerische Mathematik. Teubner, Stuttgart 1988 (2. Auflage)

Index

Druck- und Bindearbeiten: Legoprint, Italien

MIX
Papier aus verantwortungsvollen Quellen
Paper from responsible sources
FSC® C105338
FSC
www.fsc.org

If you have any concerns about our products,
you can contact us on
ProductSafety@springernature.com

In case Publisher is established outside the EU,
the EU authorized representative is:
Springer Nature Customer Service Center GmbH
Europaplatz 3, 69115 Heidelberg, Germany

Printed by Libri Plureos GmbH
in Hamburg, Germany